New

두피 & 탈모관리

천연식물성 성분

허브

장수만 · 송혜정 · 이천형 · 김옥매
김옥현 · 서삼숙 · 송순미 · 장미엽 공저

탈모예방을 위한 천연건강식품

천연식물성 성분의 허브에 대한 정보를 제공하고자 이 책을 쓰게 되었으며, 지구상에 천연식물들은 셀 수 없이 많은 종류가 있지만 이 책에서는 두피관리나 탈모에 유익한 천연식물들로 이미 사용되어지고 있거나 앞으로 응용 가능하고 활용성이 뛰어난 천연식물(허브)성분에 관한 내용으로 엮었다.

東明社

Preface

탈모인구는 해마다 증가하여 2009년 들면서 탈모인구는 거의 천 만 명에 이른다고 한다. 많은 전문가들이 연구하여 하루가 다르게 탈모예방제품이 출시되고 있음도 탈모인구는 증가하고 있는 것은 무엇 때문일까? 그것은 샴푸, 토닉, 두피스케일링제품 등 주로 외적인 제품들의 한계성 때문 이 아닐까 생각한다.

그렇다면 더 효과적인 방법에는 어떤 것이 있을까하고 연구.임상한 결과, 내적 요인 즉, 질병, 호르몬 불균형, 비타민과 미네랄의 언발란스 등의 요인이 더 큰 것이었다. 우선적으로 상담을 통하여 어떤 면이 문제인지를 파악한 다음, 병적인 요인은 병원치료를 권해야 하며 다음으로 접근하여 외적인 관리(샴푸, 스케일링 등)와 내적인관리(건강보조식품)를 통해 야 보다 효율적으로 관리가 이루어져야 한다.

앞으로의 탈모 관련 사업에서는 "천연성분을 이용한 건강기능 식품"이 없어서는 안 될 아이템으로 작용할 것이다. 그것은 외적인 관리에는 한계가 있다는 것을 뜻하기도 하고, 보다 좋은 결과를 얻기 위해서는 외적인면과 내적인면을 조화롭게 관리해야 하기 때문이다. 또 폭을 넓힌다면 건강한 몸에서 건강한 모발로 연결되기에 고객의 건강적인 측면까지 고려한, 이를 응용한 트리콜로지스트의 역할이 보다 중요한 시점이 될 것이다. 특히 내적인 부분에 대한 관리에는 장기적 시간이 필요하기 때문에 이들 천연식물성 성분이 함유된 것으로 부작용을 최소화하는 방법이 요구된다. 한편 탈모예방을 위한 천연건강식품은 아직 잘 없기도 하거니와 성분에 대한 이해와 상식이 아직 보편적인지는 않다. 따라서 이에 대한 천연식물성 성분의 허브에 대한 정보를 제공하고자 이 책을 쓰게 되었으며, 지구상에 천연식물들은 셀 수 없이 많은 종류가 있지만 이 책에서는 두피관리나 탈모에 유익한 천연식물들로 이미 사용되어지고 있거나 앞으로 응용 가능하고 활용성이 뛰어난 천연식물(허브)성분에 관한 내용으로 엮었다.

이 책은 건강기능식품을 취급하는 사람 및 탈모에 관심이 있는 일반인, 두피관리학을 공부하는 대학생, 대학원생들이 읽었으면 좋겠고, 특히 전문 트리콜로지스트는 탈모에 관련된 유용한 허브들의 종류와 성분까지 알고 있어야 제품의 선별 능력및 고객의 올바른 정보를 제공 하여 보다 효율적인 관리에 임할 수 있기에 꼭 추천하고 싶다.

모쪼록 이 책이 두피탈모시장의 작은 기폭제로 역할하여 탈모시장의 블루오션이 되길 기대해 보며 이 책이 나오기 까지 도와주신 국제두피건강협회(ITF) 신현철 이사장님, itf 모든 회원들님들과 ISHG연구원님들에게 감사드린다. 마지막으로 동명사 출판 관계자와 사장님께 진심으로 감사드린다.

저자 씀

Contents

제1장 탈모

제2장 트리콜로지스트가 알아야할 천연식물(허브) 및 영양소

Contents

제3장 비타민과 미네랄

Contents

제4장 아미노산

부록

제 1 장

탈모

1.1 탈모란

탈모의 사전적 의미는 단순히 모발의 생리에 의해 일정량이 싸이클에 따라 머리카락이 빠지는 것을 의미하나, 대중적인 의미로는 시각적으로 확연히 드러날 만큼 많이 빠진 상태를 연상시키기도 한다. 머리카락은 하루에 50-100개 정도 빠지는 것이 보편적이므로 단순히 빠지는 머리카락을 보면서 걱정할 필요는 없다. 탈모의 원인은 개개인별로 다르므로 무엇보다 정확한 원인을 찾는 것이 중요하다. 탈모의 원인을 크게 3가지로 구분하자면 남성형 탈모, 여성형 탈모, 문제성 탈모로 구분 할 수 있다.

1.1.1 탈모의 원인

탈모의 원인을 알아내기 위해 그 동안 수많은 연구가 이루어져 왔지만 최근에야 유전자와 성호르몬에 대한 구조가 알려지게 되면서 탈모의 원인을 밝혀내게 되었다. 한 가지 분명한 것은 우리가 무엇을 먹던지, 생활 습관이 어떻든지 혹은 어떤 약이나 비타민을 먹던지 간에 인간이 태어날 때부터 가지고 있던 모낭의 숫자 이상으로 새로운 모발이 생겨날 수는 없다는 사실이다.

탈모증의 가장 흔한 유형은 남성형 탈모증(male pattern baldness)인데 이 용어는 안드로겐성 탈모증(androgenic alopecia)이라 부르는 것이 좀 더 정확하고 과학적인 명칭이다.

안드로겐성 탈모증이 있는 경우 건강한 모발은 점차로 가늘어지고, 짧아지며, 모발이 약해져서 쉽게 부서지는 현상이 나타나게 되는데 이러한 현상을 축소화(miniaturization)이라고 한다. 축소화가 일어나는 모낭은 결국 가늘고 눈에 잘 보이지 않으며 짧은 솜털로 변해 탈모가 진행되는 것이다. 안드로겐성 탈모증은 유전적인 소인이 있는 모낭에 남성 호르몬이 작용하여 생기는 것인데 여기에는 세 가지의 요소가 서로 연관되어있다.

(1) 유전자의 영향

안드로겐성 탈모증, 즉 소위 대머리는 탈모 유전자를 가지고 있어야만 발생한다. 탈모

유전자는 부모 중 어느 쪽에서도 다 유전이 될 수 있다. 유전자는 염색체의 한부분에 위치한 화학적인 단일 구조이며 DNA의 작은 조각으로 이루어져있다.

염색체는 항상 쌍으로 존재하며 인간에게는 23쌍의 염색체가 존재하는데 이는 부모로부터 한쪽씩 물려받은 것이다. 안드로겐성 탈모증의 유전 형식은 단순하지는 않아서 현재는 한 개의 유전자 이상이 탈모증의 발현에 관여하고 있다고 알려져 있다. 이렇게 여러 개의 유전자가 관여되어 있는 경우를 다인성 유전이라고 한다. 인간의 염색체는 한쌍의 성염색체(XX, 또는 XY)와 22쌍의 상염색체로 구성되어있는데 탈모를 일으키는 유전자는 상염색체성 유전을 하는 것으로 알려져 있다. 따라서 탈모의 유전자는 부모 중 어머니나 아버지 어느 쪽으로 부터도 물려받을 수 있는 것이다.

즉 탈모의 유전 인자는 친가나 외가 어느 쪽에서도 유전이 가능한데 어머니 쪽의 유전자가 약간 더 중요한 의미를 가진다. 탈모를 일으키는 유전자는 우성 유전이기 때문에 한쌍의 유전자 중 한 개만 가지고 있어도 발현이 가능하다. 탈모 유전자를 가지고 있다고 해서 모두다 대머리가 되는 것은 아니다. 어떤 유전자를 가지고 있을 때 실제로 그것이 발생하는 것을 표현성(expresivity)라고 하는데 탈모가 실제로 발생하는 표현성은 호르몬과 나이 그리고 스트레스 등의 요인과 깊은 연관성을 가지고 있다. 아버지나 삼촌이 탈모라고해서 꼭 자신도 탈모가 되는 것은 아닌 경우가 많은데 그 이유는 유전자를 물려받지 않았거나 혹은 유전자가 있더라도 표현성이 부족하기 때문인 것이다. 현재까지는 탈모를 일으키는 유전자를 확실하게 밝혀내지 못하고 있는 실정이다.

(2) 호르몬의 영향

주요 남성 호르몬인 테스토스테론과 기타 연관된 여러 가지 남성호르몬은 일차적으로 고환에서 생성되는 호르몬으로써 사춘기가 되어 고환이 발달하게 되면 본격적으로 생산되어 목소리가 굵어지고, 수염이 나게 하며, 근육이 발달하게 되고 남성적인 체형으로 변화하게 된다.

여드름의 원인이기도 한 이 호르몬들이 바로 탈모를 일으키는 호르몬인 것이다. 안드론겐, 즉 테스토스테론과 이것의 대사물질인 DHT는 일부의 모낭을 위축시켜 활동을 정지시키는 역할을 하고 있다. 이 호르몬들은 여성에서도 역시 탈모를 일으킬 수 있다. 안드로겐성 호르몬들은 신장 옆에 위치한 부신에서도 분비하고 있다. 여성에서는 난소에서도 모발에 영향을 미치는 호르몬을 분비하고 있다.

직접적으로 탈모를 일으키는 호르몬은 디하이드로테스토스테론(dihydrotestosterone, DHT)이라고 알려져 있다. DHT는 테스토스테론에 5-알파 리덕타아제(5- reductase)라는 효소가 작용하여 생성되는 대사 물질인데 모낭 세포의 특정 부분과 결합하여 탈모와 연관된 일련의 변화를 일으키는 원인 물질이다.

또한 DHT는 모발의 생장 주기 중 생장기를 짧게 하고 휴지기를 길게 하여 결국 생장 주기를 거듭할수록 모발의 크기가 점점 작아지는 것이다. 테스토스테론은 겨드랑이털과 음모의 성장에 영향을 주고 있는 반면 DHT는 턱수염과 대머리에 영향을 미치고 있다. 하지만 머리카락의 성장에는 영향을 미치지 않으며 다만 머리카락의 탈모에만 영향을 미치고 있다.

탈모가 일어나는 부분에는 5-알파 리덕타아제 효소의 활성이 높다. 요즘 탈모증의 치료제로 사용하고 있는 프로페시아(propecia)는 바로 이 효소를 억제하는 작용을 하는 것이다.

여성들은 남성들에 비해서 5-알파 리덕타아제 효소를 절반밖에 안 가지고 있고 반면에 아로마타아제(aromatase)라는 효소를 많이 가지고 있는데 이 아로마타아제는 특히 앞머리의 모발선 근처에 많이 분포하고 있다. 아로마타아제는 DHT의 생성을 억제하고 있어 여성들에서는 탈모의 유형이 남성과는 다르게 나타나는 것이다.

유전자와 호르몬, 이 두 가지를 다 가지고 있다고 해서 반드시 탈모가 일어나는 것은 아니다. 탈모가 되려면 유전적인 소인을 가지고 있는 모낭이 일정기간 이상 호르몬에 노출이 되어야 하는데 노출 기간은 사람들마다 다르고 개개인이 가지고 있는 유전자의 표현성과 혈중 농도에 따라 좌우된다. 탈모증에 있어서 또 한 가지 완전하게 밝혀지지 않은 것은 탈모는 한 번에 다 일어나는 것이 아니고 점진적으로 조금씩 일어난다는 사실이다. 탈모는 주기성을 가지고 있어 머리가 빠지는 사람은 누구나 탈모가 서서히 일어나는 시기, 빨리 일어나는 시기, 그리고 어느 정도 안정되는 시기를 경험하게 된다. 탈모가 얼마나 빨리 또는 천천히 일어나는가에 관여하는 인자는 아직 알려지지 않았다.

(3) 탈모와 연령의 관계

탈모를 일으키는 유전자와 호르몬이 있어도 반드시 탈모가 일어나는 것은 아니다. 사춘기에 이르러 유전적으로 소인이 있는 모낭은 일정기간 동안 호르몬에 노출되어야만 탈모가 일어나게 된다.

탈모가 언제, 몇 살 정도에 시작되는가는 개개인마다 다르고 그 사람의 유전자의 조합과 남성호르몬의 혈중 농도에 따라 다르다. 탈모는 한 번에 모두 다 빠지는 것이 아니며, 또한 일정한 속도로 계속 진행되는 것이 아니라 탈모의 속도는 빠른 시기와 늦은 시기 그리고 안정화되는 시기를 거치게 된다. 하지만 나이가 점점 들수록 전체 모발의 개수는 점점 줄어드는 것은 틀림없는 사실이다.

탈모의 유전자가 없는 사람이라도 나이가 점점 들게 되면 일부의 모낭에서는 축소화가 일어나게 된다. 그 결과로 굵은 머리카락과 가느다란 머리카락이 섞여있게 되며 전체적으로는 숱이 적어져 보이게 되는 것이다. 결국 축소화된 모낭은 기능을 정지하여 머리카락이 없어지며 모낭의 숫자는 줄어들게 된다. 이러한 노화에 따르는 탈모 현상은 두피 전체에서 일어나게 되며 모발이식술을 할 때 공여부로 사용하는 뒷머리 부분도 예외는 아니어서 노화가 진행되면 어느 정도 가늘어지게 된다.

① 남성형 탈모 - 다양한 요인이 있으나 유전적 요인이 크다.(DHT의 영향이 크다)
② 여성형 탈모 - 다양한 요인이 있으나 유전적 요인도 포함된다.(남성호르몬의 영향이 크다)
③ 문제성 탈모 - 지루성, 건선, 백선 등 의료적 도움이 필요한 경우가 많다.(의료적 치료)

1.1.2 탈모관리법

① 머리카락이 빠지면 고객은 좋은 샴푸를 찾는다. - 난다모, 댕기머리 등
② 좀더 심각해지면 전문두피관리실을 찾는다. - 스펠라랜드, 까망, 르네휘테르 등
③ 병원을 찾는다 - 피부과
④ 가발을 사용한다 - 하이모, 밀란

1.1.3 탈모관련시장

국내 탈모방지 및 발모제 - 모발이식등 전체규모

2004년 약4천 억 원
2005년 약8천 억 원
2006년 약1조원 (약300억 원은 치료제, 나머지는 의약외품)
2007년 약2조원 (약500억 원은 치료제, 나머지는 의약외품)

1.1.4 탈모자 현황

2006년 탈모자 현황 - 5백 만 명
2007년 탈모자 현황 - 8백 만 명
2008년 탈모자 현황 - 9~1천 만 명

1.1.5 탈모자의 대처 경향

샴푸 등 일반적 방법 - 54%
전문관리실, 가발 - 18%
병원, 의학적 방법 - 18%

1.1.6 탈모관련시장 동향

유전적 요인과 더불어 불규칙한 식생활, 스트레스, 음주, 흡연 등 환경적 요인으로 인한 후천적 탈모가 증가하고 탈모의 상징으로 여겨졌던 40~50대 중장년층 이외에도 20대 젊은 층과 여성에게서도 탈모가 급증, 탈모와 두피 관리에 대한 관심이 갈수록 높아지고 있다.

국내 탈모 인구는 지난 2006년 약500만 명에서 지난해 약800만 명으로 증가한 것으로 추산되고 있으며 올해는 약900만 명까지 증가할 것이라는 것이 업계의 분석이다. 이들 900만 명의 고객을 코어타깃으로 한 업계의 움직임도 더욱 분주해지고 있는 상황이다.

이에 따라 관련 시장의 규모도 매년 20~30%의 고성장을 거듭하고 있다. 업계에 따르면 국내 탈모방지 및 발모제, 모발이식 등 관련 전체 시장 규모는 지난 2004년 약4천억 원에서 2005년에는 8천 억 원대로 성장했으며 2006년 1조원대로 늘었고 올해는 2조원에 육박할 것으로 전망된다. 이 중 탈모치료제 시장은 지난해 약300억 원을 형성했지만 올해는 500억 원 선이 될 것으로 보인다. 전체 탈모 시장의 대부분은 의약품이 아닌 의약외품 등 일반 외용제나 샴푸 등의 화장품, 공산품 등이 차지하고 있는 것이다.

약사법상 발모제는 의약품, 발모촉진제는 의약부외품이며 탈모 방지, 양모제는 의약외품으로 구분돼 있다. 하지만 최근 두발용 화장품 가운데 의약외품을 포함한 종합라인을 잇따라 출시함으로써 탈모 시장을 두드리는 화장품 업체들이 눈에 띄게 늘고 있다. 특히 올해 두피 관리 시장은 기존의 다양한 한방 두피케어 제품과 함께 피부과에서 만든 헤어 제품까지 합세해 규모가 더욱 확대될 것으로 보인다.

1.1.7 탈모관련시장의 문제점

① 샴푸(의약외품)

의약외품인 샴푸는 최근 업체가 앞 다투어 한방제품들로 제조하여 특색이 없고 원료도 큰 차이가 없으며 효과적인 면도 대동소이하다고 느낀다. 최근에는 수입 중국산 한약 농약성분의 폐해에 대해 한약 주성분 샴푸의 문제점이 대두된다.

② 전문 두피관리실(헤어샵)

많은 관리실에서 개개인의 원인분석이 약하고 제품에 의존도가 높은 실정이다.- 비용이 비싸다. 고객의 만족도가 기대에 미치지 못한다.

③ 병원(피부과)

거의 정해진 원료의 약들, 피나스트라이드, 미녹시딜 성분으로 된 제품을 말하며 특히 경구용인 프로페사아의 경우 장기복용에 대한 우려 부작용에 대한 두려움으로 FDA의 승인 받은 유일한 탈모방지약이지만 복용자는 많지 않다-부작용의 두려움.

④탈모관련 건강기능식품

탈모와 관련한 국내의 건강기능식품은 알려진 게 많이 없다

1.1.8 문제점 해소를 위한 개선책

① 샴푸(의약외품)

더 나은 연구로 특색 있는 원료함유의 제품 개발이 시급.(타사와의 차별화)

② 전문두피관리실(헤어샵)

개개인의 탈모문제 원인을 알아내는 깊이 있는 전문적 지식이 요망

③ 건강기능식품

탈모는 외적인 요인보다 내적인 요인이 더 많기 때문에 올바른 상담을 통해 문진을 하여 정확한 원인을 알아내는 것이 중요하다. 현대인은 각종 올바르지 못한 식습관 및 생활환경의 영향 때문에 비타민, 미네랄, 호르몬 불균형인 경우가 많다. 또한 탈모의 관리(치료)에는 장기적 시간이 필요하므로 장기간 복용에도 부작용이 최소화 될 수 있는, 보다 안전한 천연성분으로 만든 건강기능식품이 몸의 영양분을 균형 있게 한다면 외적인 제품과 더불어 효과의 극대화를 이룰 것이다

1.1.9 최근 건강기능식품

최근에는 건강을 위해 제약회사에서도 식물성 허브를 이용하는 제품들이 출시되고 있다.

이를테면 "동국제약 훼라Q"(폐경기증상완화 제품)가 그것이다. 원료로는 *승마(Black cohosh, 블랙 코호시) 추출액, 히페리시(St. John's wort, 성 요한 풀) , 와 "CJ"의 전립선 건강을 위한 전립소(Saw Palm etto, 쏘우팔메토) 인데 결국 화학적인 부작용의 줄이기 위함과 동시에 시대적인 요구 즉, 웰빙과 맞물린 제품이며 많은 호응이 있는 제품이다.

탈모관련 건강기능식품으로는 아직 두각을 나타내는 제품이 없으므로 무한한 시장성을

가진 이 시장에서의 탈모관련 건강기능식품의 개발은 그야말로 블루오션이라고 해야 할 것이다.

1.1.10 건강기능식품의 미래성

최근 국내 대부분의 기능 식품 마케터들의 고민거리는 법적 지위 상 문제가 없는 독창적인 소재 발굴에 모아지고 있다. 이는 역시 유럽을 비롯한 선진국과 매우 흡사한 모습이다. 그만큼 국내 시장도 법률상의 환경적 변화와는 별도로 신규 소재 발굴에 대한 노력은 구미 각국의 환경과 차이점이 점점 작아지고 있다는 의미이다. 보다 구체적이며 전문적인 시각을 갖춘 소재 전문가 육성을 통한 신규 소재 개발이 절실해지고 있는 이때 다양한 신규 소재들이 어떠한 모습으로 시장에 진입할지 귀추가 주목된다.

출처; 식품음료신문(건풍바이오학술부장 .김선호)

제 2 장

트리콜로지스트가 알아야할 천연식물(허브) 및 영양소

인간은 오래 전부터 풀과 열매를 식량이나 치료약 등에 다양하게 이용하여 오면서, 점차 생활의 지혜를 얻게 되어 인간에게 유용하고 특별한 식물을 구별하여 사용하기 시작하였다.

이러한 식물 가운데 가장 대표적인 것이 허브(Herb)라고 할 수 있다. 허브는 푸른 풀을 의미하는 라틴어 '허바(Herba)'에 어원을 두고 있는데 고대 국가에서는 향과 약초라는 뜻으로 이 말을 썼다. [옥스퍼드 영어사전]에는 '잎이나 줄기가 식용과 약용으로 쓰이거나 향과 향미(香味)로 이용되는 식물'을 허브로 정의하고 있다. 다시 말하면 허브는 '향이 있으면서 인간에게 유용한 식물'이라고 정의할 수 있다.

허브의 발상지는 지중해 연안지역 문명의 시초까지 거슬러 올라갈 수 있는 아주 오래된 역사를 가지고 있다. 중동, 터키, 이집트, 그리스, 로마 등의 지역에서는 옛날부터 허브가 이용되어 왔다. 클레오파트라, 알렉산더 대왕의 이야기 성서 등에 로즈마리 나 히솝 등 수많은 허브가 등장하는 것으로 옛 부터 허브는 우리 인간과 밀접한 관계가 있다. 기원전 4세기경의 그리스 학자인 테오프라스토스 (Theophrastos)는 식물을 교목, 관목, 초본으로 나누면서 처음 허브라는 말을 사용하였다.

현대에 와서는 '꽃과 종자, 줄기, 잎, 뿌리 등이 약, 요리, 향료, 살균, 살충 등에 사용되는 인간에게 유용한 모든 초본식물'을 허브라고 한다. 모든 허브는 의학용과 요리용의 2가지 목적으로 사용된다. 허브는 대체로 식물성으로 천연의 맛을 내는데 사용하며, 향기와 맛이 독특하다. 허브의 쓰임새는 나라마다 다양한 요리전통에 따라 다르게 사용된다. 일반적으로 허브라고 하면 외국 들풀이라고만 생각한다. 마치 지금껏 우리에게 없었던 그 무엇이 새롭게 선보이기라도 한 듯 말이다. 그러나 허브는 그 시작을 알 수 없을 정도로 이미 오래 전부터 우리 땅에서도 자라고 있었다. 옛 어머니들은 백합, 박하 등 향기로운 들풀을 뒷마당, 장독대 주변에 심어 주변에서 퀴퀴한 냄새가 나는 것을 막았다 하니 허브가 얼마나 일상적인 식물이었는지 알 수 있다.

인간은 오래 전부터 풀과 열매를 식량이나 치료약 등에 다양하게 이용하여 왔는데 점차 생활의 지혜를 얻으면서 인간에게 유용하고 특별한 식물을 구별하여 사용하기 시작하였다. 이러한 식물 가운데 가장 대표적인 것이 허브(Herb)라고 할 수 있다. '꽃과 종자, 줄기, 잎, 뿌리 등이 약, 요리, 향료, 살균, 살충 등에 사용되는 인간에게 유용한 모든 초본 식물'을 허브라고 한다. [옥스퍼드 영어사전]에는 '잎이나 줄기가 식용과 약용으로 쓰이거나 향과 향미

(香味)로 이용되는 식물'을 허브로 정의하고 있다. 다시 말하면 허브는 '향이 있으면서 인간에게 유용한 식물'이라고 할 수 있다. 원산지가 주로 유럽, 지중해 연안, 서남아시아 등인 라벤더, 로즈마리, 세이지, 타임, 페퍼민트, 오레가노, 레몬밤 뿐 만 아니라 우리조상들이 단오 날에 머리를 감는 데 쓰던 창포와 양념으로 빼 놓을 수 없는 마늘, 파, 고추 그리고 민간 요법에 쓰이던 쑥, 익모초, 결명자 등을 모두 허브라고 할 수 있다.

지구상에 자생하면서 유익하게 이용되는 허브는 꿀풀과, 지치과, 국화과, 미나리과, 백합과등 약 2천 5백 여 종이 자생하고 있으며, 건강(Health-약용), 식용(Edible-식용), 신선함(Refresh-야채), 미용(Beauty-미용)으로 대표되는 생활의 모든 분야에 다양하게 활용되고 있다.

트리콜로지스트들에게 이미 알려진 알아야할 천연식물로는 당귀, 쏘우팔메토, 감초, 와일드 얌, 달맞이꽃, 블랙호시 등이 있으나 이 외에도 응용할 천연식물에 대해 알아보고자 한다.

참조로 편의상 "남,녀탈모에 응용" 등으로 구분을 해놓았다.

2.1 여성탈모란?

여성의 유전성탈모는 두피의 전두부 혹은 정수리 부위에서 숱이 적어지는 특징이 있다. 이런 증상은 대머리를 유발하지 않는다. 해당 부위에 있는 많은 모발들의 성장 단계가 더 짧아지는 것이며, 더 짧고 가는 모발을 만들어내는 것이다. 어쨌든, 전두부 혹은 정수리 부위의 많은 모발들이 이 과정에 의해 촉진되는 것은 아니므로, 이 부위에 숱이 적어지는 일반적인 모습 자체가 문제이다.

폐경이나 자궁절제술 후에 유전적으로 타고난 여성들에게서 탈모가 시작된다. 이 시기에, 성호르몬 균형의 변화는 남성 호르몬(안드로겐)이 더욱 영향을 미치게 만들고 탈모를 유발한다. 과거에는, 호르몬 불균형이 나타나기 전까지는 20대나 30대 여성이 유전성탈모를 겪는 것은 드물었다. 그러나 이제 유전적인 탈모를 가진 더 젊은 여성들이 점점 더 많아지고 있고 이러한 이유 중 하나는 경구용 피임약에 의한 것이다. 유전성탈모를 겪는 여성에게는 항상 경구용 피임약을 먹은 적이 있는지 질문해야 한다.

2.1.1 특징

두피의 전두부/정수리 부위의 탈모는 유전성탈모를 나타내는 것이다. 두피는 정상으로 보이지만 유전적인 영향을 받은 부위의 많은 모발들의 직경이 점점 탈모진다. 측두부의 모발 퇴행이 있더라도 전두부의 모발은 더 두껍게 남는다. 일부 인종의 경우, 정수리 모발만 영향을 받기도 한다.

폐경 후 여성의 약 1/3은 유전성탈모를 겪는다.

2.1.2 원인

물려받는 것이 상염색체의 우성인지 상염색체의 열성인지는 분명치 않다. 관련성이 드문 것은 이것이 열성 성질임을 나타낸다.

호르몬적으로 DHT는 유전적인 탈모에 영향을 미치는 것은 안드로겐이고 탈모는 폐경이나 경구용 피임약의 섭취 또는 중단과 관련된 변화들과 같은 성호르몬 수치의 변화에 의해 종종 유발된다. 여성에게 미치는 남성호르몬의 영향인 다모성 조숙증은 때때로 특히 안드로겐 수치가 비정상적으로 높을 때 유전성탈모를 동반한다.

경구용 피임약이나 호르몬 대체 요법(HRT)에 의해 유발된 유전성탈모의 경우, 경구용 피임약이나 HRT의 일부 프로게스테론이 모발에 안드로겐과 비슷한 작용을 한다. 이것은 유전적으로 탈모를 물려받은 여성들에게서 탈모를 유발할 수 있다.

모발에 부작용을 미치지 않는 것으로 알려진 프로게스테론은 데소게스트롤(desogestrol), 게스토덴(gestodene), 싸이프로테론 아세테이트(cyproterone acetate)(안드로큐어)가 있다. 임신 후에 유전적인 탈모가 유발될 수 있으나 출산 후 2~3개월에 발생할 수 있는 일시적인 확산성 탈모와 혼동해서는 안 된다.

여성의 경우, DHT의 주요 전조물질들은 부신피질의 DHEA(dehydroepiandrosterone)과 같은 더 약한 호르몬들이다. (여성의 테스토스테론의 약 50%는 약한 안드로겐들로부터 만들어진다.). 약한 안드로겐을 강한 안드로겐으로 변화시키는 중요한 효소는 17-HSD(17-hydroxysteroid dehydrogenase)이다.

남성에게서와 마찬가지로, 자유 테스토스테론(SHBG에 결합하지 않은)은 모발에 영향을 미치는 생활성 형태이다. SHBG 생성은 에스트로겐에 의해 증가되고 안드로겐, 프로게스토겐, 글루코코티코이드에 의해 감소된다. SHBG가 감소하면, 자유 테스토스테론의 생성이 증가하여, ANA가 생기거나 악화될 수 있다.

프로락틴과다증(Hyperprolactinemia)은 부신피질로부터 안드로겐의 과다 생성을 유발하고, 그리하여 ANA를 유발하거나 영향을 미칠 수 있다.

극한 스트레스는 유전적으로 탈모가 생기기 쉬운 여성들에게서 유전적인 탈모를 유발한다. 이것은 ACTH 수치가 안드로겐 생성을 증가시키거나, 또는 코티손이 모발에 대해 안드로겐과 비슷한 작용을 하기 때문에 생긴다. SHBG는 또한 스트레스에 반응할 때 생기는 글루코코티코이드의 감소에 의해 감소된다.

낭포나 종양과 같은 난소나 부신선의 문제는 안드로겐을 증가시켜, 유전적인 기질을 갖고 있는 여성들에게서 ANA를 유발할 수 있다. 과다한 얼굴의 털과 피부의 지성 증가는 안드로겐 과잉생산의 또 다른 징후이다. 난소나 부신선에 이상이 있는지 알아보기 위해 혈액 검사를 실시할 수 있다. 일단 문제가 포착되면, 고치기 위한 행동을 취할 수 있다.

관련 혈액 검사로는 SHBG, 토탈 테스토스테론, 자유 테스토스테론, DHEAS, FSH, LH, 플로락틴 등이 있다.

2.1.3 여성탈모에 응용 허브종류

(1) 아마씨(Flaxseed/Linseed)

| 아마(씨) |

아마씨는 북위 55도의 한랭한 지역에서 자라는 1년생 견과류 식물의 종자로서 줄기는 70cm~1m인데 반해 뿌리는 3m에 이르며 다량의 유기물질을 필요로 하는 생장조건 때문에 한번 재배하면 7년간은 연작이 되지 않는 특성으로 이는 약초가 열악한 환경에서 생존하기 위해 깊은 뿌리를 내리는 것과 같은 이치로 인삼도 6년 동안 재배하면 지력회복을 위해 2년간은 농사를 짓지 못하는 것과 같다. 위와 같은 강한 자생력으로 성장하는 아마씨는 식물성오메가-3, 식이섬유, 리그난, 토코페롤, 엽산, 미네랄 등 수 많은 필수 성분이 집약 되어있는 식물이다. 참깨보다는 약간 크며 한쪽 끝이 뾰족한 둥근모양의 씨앗으로 식용과 약용이며 아마씨에는 대략 24%정도의 식이섬유가 들어있어 곡물 중에서 단연 으뜸이다.

아마씨는 7000년전 메소포타미아 시대 때부터 식용으로 이용되어 왔으며 유럽과 아시아 경우해서 1617년에 캐나다로 전파되었으며 북위55도 이상의 한랭한 지반에서만 식용으로 재배되는 까다로운 특성이 있어 많은 양이 생산되지 않는 귀한 씨앗이며, 히포크라테스는 위 및 장의 치료에 아마씨를 처방했다고 전해지고 있으며 동의보감에도 장의 치료에 아마씨를 처방한 것으로 전해지고 있다.

1) 식물성오메가-3 지방산

골든아마씨 1g에는 260mg의 오메가3 지방산을 포함

식물성오메가3 지방산은 필수지방산인 알파-리놀레닉산(ALA), DHA, EPA, DPA 등으로 나누어진다. 필수지방산인 오메가-3는 우리 몸에서 합성되지 않으므로 반드시 음식을 통하여 섭취하여야 한다. 그러나 일반적인 음식을 통하여서는 식물성 오메가-3 지방산을 섭취하기 어려우며 그 부족함을 메우는데는 아마씨가 매우 유익하다. 아마씨는 식물성 오메가-3 지방산의 보고이다.

2) 리그난(lignan;식물성에스테로겐)

아마씨에는 1g에 3700㎍의 리그난이 있다.(석류의 약 2,800배) 리그난은 식물성에스테로겐 으로 인체의 3가지 형태의 여성호르몬 중 가장 강력한 작용을 하는 에스트라디올(estradiol)이 호르몬의 불균형으로 지나치게 작용하는 것을 견제하여 암으로 진행을 방어한다. 리그난, 플로보노이드, 아이소플라본 등이 식물성에스테로겐으로 불리는 영양물질

인데 특히 리그난은 아마씨에 다량 포함되어 있다.

참조 : 2006년 3월 9일 KBS 뉴스, 2006년 5월 9일 CBC 뉴스, 2006년 3월25일 조선일보

3) 필수비타민과 미네랄

아마씨에는 아피게닌, 베타카로틴, β-시토스테롤, campha-sterol, 클로로겐산, 시클로아르테놀, 레시친, 루테올린, 미리스트산, 스티그마스테롤, 바이텍신, 아미노산, 칼슘, 필수지방산, Fe, K, P, Zn, 비타민B1, 비타민B2, 비타민B3, 비타민E, 바나듐 등 각종 필수비타민과 미네랄을 포함한 유용성 물질이 가득 차있다.

4) 식이섬유

아마씨에는 식이섬유를 약 25% 함유, 제5의 영양소라 불리는 식이섬유가 아마씨에는 약 25% 함유되어 있다. 식이섬유소 및 섬유질은 장의 운동을 원활하게 해주며 세포 속에 찌꺼기들을 청소하는 유용한 청소부이다.

5) 섭취량

골든아마씨 1g에는 260mg의 오메가-3지방산을 포함하고 있어 1일 6g 섭취시 성인남녀 공히 미국 기준을 충족하게 되며 우리나라에는 아직 권장섭취량 조차 없기 때문에 충분한 섭취가 힘든 실정임. 오메가-3지방산 1일 권장섭취량(g)

[출처 미의학협회(2002)]

6) 주요작용

건조한 피부 보습, 보호 작용

식물성 에스트로겐 작용

항암작용

진통, 항산화 작용

(2) 당귀(돈콰이dong quai: Angelica gigas Nakai)

| 돈콰이(당귀) |

1) 학명: *Angelica gigas Nakai*

생약명 : 당귀(當:마땅할당,歸:돌아올귀)-뿌리

분포 : 참당귀는 우리나라와 중국의 북동부지역에 자생분포 하고, 재배는 우리나라의 고냉지인 경북 봉화, 울진, 강원 평창, 삼척, 태백, 정선, 인제, 충북의 제천, 단양 등지에서 이루어지고 있다. 중국당귀는 감숙성, 운남성, 섬서성, 사천성, 귀주성 등에서 재배되고 있다. 일당귀는 일본의 북부지역에 야생하고 있으며 일본에서 재배하고 있는 것을 일정 때 일본에서 들여와 재배되기 시작하였다.

2) 특성

국산 : 굵고 짧은 주근의 윗부분에 줄기 및 잎의 잔가지가 남아 있다. 주근은 길이 3~7cm, 지름 2~5cm이고 가지뿌리의 길이는 15~20cm이다. 바깥 면은 엷은 황갈색~흑갈색으로 주근 및 가지뿌리에는 세로주름이 많으며 주근에는 가로 지름이 있는 것도 있다. 꺽은면은 평탄하고 형성층에 의하여 목부와 피부의 구별이 뚜렷하며 목부와 형성층 부근

의 피부 주위는 어두운 황색이나 나머지 부분은 백색이다. 특이한 냄새가 있고 맛은 약간 쓰면서 달다.

중국산 : 거의 원추형을 이루고 그 아래에 3~5개 혹은 그 이상의 가지 뿌리를 가지고 있고 길이는 15~25cm이다. 바깥 면은 황갈색~적갈색이고 세로주름과 옆으로 긴 피목이 있다. 근두는 지름 15~40mm이고 환문이 있으며 상단에는 줄기와 엽초의 잔기가 남아 있다. 지근은 지름 3~10mm로 윗부분은 굵고 아래로 내려갈수록 가늘어지면서 꼬이고 있다. 질은 유연하고 횡단면은 황백색~엷은 황갈색이며 피부는 목부보다 두껍다. 방향이 강하고 맛은 달고 매우며 좀 쓰다. 기름기 없고 단면이 녹갈색인 것은 약용으로 쓸 수 없다.

3) 성분 및 효과

주요성분으로는 뿌리와 옹근풀에 쿠마린이 비교적 많이(뿌리에 2~3%.옹근풀에 1.38%) 들어 있다. 쿠마린의 주성분은 데쿠르신.데쿠르시놀.움벨리페론.노다케닌과 그밖에 크산토톡신.이소핌피넬린.오스톨.움벨리프레닌 등이라는 것이 알려졌다. 뿌리에는 또한 정유(0.3~0.6%)와 수지 등이 있다. 열매에도 데쿠르시놀 등의 쿠마린과 정유가 들어 있다.

최근에는 지상부에서 디메틸렌옥시기를 결합다리로 하는 비스쿠마린인 기가솔이 새로 알려졌다.

① 심혈과 간혈이 부족해서 일어나는 안면창백. 입술과 손톱에 광채가 없고 머리와 눈이 어지러우면서 가슴이 뛰는 증상에 보혈 작용을 한다.

② 부인의 혈허하고 어혈이 있어서 생리가 불규칙하고 생리통 또는 생리가 없는 증상에 쓰인다. 여자의 생리 조절작용이 뛰어나고 산전, 산후 질환에 통용된다.

③ 혈액대사를 촉진시키므로 어혈과 혈액순환 장애로 인한 마비증상을 풀어 주고 통증도 완화시킨다. 부기를 빼 주고 피부가 헐어 생긴 발진을 다스리므로 외과에도 활용된다. 혈허로 인해서 나타나는 두통에 쓰고 변비에 도 유효하다.

④ 자궁흥분과 억제작용을 조절하고 단백질합성을 촉진시키며 비타민E 결핍을 방지하므로 유산을 막아준다.

⑤ 관상동맥의 혈류양을 촉진시키고 적혈구 생성을 왕성하게 하며 항염증, 진통작용이 나타난다. 비특이성 면역촉진 작용이 있어서 단핵 대식세포의 탐식능력을 높인다.

⑥ 항산화작용. 항방사능 작용이 있고 기관지천식에도 유효하며, 간기능 보호작용도

나타난다. 여러 종류의 세균 발육을 억제하는 작용이 있다.

현재 하루 4.5g을 6개월간 사용한 한 개의 대조군 연구가 있는데, hot flash를 25~30% 감소한 것으로 보고하였지만, 통계적으로 유의하지는 않았다.

⑦ 주의 : 독성은 약하지만 장기간 복용은 피해야 하며 습성중만(濕盛中滿)한 자와 대변당설(大便糖泄)한 자는 복용하지 않는 것이 좋다.

Dong Quai는 warfarin과 약물 상호작용이 있으므로 warfarin 사용군에서는 절대 금기이다.

4) 기타

한국에서는 참당귀(Angelica gigas Nakai)의 뿌리를 사용한다. 중국에서는 중국당귀(Angelica sinensis (Oliv.) Diels:中國當歸)를 사용하고 일본에서는 왜당귀(Angelica acutiloba (Sieb. & Zuc.) Kitagawa)를 사용한다.

당귀의 유래는 마땅히 돌아오기를 바란다는 뜻으로 '당귀(當歸)'라는 이름이 붙었다고 전한다. 이는 중국의 옛 풍습에 부인들이 싸움터에 나가는 남편의 품속에 당귀를 넣어 준 것에서 유래하는데 전쟁터에서 기력이 다했을 때 당귀를 먹으면 다시 기운이 회복되어 돌아올 수 있다고 믿었기 때문이다. 일설에는 이 약을 먹으면 기혈이 다시 제자리로 돌아온다 하여 붙여진 이름이라고 한다. 대한약전에 나오는 당귀의 약성은 '특이한 냄새가 나고 맛은 약간 쓰면서 달다'고 되어 있으나, 이는 중국당귀와 왜당귀에서만 느낄 수 있다. 참당귀는 단맛은 나지 않고 약간 쓴맛만 난다. 당귀의 효능은 피가 부족할 때 피를 생성해 주는 보혈작용(補血作用)이다. 중국당귀나 왜당귀의 뿌리로 만든 당귀는 보혈작용이 뛰어나다. 하지만 참당귀의 뿌리로 만든 당귀는 보혈작용보다는 피를 원활히 순환하게 해주는 활혈작용(活血作用)이 더 뛰어나며, 항암효과 및 혈압강하작용이 강하다. 약리학적으로 당귀는 관상동맥의 혈류량을 촉진시키고, 적혈구 생성을 왕성하게 한다.

대한약전에는 껍질이 황갈색 내지 흑갈색을 띠고 안쪽 껍질은 황백색이며 횡단면을 현미경으로 보면 내용물이 들어 있는 분비도 및 대용섬유군이 군데군데 섞여 있다라고 기록되어 있다. 그러나 이는 왜당귀나 중국당귀에 대한 특징이고, 참당귀는 껍질이 황백색을 띠며 현미경적 특징이 나타나지 않는다.

참당귀는 토당귀(土當歸), 승검초, 조선당귀라고도 하고, 중국당귀는 당귀(當歸), 문귀(文歸), 건귀(乾歸), 대근(大芹), 상마(象馬), 지선원(地仙圓)이라고도 하며, 왜당귀는 일당귀(日當歸)라고도 한다.

(3) 승마(Black cohosh, Cimicifuga racemosa)

| 블랙호시 |

미나리아재비과의 하나이며 다년생 삼림지 식물로서 현저히 돌출된 수술을 가진 1Cm 정도의 작은 흰색 혹은 크림색 꽃들을 함유한 1-1.5m의 총상화서를 형성 한다.

원산지는 캐나다와 미국 동부지역, 그리고 플로리다지역이다. 이것은 산림의 그늘진 지역과 관목이 무성한 지역을 선호하며, 지금은 유럽에서도 재배되고 있다.

블랙 코호시의 뿌리는 아메리카 인디안 원주민들의 치료제로 부인과 질환(월경시 통증, 폐경기), 관절통, 신경통 및 근육통 등에 사용하였고 20세기 초 의약품으로 본격 연구(미국, 유럽)를 시작하였다. 1940년대 독일(Schaper&Brummer社)에서 처음으로 의약품 개발하였으며 여러 임상연구에서 부작용이 적은 안전한 식물요법으로 입증되었다.

독일 등 유럽에서 50년 이상 폐경 증상 치료에 사용하고 있고 독일의 Commission E(생약 및 약용 식물제제 전문위원회, 1989년)와 세계보건기구(WHO, 2002년)에서 폐경 치료를 위한 식물성분으로 허가 되었다.그러나 허브의 효능과 안정성을 조절하는 독일 정부의 E 위원회(German commission E)에서는 6개월 이상의 사용은 권장하지 않고 있으며 1일 40mg을 권장량으로 한다. 단, 과거 유방암을 앓았던 사람은 사용금지를 요한다.

1) 활성성분

① 파이토에스트로겐(phytoestrogen)-isoflavones, phytosterol
② 탄닌(tannin)
③ 페놀복합체(salicylic acids)
④ 수지(resin)

2) 효능

① 식물성에스트로겐 작용
② 폐경기증상 완화
③ 항염 작용, 항류마티즘 작용
④ 진정효능

(4) 대두(soy bean/ glycine max)

| 소이 |

일년생 식물로 대략 2m 크기까지 자라며 3개의 작은 곁잎으로 된 잎, 흰색 혹은 자주색을 띤 꽃을 가지고 있으며 2-4개 정도의 콩알이 들어있는 꼬투리들이 주렁주렁 달려있다.

원산지는 남부 아시아이고 따뜻한 온대지역에서 재배된다. 콩알이 들어있는 꼬투리에는 충분히 익으면 수확된다. 아시아 지역의 주요 식품으로 중국을 비롯한 주변의 아시아 나라들에서 최소한 5000년 동안 사용되어 왔다. 콩이 미국에 소개된 것은 1804년도 이고 그 이후 남부와 중서부 지역에 주요 농산물이 되었다. 지금은 세계적으로 가장 중요한 농작물중의 하나에 해당된다.

에스트로겐과 비슷한 구조로 되어 있고, 체내 흡수율이 높으며, 에스트로겐 수용체와 결합하여 그 작용을 활성화시킨다. 유방암 등 부작용을 유발하는 에스트로겐요법과 비교하여 부작용이 없으므로 에스트로겐을 대체할 수 있는 성분으로 주목받고 있다. 미국식품의 약국에서는 이소플라본을 하루에 25g 이상 섭취할 것을 권장하고 있다. 대두이소플라본은 콩에 포함되어 있는 폴리페놀의 일종으로 특히 배아부분에 많이 함유되어 있다.

1) 주요성분

① 단백질(protein)
② 레시틴(lecithin)
③ 리놀레산(linoleic acid)
④ 식물성 에스트로겐(phytoestrogen)
⑤ 사포닌(saponin)

2) 효능

① 항암작용(유방암억제)
② 피토에스트로겐작용
③ 콜레스테롤 균형회복

(5) 달맞이꽃(Primrose ; oenothera biennis)

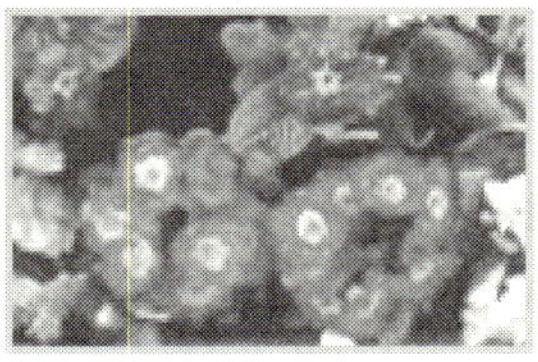

| 달맞이꽃 |

달맞이꽃은 월견초, Evening primrose등으로 불리는 바늘꽃과에 속하는 식물로 원산지는 남아메리카의 칠레이다. 저녁에 개화하여 아침이 되면 꽃이 지는 특성 때문에 달맞이꽃이라는 이름이 지어졌으며 200여 년 전 유럽으로 전래되어 현재는 전 세계적으로 분포되어있다.

달맞이꽃에서 최초로 약효를 발견한 사람은 미국 동해안과 캐나다 지방에 살고 있었던 인디안들 이었고 그들은 약 천 년 전부터 야생의 달맞이꽃을 이용하여 외용이나 내복용 의약품으로 사용하였다. 동아시아 등지의 한방에서는 뿌리를 월견초라 하여 약재로 사용하였고 감기난 인후염에 처방해 왔으며 종자는 월견자라고 하여 고지혈증 등의 증상에 처방하여 왔다. 달맞이꽃의 약효가 과학적으로 인정받게 된 것은 1930년대로 이때 분터 성분을 분석하고 연구한 결과 씨앗에서 얻은 유지 속에 다량의 PUFA(Polyunsaturated Fatty Acid)인 감마리놀렌산(Gammar Linolenic Acid)이 함유되어 있다는 것을 밝혀냈다.

1) 주요성분

① 오메가6 필수지방산(omega-6 essential fatty acids)
linoleic acid 70%, gammalinoleic acid 9-10%

② 플라보노이드(flavonoids)
kaempferol, quercetin

③ 스테롤(sterol)
campesterol, phytosterol

④ 탄닌(tannin)

⑤ 무기염류(minerals)
Ca, Fe, Mg, Mn, P

⑥아미노산들, 비타민E

2) 체내기작

① 리놀렌산(Linolenic Acid)

리놀렌산과 감마리놀레산은 하루에 일정량을 섭취해야 하는 필수지방산이다.

이것이 체내에 들어가면 여러 가지 형태로 변화 하는데 먼저 감마리놀레산이 되고 그 다음 디호모 감마리놀렌산, 그리고 아라키도닉산으로 모습을 바꾸어 간다. 디 디호모 감마리놀렌산과 아라키도닉산으로 분리된 곳에서 프로스타글라딘이란 물질이 합성된다.

② 감마리놀렌산(GLA)

GLA는 LA(리놀렌산, Linolenic Acid)나 ALA(a-Linolenic Acid)와 같이 탄소 수 18개의 직쇄상 불포화 지방산으로 w-6계열의 지방산이다. GLA에는 자연계 내에서 분포가 한정 되어 있으며 식용유지에는 거의 함유 되어 있지 않다.

GLA는 생체 내에서 w-6계 대사과정 중 LA가 Resaturase에 의해 불포화 되면서 생성되거나 고령화, 스트레스, 세균감염, 음주, 콜레스테롤 과다 섭취, 비만 등에 의해 체내에서 필요한 양이 충분히 생성 되지 못한다.

미국과 일본에서의 임상실험 에서 다양한 콜레스테롤 레벨의 사람들에게 GLA투여한 결과 콜래스테롤 수준이 높은 사람일수록 콜레스테롤 저하도가 크고 반대로 콜레스테롤 수준이 낮은 사람에게서는 영향을 주지 않음이 보고되어 GLA투여에 의한 혈청콜레스테롤의 조절작용이 확인되었다. 작용으로는

첫째, 혈압, 혈당치, 혈중 콜레스테롤 농도 조절

GLA는 인체 내에서 식물유 성분의 필수 지방산인 리놀렌산으로 부터 합성되어 프로스타글라딘의 원료가 된다. 프로스타글라딘은 혈압, 혈당치, 혈주 콜레스테롤 농도 등을 조절하는 아주 중요한 물질이다. 감마리놀렌산이 부족하면 리놀렌산-감마리놀렌산-프로스타글라딘의 흐름이 원활하게 이루어지지 않게 된다. 그 결과 혈압이나 콜레스테롤의 수치가 올라가고 천식 증상이 나타날 수도 있다.

둘째, 비만증예방

현대에 들어서면서 식생활이 서구화 되어 영양의 섭취는 많아지지만 편리한 과학의 발달로 활동량이 적어 비만증이 많다. 살이 찌는 원인은 간단하다. 섭취열량이 소모하은 열량보다 많기 때문이다. 달맞이꽃 종자유에는 다이어트를 하지 않아도 비만증을 자연적으로 개선하는 작용이 있다고 보고되고 있다.

셋째, 노화방지

GLA를 섭취함으로써 프로스타글라딘의 활동을 촉진하여 노화를 방지하는 효과를 나타낸다.

넷째, 피부건강 유지

J.Weipierre박사는 인간과 쥐의 피부에 GLA를 연고로 적용한 결과 아주 느리게 부분적으로 흡수되어 피하구조에서 오랜 기간 동안 효과가 계속되었다고 발표 했다. 감마리놀렌산은 세포에 활력을 주어 피부노화를 방지해 주며 피부의 건조를 방지하고 영양을 공급해 준다.

3) 주요효능

① 살찌고 혈압이 높은 사람
② 술 많이 마시는 사람
③ 중년 이상으로 약간 비대한 사람
④ 동물성 지방을 잘 먹는 사람으로 콜레스테롤이 높은 사람
⑤ 여성으로 피부 노화가 걱정되는 사람이나 살찌는 것을 염려하는 사람

⑥ 갱년기 장애나 생리불순으로 걱정하는 사람

⑦ 알르레기 체질로 아토피성 피부염이나 천식 경향이 있는 사람

⑧ 월경 전 증후군, 생리통 등으로 고생하는 사람

4) 연구실적

① 감마 리놀레익산(gammalinoleic acid; GAL)

프로스타글라딘과 호르몬들의 전구체로서 인체 내의 콜레스테롤의 함량을 낮춰주고 혈압도 낮추는 작용을 한다.

②리놀산(linoleic acid)

리놀산에는 세라마이드 성분이 풍부하게 함유되어 있다. 1982년에 영국의 의학저널 란(Lancet)지에 이 식물 오일이 아토피 습진이나 알러지에 의한 습진에 효과가 있다는 것이 발표되었다. 이외에도 1995년 1월에 발표된 한 실험 논문에서도 달맞이꽃 오일의 아토피 치료에 대한 학술근거가 제시되어 있다.

③ 천연여성호르몬 작용

여성호르몬의 생산을 장려하여 폐경기의 일과성 열감(hot flash)을 비롯하여 여러 불편한 증세들을 완화 시키고, 또한 월경 시 발생하는 몸의 긴장상태나 위장장애 등에 도움을 주기위해 월경 전 복용하기도 한다.

④ 권장량 1일 1,300mg

(6) 우엉(Burdock; arctium lappa)

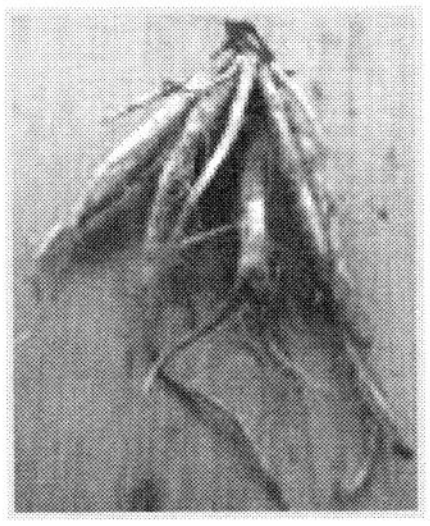

| 우엉 |

유럽과 아시아가 원산지인 우엉(burdock)은지금은 미국을 비롯한 전 세계지역의 온대 기후에서 자란다. 잎과 씨를 함유한 열매는 늦여름에 수확한다. 열매는 갈고리모양의 가시들로 덮여있고 뿌리는 의학용으로만 사용된다.

우엉은 동서양을 막론하여 해독작용에 있어 가장 강력한 양용식물로 손꼽히고 있다. 이것은 인후(목)와 다른 염증들, 종기, 발진, 만성적인 피부질환들처럼 독소의 과잉적재로 인해 발생되는 피부상태들을 치료하기 위해 사용된다. 뿌리와 씨앗은 인체의 부산물들을 제거하여 정화시키는 작용을 해주고, 뿌리는 특히 중금속을 제거하는데 도움을 준다.

우엉은 약 2m까지 자라며 우엉을 알아보는 가장 좋은 방법은 꽃으로 알아보는 것이다. 우엉은 핑크색의 엉겅퀴와 같은 꽃을 가지고 있는데 그 꽃은 개, 어린이 등 모든 것에 달라붙는다. 우엉은 2년생 식물이고 뿌리를 쓰려면 첫 번째 해에 캐야 한다. 두 번째 해에는 뿌리가 시들고 마르는데 이것은 꽃으로 에너지가 가 있기 때문이다.

유럽 사람들이 북아메리카에 도착 했을 때 그들은 우엉을 가지고 갔다. 그들은 우엉을 강화제와 혈액 정화제로 이용했다. 그것은 신속하게 토착화 되었고 (잡초처럼 자랐다)원주민에 의해 사용되었는데 원주민들은 그 용도를 이주민들에게서 배웠다. 중남부의 체로키족은 우엉을 신결석, 류마티즘, 괴혈병, 여성 쇠약 등에 사용했다. 그리고 그들은 뿌리와 씨를 차로 만들어 피를 깨끗이 하고 성병을 치료하는데 사용했다. 동부 캐나다 해안의 미크맥족은 싹과 뿌리를 욕창, 하감(下疳;chancre)등의 피부질환에도 사용했다. 다른 부족들은 잎을 끓여 찜질약으로 만들어 욕창에 사용했으며 이로키족은 겨울에 뿌리를 캐고 봄에 잎을 말려서 먹었다. 일본인들은 고보라고 부르는데 그들은 우엉이 인내력과 정력을 높인다고 믿는다. 일본인들의 유방암 발생률이 낮은 것은 콩, 녹차, 와사비, 해초 등의 덕이라기보다는 고보덕인 것 같다.

1) 활성성분

① 폴리아세틸렌(Polyacetylene)
② 쓴맛의 배당체(고미제)(bitter glycosides); arctiopicrin
③ 플라보노이드(flavonoid); arctiin
④ 탄닌(tannins)
⑤ 다당류(polysaccharide); 이눌린(inulin)
⑥ 식물성 에스트로겐, 스테롤; 리그난(lignans), sitostrrol, sigmasterol

2) 주요작용

① 독소제거 작용(detoxifying)
② 항생제 작용(antibiotic)
③ 방부 작용(antiseptic)
④ 가벼운 이뇨 작용(mild diuretic)

3) 의학적 효능

① 항생효능(antibiotic)

1967년 독일에서 1986년 일본에서 연구 실적들이 발표 되었는데 폴리아세틸렌 성분, 특히 신성한 뿌리에 있는 이 성분이 항생제 효과를 가진 것을 입증했다. 이 외에 우엉은 항박테리아 효능과 항진균 효능, 그리고 이뇨 작용과 혈당량을 낮춰주는 작용(hypoglycemic),즉 저혈당 효과도 있다. 이것은 또한 항암작용을 가지고 있다. 최근 논문 발표에 의하면 우엉 씨앗에 항염, 항산화, 간보호 효능이 있다고 한다.

② 정화효능

우엉은 서양과 동양, 즉 유럽과 중국에서 모두 독소제거용 약초식물로 사용되고 있다. 이 식물의 씨앗들은 유행성 이하선염, 홍역과 같은 고열과 감염 증세에 독소를 제거 하기위해 사용된다. 뿌리는 만성적인 피부, 질환들의 부산물 제거에 사용된다.

③ 피부문제

우엉의 이뇨작용, 항생제 작용, 탄닌에 의한 건조 작용과 수축 작용들은 독소가 문제가 되는 여러 피부문제들, 여드름, 종기, 국부 감염, 습진, 건성과 같은 피부 질환들에 도움을 준다.

(7) 칡(Kudzu; pueraria lobata)

| 칡 |

낙엽송 반연식물로 30m의 높이까지 자라며 3개의 널따란 타원형의 작은 어린잎으로 된 잎을 가지고 있으며 꼬불꼬불한 덩굴손들과 배 모양의 자주색 꽃들을 가지고 있다. 사용부위는 뿌리이고 칡은 중국에서는 알콜중독과 숙취 치료제로 사용되었다. 원산지는 중국, 일본, 동부 아시아이고, 미국으로 이식 되었다. 중국의 중부와 동부지역에서 많이 재배되며 봄이나 가을에 뿌리를 캐서 수확한다.

중국과 일본을 비롯해 동부 아시아에서는 오래전부터 전통적인 약제로 사용되었다. BC 6세기경부터 그 사용에 대한 문헌 기록이 남아 있는데 중국의 약초전문가들은 칡을 근육의 통증을 치료하고 홍역 치료제에 사용하는 약제로 소개하고 있다. 최근에 중국에서 발표된 한 연구자료에 의하면, 칡은 동맥경화증 환자들에게 대뇌의 혈액 흐름을 증가시켜주고, 목의 통증과 뻣뻣해짐을 완화 시켜주는 작용을 한다고 한다.

1) 활성성분

①피토에스트로겐(phytoestrogen)-daidzein, geniatein
②플라보노이드(flavonoid)-quercetin

2) 주요작용

① 피토에스트로겐 작용
② 알콜중독 치료제, 숙취 제거제
③ 근육통 완화
④ 혈압을 낮춤

3) 의학적 효능

① 알콜중독에 관한 치료 작용

칡은 알콜 중독 치료제로 많이 알려져 있다. 미국에서 발표된 한 연구자료에 의하면 이것은 알콜 음주에 대한 식욕억제 작용이 있어, 알콜 중독증 환자들에게 실질적인 도움을 줄 수 있다고 한다. 또한 과음으로 인한 숙취를 치료하는 용도로도 많이 사용하고 있다.

② 고혈압증세 완화

칡뿌리는 혈압을 낮춰주는 작용을 한다. 고혈압으로 인한 여러 증세들, 두통, 어지러움, 귀울림 그리고 감각의 마비 등을 치료하는데 사용되며 고혈압으로 인한 협심증의 치료에도 유용한 효과를 준다.

③ 근육통 완화

이것은 목과 등 위쪽의 근육 이완작용에 많이 관여하는데 목의 통증과 뻣뻣해짐을 완화시켜주고 고열로 인해 생긴 근육통과 여러 감기몸살기운들을 감소시키기 위해 사용된다.

이 외에도 설사, 이질의 치료제로 사용되고 감기, 독감, 그리고 홍역, 소화기문제에도 사용된다.

④ 피토에스트로겐 작용

전통적으로 호르몬과 관련된 질환에는 많이 사용되지 않지만, 최근의 연구 결과 그 기본 성분들이 밝혀지면서 구성성분이 이소플라본을 비롯한 에스트로겐 성분들이라는 것이 알려지게 되면서 폐경기를 전후로 나타나는 증세들의 치료에 많이 적용하고 있다.

(8) 감초(Licorice; glycyrrhiza glabra)

| 감초 |

감초의 주요 구성성분중 하나인 글리시리진산(glycyrrhetic acid)은 설탕보다 50배 정도 더 달다고 하며 모든 약초 의약품들 중에 가장 귀중한 식물 중에 하나이다. 강력한 항염 효과를 가지고 있어 관절염이나 궤양통증 치료를 비롯해 여러 질환에 유용하게 작용 될 수 있다. 이것은 동양을 비롯해 서양 의약품에서도 가장 많이 사용된 약초에 해당하며, 수천 년 동안 의학용으로 복용되어 왔다.

1) 활성성분

① 호르몬 성분들(hormoneal constituents)

② 미백성분(glabridin; anti-tyrosinase)

③ 에센셜오일 (essentional oil)

④ 플라보노이드(flavonoid)

2) 주요작용

① 부신호르몬 인자(adrenal agent) - 부신호르몬 분비 촉진, 호르몬과 유사작용

② 피토에스트로겐(phytoestrogen)의 작용

③ 항염작용(anti-inflammation)

④ 항산화작용(antioxidant)

⑤ 혈액순환촉진, 혈관벽 강화 작용

3) 연구실적

① 부신호르몬작용

여러 연구 자료에서 트리테르팬 사포닌 성분인 글리시리진(glycyrrhzin)과 글리시레틴산(glycyrrhetic acid)dms 하이드로 코티존과 다른 부신피질 호르몬과 유사한 작용을 하여 항염 효과와 항관절염 효과를 가지고 있음을 밝히고 있다. 이들 사포닌 성분들은 부신의 호르몬 생산을 촉진하고 간과 신장에서의 스테로이드의 분해 작용을 감소 시켜준다. 또한 부신의 기능이 정상적으로 작용하지 않아서 발생하는 에디슨병의 치료제로 사용된다.

1985년 일본에서 실시된 한 임상실험에서 글리시리진(glycyrrhzin)은 만성 간염과 간경변증의 치료에 매우 효과적임을 보여주었다.

② 피토에스트로겐 작용

이소플라본 성분들은 여성호르몬인 에스트로겐의 작용을 하고, 인체의 여성 호르몬의 일종인 에스트라디올(estradiol)도 함유 되어있다.

③ 진정, 진통 작용

감초는 항염작용과 더불어 진통효과, 상처 치유효과가 있다. 통증이 심한 구강궤양(canker sores), 위염(gastritis), 위산과다, 폐렴을 비롯한 기침감기, 염증이 있는 관절부위, 그리고 여러 피부질환들에 사용되며 눈의 염증부위를 진정시켜준다.

(9) 레드클로바(Red clover; trifolium pratense)

| 레드클로바 |

다년생 약초로 40Cm의 크기로 자라며 털이 있으면서 똑바로 곧은 줄기에 3.4장 정도의 타원형 잎들이 있으며, 분홍에서 자주색을 띤 계란모양의 꽃머리들을 가지고 있다. 원산지는 유럽과 아시아이며 북아메리카와 오스테레일리아로 이식되었다. 꽃이 여름에 개화하면 꽃머리를 따서 수확한다.

이것은 전통적으로는 유방암을 치료하기위해 사용되었다. 농축된 즙을 종양부위에 바르면 종양이 밖으로 나오게 하여 마침내는 종양이 사라지게 한다. 최근에 많은 연구자료들에서 이 식물에 여성호르몬이 고농도로 함유하고 있다는 것을 밝혀내고 있으며, 폐경기와 관련되어 나타나는 여러 증세들을 완화 시킬 수 있는 좋은 치료제라는 것을 확증하고 있다.

1) 함유성분

① 피토에스트로겐(phytoestrogen)

② 에센셜오일
③ 플라보노이드 - myricetin, isohamnetin
④ cyanogenic glycosiders

2) 주요작용

①피토에스트로겐 작용
②박테리아 감염 억제작용-염증성 폐렴, 신장질환, 간질환, 종기, 부스럼, 상처 등
③면역작용 강화 - 에이즈 감염에 효과적
④혈액을 정화시킨다.
⑤진정제, 거담제

3) 연구실적

이소플라본 폴라보노이드 성분들은 매우 뚜렷한 식물성 호르몬 작용을 나타낸다. 지난 몇 동안 수많은 연구 실험에서 붉은 토끼풀의 여성호르몬과 관련된 여러 가지 치료 효능들이 발표되었는데 토끼풀에 함유된 이소플라본들은 폐경기에 뿐만 아니라 인체 내의 여성호르몬(에스트로겐)의 수준이 저하되었을 때 이를 보완해 주는 작용을 하여, 여성 호르몬의 부족에서 오는 여러 증세들을 감소시켜준다. 여성 호르몬의 부족으로 인한 심장의 약화 현상, 혈액순환 장애 현상, 자궁벽의 기능 약화 등에 대항하여 보호작용을 해주며 호르몬 불균형으로 인한 유방암의 발생을 예방해준다. 토끼풀에는 이소플라본 플라보노이드 뿐 만 아니라 페놀과 알콜 그룹의 에센셜 오일 등 다른 여러 활성 성분들이 복합되어 있어 이소플라본 성분 단독으로 사용했을 때 보다 훨씬 뛰어난 치료효과를 발휘하고 있다.

(10) 야생참마(Wild yam; dioscorea villosa)

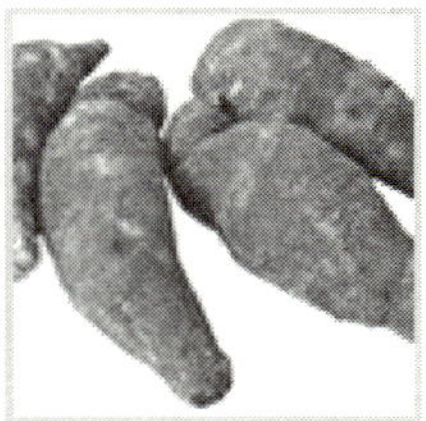

| 참마(와일드얌) |

야생참마는 북아메리카의 습기찬 산림지역의 야생에서 발견된다. 원산지는 북아메리카, 중앙아메리카이고 지금은 열대지역, 아열대지역, 그리고 온대지역에도 자란다. 6m 정도의 높이 꺼지 자라고 심장 모양의 잎과 작은 초록색 꽃을 가지고 있다. 뿌리와 괴경은 진경 작용을 가지고 있으며 생리통의 치료에도 사용된다. 뿌리줄기는 근육의 이완 효과를 가지고 있다. 야생참마는 스테로이드와 같은 물질이다. 디오스게닌(diosgenin)의 천연출처 식물이다. 디오스게닌의 발견으로 인해 최초의 경구 피임약의 개발이 시작 될 수 있었다. 과거에 이 식물이 피임제로 사용되었다는 문헌이나 사례는 없지만 전통적으로 중앙아메리카에서 월경, 배란 그리고 분만과 관련된 통증들을 완화 시키는 용도에서 많이 사용 되었다. 또한 소화계질환, 관절염, 근육의 경련 등에 매우 유용한 효과를 주고 있다.

1) 성분

① 스테로이달 사포닌(sterodal saponin) - diosgenin(dioscin)

② 피토스테롤 - beta sitosterol

③ 알칼로이드(alkaloids)

④ 탄닌(tannin)

2) 주요작용

① 피임제 합성(황체호르몬)

② 코디존 같은 항염 작용

③ 항 류마티즘

④ 진경작용, 진통작용

⑤ 발한작용, 이뇨작용

3) 연구

① 호르몬 합성

디오신(dioscin)의 분해물질인 디오스제인은 일본 과학자에 의해 1936년 처음으로 알려지게 되었다. 이 발견으로 인해 황체호르몬과 코티존과 같은 부신피질 호르몬의 합성을 위한 길이 열리게 되었다.

② 항염 작용

야생참마가 많은 양의 디오신이 함유되어 있고, 항염 효과가 있다는 발견으로 인해 류머티즘 질환들을 위한 치료제로 사용하게 되었다. 항염 작용과 더불어 근육의 긴장을 완화시키는 진경작용으로 야생참마는 관절염을 비롯하여 근육통을 이완시키면서 통증을 완화 시켰다.

③ 부인병 완화 작용

북아메리와 중앙아메리카에서 생리통, 난소통증, 그리고 분만 시 통증을 완화시키기 위해 사용되었다

(11) 호로파 종자(Fenu greek; trigonella foenunggraecum)

| 호로파 |

매우 강한 아로마 향을 가지고 있는 이 식물은 1년생으로 80Cm까지 자란다. 삼엽잎을 가지고 있고 노란빛이 도는 흰색 나비모양의 꽃이 열리며 낫모양의 씨앗 꼬투리를 가지고 있다.

원산지는 북아프리카와 지중해 연변의 나라들이고 호로파는 광활한 지역에서 자라고, 인도에서 광범위하게 재배되고 있고 씨앗들은 가을에 수확된다.

이집트의 파피루스에 호로파를 화상치료에 처방한 기록이 있다. 이 씨앗들은 고대 이집트에서 분만을 촉진하기위해 사용했다. BC5세기 경 그리스 내과 의사인 히포크라테스는 호로파를 매우 가치 있는 약초로 여겼다. AD1세기경 디오스코리드(dioscorides)는 이것을 모든 종류의 부인병 치료를 위한 치료제로 추천했다. 최근에 이 씨앗에 스테로이달 사포닌 성분인 디오스게닌(diosgenin)이 함유되어 있다는 것이 밝혀지면서, 여성호르몬과 관련된 여러 질환에 유용하게 사용되고 있다.

1) 함유성분

① 스테로이달 사포닌 - diosgenin(dioscin)
② 피토스테롤 - beta sitosterol
③ 플라보노이드 - kaempferol, luteolin, quercetin, rutin
④ 비타민F(필수지방산 essentional fatty acids; 8%정도)
⑤ 알칼로이드 - trigoneline
⑥ 점액질(mucilage; 27%정도)

⑦ 단백질(25%정도)

⑧ 비타민A, B1,C, 미네랄

2) 주요작용

① 피임제 합성(황체호르몬)

② 코티존 같은 항염 효능

③ 분만촉진, 모유생산 증가

④ 항암작용(간암, 자궁 경관암), 진정효능

⑤ 항 당뇨작용, 콜레스테롤 감소작용

3) 연구

호로파는 북미, 중동, 인도에서 약초 의약품으로 흔히 사용되는데 광범위한 질환들의 치료제로 매우 높이 평가 받고 있다.

① 영양보충제

영양분이 많은 씨앗은 환자들의 회복기에 영양보충제로 복용하게 한다. 식욕부진을 개선시키고 몸무게를 늘리는데 도움을 준다.

② 진정작용

이 씨앗에 다량 함유된 점액질이 내부 혹은 외부상처에 보호 작용을 해주면서 진정효과를 준다. 위염과 위궤양 치료에 도움을 주고, 이 외에 피부상처의 치유를 도와준다.

③ 부인병 완화

분만 촉진, 모유생산을 증가시키위해 사용한다. 중국에서는 자궁 경관암을 치료하기 위해 좌약으로 사용했다. 자궁의 염증, 질과 음문의 염증을 완화시키기 위해 사용한다.

④ 항당뇨 작용(anti-diabetic action)

콜레스테롤의 수준을 낮추는 작용을 하여 당뇨병을 방어하는 효과가 있다.

⑤항염작용

국부용으로는 종기치료제, 염증, 궤양, 화상 등에 사용하고 이외에 질염, 과다한 질분비 제거 작용을 한다.

*호로파종자는 우리나라 KFDA(식의약품안정청)에서는 "식후혈당상승억제"의 기능성이 인정 되었으며 1일 12-50g을 섭취량으로 정해져 있다.

(12) 쐐기풀(Nettle; urtica dioica)

쐐기풀은 다년생 식물로 1.5m 정도의 크기까지 자라난다. 창모양의 잎과 노란색의 수술을 가진 초록색 꽃을 가지고 있다. 전 세계적으로 온대지방에서 자라며 꽃봉오리 부분은 꽃이 필 때 수확하고 뿌리는 가을에 수확한다.

| 쐐기풀 |

톡 쏘는 특성으로 잘 알려진 이것은 의학적인 용도로 오래전부터 사용되어 왔다. AD1세기경 그리스 내과의사인 Dioscorides는 이 약초를 처방 대상에 넣었는데, 신선한 잎을 으깨어 곪아가는 상처부위에 발라 붕대를 감아서 치료했으며 코피의 지혈 효과를 위해 즙을 사용했고, 잎을 몰약과 함께 요리하여 월경촉진을 위해 섭취하게 했다. 오늘날 이것은 건초열, 관절염, 빈혈, 그리고 놀랍게도 알러지를 비롯한 여러 피부질환들에 유용하게 사용된다.

1) 함유성분

① 플라보노이드 - quercitin
② 식물성스테롤 - sigmast-4-enzone, sigmateril
③ 페놀
④ 아민 - histamin, choline, acetycholine, serotonin
⑤ 글루코퀴논(glucoquinone)

⑥ 비타민A - betacarotene, lycopene
⑦ 쿠마린 - scopoletin
⑧ 레시틴(lecithin)
⑨ 폴산염(folate/비타민B), 비타민F(필수지방산)
⑩ 미네랄

2) 주요작용

① 이뇨작용
② 강장작용
③ 수렴작용
④ 지혈효과
⑤ 항알러지 효과
⑥ 항염 효과
⑦ 전립선 비대증감소

3) 연구

① 항 관절염 작용(anti-arthritic)

최근 독일의 한 연구 실험에서 이 식물의 잎이 뚜렷한 항염 작용을 가지고 있다는 것을 발견했다. 관절염 환자에게 50%의 약초를 매일 복용하게 했는데 그 증세가 매우 뚜렷하게 개선되었다는 것을 보고하였다.

② 전립선비대증 감소

미국, 독일, 그리고 일본에서 이 식물의 뿌리에 관한 실험연구를 하여 전립선 비대증을 위한 치료제로서의 그 가치를 확증하였다. 뿌리에는 식물성 스테롤 성분들과 페놀이 고농도로 함유되어 있다.

③ 정화작용

이 식물의 가장 중요한 작용은 정화 효능으로 세정제 작용을 하고 독소제거 효능이 있는 약초이다. 또한 이뇨작용이 있는데 아마도 플라보노이드와 칼륨의 높은 함량 때문인 것으로 추정한다. 뇨(urine)의 생산을 증가 시키고 독소부산물들의 제거 작용을 촉진시킨다.

④ 관절염

쐐기풀은 염증을 비롯한 여러 피부질환들과 관절염에 항염 효과가 있다. 수렴작용, 상처와 코피의 출혈을 멈추게 하고 생리의 과다한 출혈도 감소시키며 항알러지 작용도 한다.

건초열, 천식, 피부의 가려움증을 완화시키는 효과가 있고 벌레에 물린 데에도 사용한다.

(13) 푸레라리아 미리피카(Pueraria; Pueraria Mirifica)

| 푸에라리아 |

험준한 산악지대(해발 300-800m)에서만 서식하는 다년생 콩과 넝쿨식물의 일종이며 세계적으로 태국의 치앙라이, 람팡 그리고 미얀마 일부 지역에서만 발견되는 희귀식물이다.

땅속 1-2m에 경근 생기며 종류는 흰색, 붉은색, 검은색 등 세 가지로 나뉘며 그 중 흰색의 효능이 가장 좋다. 푸레라리아는 딱딱한 넝쿨식물로 커다란 나무를 타고 자라며

한 개의 꽃 봉우리에 3개의 잎사귀가 붙어진 각진 잎사귀 모양을 하고 있다. 꽃은 분홍색이며 30Cm가량의 폭으로 피며, 5개의 꽃잎으로 구성되어 있으며 겉의 것이 가장 크고 두개의 꽃잎이 양쪽으로 구부러져 있고 안쪽의 꽃잎들이 화분을 감싸고 있다.

2월에서 3월까지 꽃을 피우고 4월에 씨를 맺게 되며 갈색 봉우리에서 3-4개의 씨를 낸다.

이것의 뿌리는 태국민족이 수 백 년 전부터 노화를 방지하고 미용, 건강을 지키기 위해 사용해온 전통 약초이며 약초로 쓰이는 부분은 주로 뿌리인데 뿌리의 크기는 제각기 다르며 감자와 모양이 비슷하다. 생장 년 수가 100년이 경과한 것도 있으며 무게는 100kg까지 나가는 것도 있다.

1) 함유물질

ISO이소플라본

2) 연구

1988년 12월 위치아교수(태국 츄라론콘대학 학약부 생약 학과장)는 푸에라리아연구의 일인자로 8년간 연구성과를 학회에 발표한 이후, 영국의 과학잡지 "네이처"가 푸레라리아의 성분"ISO플라본"이 포함되어있고 여성호르몬인 "에스트로겐"의 분비를 촉진하는 효과가 있다고 발표하여 세계적으로 알려졌다. 그러나 태국정부에서는 1999년 1월26일 푸레라리아의 원료에 대해 엄격한 수출 규제를 함으로써 외국 회사의 경쟁을 근본적으로 차단하는 결정을 내리기도 했다. 지금도 태국 정부에서는 이 약초에 대한 종묘의 반출을 엄격하게 금지하고 있다.

(14) 석류(石榴, pomegranate: *Punica granatum*)

| 석류 |

아시아산 관목 또는 소교목인 석류나무(Punica granatum)의 열매.

석류나무는 소코트라 섬에서 자라는 잘 알려져 있지 않은 종(種)과 함께 석류과(石榴科 Punicaceae)를 구성한다. 키가 5~7m 정도 자라며, 밝은 초록색의 잎은 타원형 또는 피침형으로 길이가 약 75㎜이다. 잎겨드랑이에 달리는 오렌지 빛 붉은색의 아름다운 꽃이 잔가지 끝 쪽을 향해 핀다. 꽃받침은 통 모양으로 오랫동안 붙어 있으며 5~7갈래로 갈라졌고, 꽃잎은 피침형으로 갈라진 꽃받침 사이에 놓여 있다. 씨방은 꽃 받침통 속에 묻혀 있으며 2층으로 되어 있는데, 위아래 모두 많은 방으로 나누어져 있다. 열매는 크기가 큰 오렌지만하고 6면으로 나누어져 있으나 불분명하며, 부드러운 가죽질의 껍질은 갈색 빛이 나는 노란색에서 붉은색을 띤다. 석류의 안쪽은 여러 개의 방으로 나뉘고, 각 방에는 가늘고 투명한 소낭(小囊)이 들어 있는데, 소낭은 붉은색을 띠는 즙이 많은 과육으로 이루어졌으며 길고 각이 진 씨를 둘러싼다.

동양에서는 석류를 오래전부터 포도·무화과와 더불어 중요하게 여겨왔다. 성서에 의하면 솔로몬 왕은 석류과수원을 가지고 있었고, 유대인들이 이집트에서의 편안한 생활을 버리고 황야를 떠돌아다닐 때 그들의 기억 속에 남아 있는 석류의 시원함을 간절히 바랐다고 한다. 그로부터 수세기가 지난 뒤 예언자 마호메트는 "질투와 증오를 없애려면 석류를 없애라"고 말했다고 한다. 이란과 그 주변 국가가 원산지로 생각되지만 오랫동안 지중해 지역에서 두루 심었고 아라비아 반도, 아프가니스탄, 인도에까지 확산되었다. 미국의 따뜻한 지방에서 칠레에 이르는 아메리카 지역에서도 흔히 심고 있다. 다양한 기후

조건에서 자랄 수 있지만, 열매가 익는 시기에 온도가 높고 공기가 건조한 곳에서만 좋은 열매가 열린다. 깊고 굵은 롬질의 땅에서 가장 잘 자라는 듯하다. 씨로 쉽게 번식시킬 수 있으며, 꺾꽂이와 휘묻이로 변종을 얻을 수 있다. 상업용으로 번식시킬 때는 250~300㎜ 길이로 굳은 꺾꽂이를 해서 뿌리를 내린다.

1) 함유성분

① 피토에스트로겐
② 수용성당분(포도당, 과당)
③ B1, B2, 나이아신
④ 미네랄

여성의 과일로 주목받고 있는 석류의 주효한 효능은 석류 속에 특히 많이 함유된 고유의 성분에서 알 수 있다. 즉 당질, 아미노산, 비타민, 산류 외에 풍부한 칼륨과 펙틴, 탄닌 성분 등의 작용이 수렴, 정혈, 항산화 작용을 한다.

2) 효과

① 안면홍조
② 피부건조
③ 구내염
④ 심계항진
⑤ 불면

3) 연구

석류의 성분은 지구상의 어떤 식물보다 인체에서 분비되는 여성호르몬과 구조가 거의 동일한 에스트라디올, 에스토론으로 불려지는 에스트로겐 계열의 호르몬이 석류종자 1kg 당 10-18mg이 함유되어 있다는 사실은 이미 여러 논문에서 발표되었다. 또한 석류 속에 함유된 에라그산은 탄닌과 결합한 에라그탄닌이 가수분해하면 에라그산이 되는데 강한 항암작용이 있음이 마우스 실험에서 발견되었고, 에라그산은 항산화 작용, 산의 분비억제 등에 효과가 있으며 영국에서는 HIV 바이러스를 억제하는 효과를 확인해 에이즈치료에도 가능성을 연구 하고 있다.

호르몬의 기능과 관련하여 노인성 치매알츠하이머와 남성전립선염 예방에도 효과가 있는 것으로 알려져 있다.

(15) 잇꽃(홍화; Safflower; *Carthamus tinctorius L.*)

| 잇꽃 |

학명: *Carthamus tinctorius L.* 영명: Safflower.Safflor, Bastard saffron

원산지는 이집트, 이디오피아, 아프리키, 중앙아시아이고 이용부위는 꽃, 씨이며 특성은 1~2년생 초본으로서 얼핏 보아서는 엉겅퀴와 흡사하다. 키는 1m 안팎으로 곧게 자라며 포기 전체에 털이 없고 줄기 끝에서 가지를 친다. 잎은 호생하며 피침형으로 톱니가 있으며 잎 끝이나 잎가장자리가 날카로운 가시로 되어 있다. 6~7월에 가지 끝에 엉겅퀴 같은 두상화가 피는데 날카로운 가시가 있는 많은 꽃받침에 싸여 있다. 이 가시들은 수확할 때 큰 장애가 된다. 꽃받침 중앙에 1.5~3cm 크기의 관상화가 뭉쳐서 핀다. 처음에는 선황색이다가 3~4일 지나면 오렌지색으로 변한 후 다시 2~3일 지나면 선홍색이 되며 그대로 방치하면 검붉은 색으로 변하여 마지막에는 흑갈색이 되므로 꽃으로서의 이용가치를 잃게 된다. 꽃은 개화 당시부터 독특한 향기가 있으며 홍화(연지)로 조제한 후에도 계속 향기가 남아 있다. 꽃진 후 팥알 크기 만 한 씨가 백색으로 익는다. 잇꽃은 일명 홍화(紅花)라는 이름으로도 불리 우는 예부터 널리 알려진 홍색염료로 유명한 식물이다.

잇꽃은 오랜 옛날부터 재배되어 왔으며 이집트에서는 B.C 2500년의 제6왕조시대의 비문에 잇꽃의 기록이 있을 정도이며 고대 이집트에서는 미이라를 싸매는 천(屍衣)을 잇꽃으로 물들여서 사용했다 하며 B.C 1300년경의 왕의 무덤에서도 잇꽃의 식물조각이 발견되고 있어서 이를 증명하고 있다. 기원 원년 경에는 염료 및 기름을 얻기 위한 염료식물로 널리 재배되었으며 인도에서도 기원전부터 재배했다는 기록이 있다.

중국에서는 한(漢)나라 때(B.C 2세기경) 장건이 서역(이란)에서 가져갔다고 전해지며 우리나라에 들어온 연대는 확실치 않으나 고구려 때(6세기) 승려 담징(曇徵)이 일본으로 가져갔다고 하는 것으로 미루어 볼 때 중국에서 들어와 고구려 초기에 흔히 재배되었던 식물임을 알 수 있다.

유럽에는 중세에 전파되었고 미국에는 스페인 사람이 멕시코를 거쳐 19세기 초에 염료작물로 도입했다는 것이다. 그러나 지금은 북미,남미,인도,중국,유럽남부,일본,동남아 등에서 염료 및 유료작물(油料作物)로 대량 재배되고 있다.

잇꽃은 학명을 Carthamus tinctorius라 하는데 Carthamus는 아랍어의 Korthom 즉,"염색하다"라는 말에서 비롯된 것이라 하며 종명의 tinctorius도 "염색용의"라는 뜻이라 하니 이 식물이 고대의 염료로서의 위치가 얼마나 중요했던가를 말해주고 있다. 영명의 Safflower는 사프란(Saffron)과 유사해서 사프란 대용으로 쓰이는 염료라는 뜻에서 붙여진 이름이라 하며 dyer`s saffron이라는 이름도 있는데 역시 사프란 염료라는 뜻이다.

잇꽃에는 carthamin이라는 물에 녹지 않는 적색소(赤色素)와 safloyellow라는 물에 잘 녹는 황색소(黃色素)가 있어서 염료로 이용할 때는 꽃을 물에 담가 황색소를 제거한 후 붉은 색소만을 이용하는데 이것을 연지(燕脂)라 한다.

연지가 처음 만들어진 것은 옛날 은(殷)나라 주왕(紂王)의 왕비였던 요염하고 음탕하며 독부로 유명한 달기가 연(燕)나라에서 가져다가 만들었기 때문에 "연지"라 했다 하며 진한 화장은 달기를 연상하여 천박하게 대접했다고 전한다.

옛날 중국의 한나라 때는 천자제후의 궁녀(宮女)들이 월경이 있을 때는 잇꽃에서 만들어진 붉은 연지를 얼굴에 묻혀서 월경중임을 표시했다하며 나중에는 월경의 유무에 상관없이 화장용으로 연지를 볼, 입술, 손톱 등에 칠하기에 이르렀다.

우리나라에서는 결혼식 때 새색시의 얼굴에 연지 곤지를 찍는 풍습이 있는데 이것은 붉은색이 악귀를 물리친다는 주술적인 의미가 부여되어 있는 화장술의 하나로서 결혼식의 신성함을 지키기 위해서이다.

이 연지가 잇꽃으로 만든 것이며 그중에서도 함흥연지를 최고로 알아줬다.

규합총서(閨:안방규, 閤:쪽문합, 叢:모일총, 書:글서)에는 잇꽃의 이용법이 여러 가지 소개되어 있는데 옷감을 물들이는 염료, 화장품으로서의 연지로 쓰이며 씨에서 짠 기름으로 나물을 무쳐 먹으면 고기맛 같아서 진미라 하여 식용유적인 측면에서도 다루어지고 있다.

잇꽃의 염료는 옷감(울, 실크, 피혁제품)의 염료로 쓰일 뿐 아니라 서화용 물감으로도 썼고 음식물을 물들이는 착색제로도 쓰였다.(과자, 떡) 그릇을 채색할 때도 쓰고 은물에 연지를 덧칠하면 금빛이 나므로 금박대용으로도 귀히 쓰였다.

연지의 장점은 무해무독하며 오래가도 퇴색되지 않으며 향기도 오래 지속되는 점이다. 주로 화장품의 루즈 원료로도 이용되며 과자나 청량음료의 착색용으로 널리 이용되었다. 잇꽃 염료가 한동안 타르계의 값싼 화학염료에 밀려 잊혀진 듯 했지만 화학염료의 공해 문제가 대두되면서 잇꽃염료의 무해무독함이 재인식되어 홍색염료로서의 위치를 다시 회복하고 있다.

잇꽃은 염료뿐 아니라 중요한 약초로 이시진은 본초강목에서 잇꽃이 혈액순환을 좋게 하고 통증을 제거하며 월경불순의 통겨제로도 좋다고 했다. 특히 산전산후의 부인병에 정혈제(淨血劑)로 널리 쓰인 약초이기도 하다.

한방에서 생약으로 이용할 때는 홍화라 하여 잇꽃을 그대로 사용한다. 홍화응 혈행장애(血行障害), 통경액, 냉증, 산전산후, 갱년기장애 등에 쓰이며 한방에서는 뇌일혈 후의 반신불수에 중요하게 쓰인다.

완화작용, 발한작용, 하열(下熱)작용이 있으며, 히스테리컬 한 기분을 진정시키는 효과도 있다.

특히 씨는 20~30%의 지방유(脂肪油:fatty oils)를 함유하고 있어서 이 기름을 Safflower oil이라 한다.

1) 주성분

① 리놀산(Linoleic acid)

② 유산(油酸 :glyceride).

Safflower oil에는 리놀산이 70%이상 함유되어 있어서 콜레스테롤의 대사정상화의 작용이 있어서 혈액중의 콜레스테롤을 배출시켜 혈관을 확장시킴으로써 혈압을 강하시키는 중요한 작용을 한다. 또한 동맥경화예방과 치료제의 원료로 크게 각광받고 있어서 미국에서는 Safflower oil을 목적으로 대량 재배하고 있는 실정이다.

2) 효과

피로회복

혈액순환 원활

냉증, 월경불순

민간요법으로는 끓는 물 1컵에 말린 잇꽃 1찻순갈을 넣어서 Safflower tea로 마시면 감기기운을 완화하며 피로회복에도 효과가 있어 즐겨 쓰인다.

옛날에는 잇꽃기름을 태워서 얻은 그을음으로 먹을 만들기도 했는데 이 먹을 홍화묵(紅花墨)이라 하여 서예가가 귀히 여긴 상등품 필묵이었다.

어린 모종일 때에는 "잇나물"이라 하여 우리 조상들은 예부터 즐겨 먹었다.

씨에서 짠 Safflower oil은 약용 외에 양질의 식용유로서 샐러드유로 써서 성인병 예방 조리용으로 이용되며 이밖에 공업용으로 페인트, 바니스 등의 유료작물(油料作物)로도 중요하다. 또 꽃꽂이의 소재로도 쓰이며 말라도 그대로 있어서 드라이플라워로도 이용될 수 있다.

이렇듯 용도가 다양하고 폭이 넓은 데 비하여 우리는 그동안 식량자원에만 매달려 재배가 자취를 감추다시피 했으나 약용으로 명맥을 유지할 정도이고 대개 수입에 의존해 오고 있다.

2.2 남성탈모란

남성호르몬성 탈모는 남성과 여성에게 영향을 미치는 유전적인 숱 적어짐 또는 대머리를 일컫는다. 남성의 대머리의 95% 이상이 남성호르몬성 탈모이기 때문에 남성형 대머리로 알려져 있다. 이것은 두피의 관자놀이 부위의 모발 퇴행과 전두부혹은 정수리 부위의 모발 빠짐으로 나타난다. 모발이 빠지는 마지막 단계에 두피의 후면과 측면 주위에 띠가 형성되고 나머지 부위에 대머리가 된다. 모발이 빠지는 것은 일반적으로 10대 후반과 20대 초반에 시작되며, 대머리가 되는 30세까지 진행된다. 남서의 약 50%는 다양한 정도의 로 남성호르몬성 탈모로 고통 받는다.

남성호르몬성 탈모가 되는 원인에 대해 많은 속설들이 있다. 이것은 순환이 나쁘거나, 두피가 타이트하거나, 모낭이 피지에 의해 막히거나, 모낭 속의 미생물에 의해 생기는 것이 아니다.

2.2.1 남성호르몬성 탈모의 특징

남성호르몬성 탈모는 두피의 위치(정수리와 전두부)와 발생하는 방법에 의해 쉽게 구분된다. 탈모의 속도에 의해 구분되는 것은 아니다. 특정 부위의 모낭들이 더 짧은 성장주기를 가진 모발들을 만들어내기 시작하고, 각각의 계속되는 주기와 함께, 연모만 남을 때까지 더 가는 모발들이 만들어진다.

일반적으로, 전체 과정은 최소 10년에서 40년까지 걸린다. 대머리 피부의 생검을 통해 연속적으로 더 작은 모낭들에 일치하는 연결조직 덮개의 조각들을 볼 수 있다. 결국, 일부 모낭들은 정상보다 더 얇은 외피층으로 덮인 섬유 연결조직에 의해 대체되기 위해 함께 위축된다.

2.2.2 남성호르몬성 탈모의 원인

남성호르몬성 탈모의 발생은 두 가지 주요 인자 - 유전적인 성향과 사춘기 후의 안드로겐의 정상적인 수치-에 따라 다르게 나타난다. 즉, "남성호르몬성(androgenetic)"이라는 말은 '안드로겐(androgen)'과 '유전(genetic)'의 합성어이다.

사춘기에, 거의 모든 남자아이들(여자아이들의 80%)은 전두부의 헤어라인의 정상적이고 균일한 퇴화를 겪는다. 이러한 변화들이 호르몬 의존성이기는 하지만, 남성호르몬성 탈모의 발생과 혼동해서는 안 된다.

모발 성장에 있어서 안드로겐의 역할은 잘 알려져 있다. 안드로겐은 말단 모발을 만들어내기 위해 모낭을 자극한다. 안드로겐은 성적 성숙과 함께 발생하는 남성 패턴으로 분포되는 모발 성장(치모와 겨드랑이, 얼굴과 흉부)을 담당한다. 남성의 성 기관들(안드로겐을 분비하는)을 사춘기 전에 제거하면, 이러한 남성 패턴의 성모가 발생하지 않으며, ANA는 결코 생기지 않는다. 이런 경우 사춘기 후에 안드로겐을 주입하면, 정상적인 성모 패턴이 나타나며, 유전적으로 ANA를 타고났다면 ANA가 발생한다.

남성호르몬성 탈모와 함께 나타나는 탈모는 유전적이며 부모 양쪽으로부터 물려받을 수 있다. 유전적인 탈모가 생기기 위해 남성에게서 남성 호르몬 수치는 정상이어야 한다. 만약 남성호르몬성 탈모 유전자를 갖고 있는 남성이 이 상황에 있다면, 항상 탈모를 보인다. 그러나 유전적이든 의료적인 이유로든 남성호르몬이 적거나 없는 사람은 절대 대머리가 되지 않는다.

여성은 매우 높은 남성 호르몬 수치를 갖지 않으며, 그렇기 때문에 남성이 겪는 대머리가 없다. 그러나 부모로부터 남성호르몬성 탈모유전자를 받은 여성은 자식들에게 물려줄 수 있다. 어머니로부터 남성호르몬성 탈모유전자를 물려받은 아들은 적절한 나이가 되었을 때 탈모를 보인다.

2.2.3 남성호르몬성 탈모 유전

남성에게서 남성호르몬성 탈모는 우성 성질이다. 남성의 경우, 아버지가 남성호르몬성 탈모를 보이면, 아들이 이 증상을 보일 기회는 최소 50%이다. 반면, 만약 부모 모두 모발이 많으면, 아버지는 유전자를 갖고 있지 않지만, 아들은 어머니로부터(어머니가 그 어머니나 아버지로부터 유전자를 물려받은 경우) 남성호르몬성 탈모유전자를 물려받을 수 있다.

어떤 사람이 ANA를 보이기 시작하기 전까지는 그 사람이 남성호르몬성 탈모를 갖고 있는지 그렇지 않은지를 알 수 없다. 아버지가 대머리이기 때문에 아들이 대머리가 나타날 것이라는 뜻은 아니며, 부모 모두 모발이 풍부하기 때문에 아들이 남성호르몬성 탈모를 나타내지 않을 것이라는 뜻도 아니다.

2.2.4 호르몬 인자

주요 남성 호르몬은 테스토스테론이다. 일부 테스토스테론은 디하이드로테스토스테론(DHT)이라는 다른 남성 호르몬으로 대사되고, 남성호르몬성 탈모가 있는 모낭을 유발하고 영향을 미치는 것이 DHT이다. 테스토스테론으로부터 DHT로 되는 대사작용을 맡는 효소는 5 알파 리덕타제이다. 5 알파 리덕타제에는 최소 두 가지 유사효소가 있다 : 5알파 리덕타제1과 5알파 리덕타제2이다. 이들 중 첫 번째가 피부에서 우성이지만 남성호르몬성 탈모에는 둘 모두 작용하는 것으로 여겨진다.

테스토스테론의 약 98%는 일반적으로 단백질 SHBG(성호르몬 결합 글로불린)에 붙어있고, 그로인해 모낭에 영향을 미칠 수 없다.

2.2.5 남성탈모에 응용 허브종류

(1) Saw Palmeto((Sabal Serenoa repens Sabal serrulata) 소우팔메토)

| 쏘우팔메토 |

소우팔메토는 톱날모양의 잎을 가진 야자나무(종려나무)의 일종으로 의 북아메리카에 분포되어 있다. 북미 인디언들이 비뇨기장애 치료제, 영양강장제 용도로 시용되어 왔으며 약초 연구가 발달한 유럽으로 퍼진 이후 그 효과가 과학적으로 증명 되었다. 전립선이 비대해지는 것은 디하이드로 테스토스테론(DHT)이라는 호르몬이 과잉으로 분비되기 때문인데 쏘우팔메토에 함유되어있는 활성성분인 지방산과 스테롤(sterol)이 이호르몬의 생성을 억제하고 작용을 저해하여 배뇨문제를 개선시켜주며 부작용이 없으면서도 DHT를 억제하는 효소를 활성화시키는 작용이 있어 현재 전립선 비대의 치료제로 사용되고 있다.

이추출물의 모아테르타제라는 성분은 전립선이 비대해지지 않게 할 뿐 아니라 대머리가 되지 않게 하는 작용도 하고 있음이 밝혀졌다. 마그네슘과 비타민 B6는 아연의 흡수를 도와주며 전립선이 건강하게 유지되도록 도와준다.

우리 신체 중에서 아연이 제일 많이 분포되어 있는 곳은 전립선으로 알려져 있다. 아연이 부족 할 경우 전립선과 관련된 많은 문제를 일으키게 된다. 아연은 전립선 확대를 유발하는 DHT의 생성을 억제하여 전립선의 크기를 줄여주는 역할을 한다. 그밖에 마그네슘과 비타민 B6는 아연의 흡수를 도우며 전립선이 건강하게 유지되도록 도와주며 글리신, 알라닌, 글루타민 등의 아미노산은 HT의 생성을 억제하는 역할을 한다.

1) 효과

① 양성전립선 비대증(BHP)개선효과
② BHP와 관련된 배뇨의 어려움 완화
③ 만성 방광염, 전립선 비대, 요로감염의 예방 효과
④ 남성기능의 개선효과
⑤ 발모의 효과

응 용

에스티로더 스파클링 클린 퓨리파잉 엑스폴리에이터 마스크

용량 : 75ml

◈ 제품설명

- 카올린 클레이가 과도한 피지를 흡수
- 레몬그래스, 오이, 연꽃은 각질을 제거
- 쏘우 팔메토 추출과 얼개 추출물이 피지 생성을 조절

(2) 체이스트베리(Chasteberry; *agnus castus*)

| 체이스트베리 |

이 나무는 향이 나는 낙엽수로 7m 크기까지 자라나며 손바닥 모양의 잎들과 작고 향이 나는 연보라색 꽃들을 가지고 있다. 원산지는 지중해와 서남아시아 지역이고 지금은 전 세계적으로 아열대 지역에서 재배된다. 열매들은 가을에 수확되고 작은 노란빛 주홍색의 열매들은 호르몬 물질들을 함유하고 있다.

이 식물은 고대시대부터 잘 알려져 있는데 BC6세기 경 호머의 일리어드에서 악령을 퇴치하는 능력으로 체이스트베리는 상징적으로 묘사 되고 있다. 이 식물의 이름은 성적인 욕구를 감소시켜준다는 의미를 함축하고 있는데, 전통적으로 승려들이 이것을 껌으로 씹어 원하지 않는 성욕을 감소시키기 위해 사용했다고 한다.(승려의 후추라고도 불리운다) 연구실적에 의하면 이 식물은 호르몬 작용을 하며 오늘날에는 생리문제와 불임증을 위한 치료제로 사용되고 있다.

1) 활성작용

① 에센셜오일(essentional oils)
② 황체호르몬(progesteron)
③ 알칼로이드(viticine)
④ 플라보노이드(flavonoid)

2) 주요작용

① 호르몬 조절 작용
② 황체호르몬 작용
③ 모유의 생산 증가 작용

3) 의학적 연구 실적

① 호르몬 작용

영국과 독일에서 지난 30여 년 동안 많은 실험 연구들이 행해졌는데, 인체에 뚜렷한 호르몬 작용을 한다는 것이 명확하다. 체이스트베리는 항안드로제닉(antiandrogenic) 즉, 남성호르몬을 억제하는 작용이 뚜렷하다. 1988년 독일에서 행해진 한 임상 연구에서, 이 열매가 월경의 주기를 조절하는 뇌하스체 호르몬에 영향을 주어, 황체호르몬인 프로게스테론의 작용을 한다고 발표했다. 다른 임상발표에서는 생리 전에 발생하는 이상증상들에 도움을 주며 자궁 내에서의 수정(fertility)확률을 높여준다고 한다.

② 호르몬 조절

이 열매는 여성호르몬을 조절해주는 약초들 중 가장 중요한 약초 중의 하나이다. 황체호르몬의 작용을 증가시켜 월경기간 중 난소에서의 황체호르몬과 에스트로겐 생성에 균형을 맞춘다. 서구의 약초학자들은 월경 전에 이것을 복용 시키는데 호르몬 불균형에서 오는 헛 배부름, 가슴이 부풀고 민감하게 통증을 느끼는 증세, 우울증과 예민해지는 현상, 편두통과 여드름 발생들을 완화 시킬 수 있다. 또한 생리불순에도 도움을 주는데 주기가 너무 긴 경우에는 짧게 해주고, 너무 짧은 경우에는 길게 늘려주어 월경주기를 정상적으로 조절해 준다.

(3) 호박(Pumpkin; *cucurbita pepo*)

| 호박(씨) |

1년생 식물로 꼬여있는 줄기와 옆이 있는 잎, 노란색 꽃, 그리고 거대한 주홍빛 과실을 가지고 있다. 호박은 중앙아메리카와 북아메리카에서 의약품으로 많이 사용되었다. 마야인들은 이 식물의 즙을 화상치료에 사용하였고, 씨앗은 이뇨제로 사용했다. 유럽 개척자들은 이것을 밀크와 꿀에 섞어 회충제로 사용하기도 했으며 중국을 비롯한 아시아에서는 여성들의 건강을 위해 유익한 효능을 주는 것으로 즐겨 사용되었다. 최근에 많은 연구자료들이 발표되고 있는데 필수지방산을 비롯한 단백질과 비타민A 전구체들이 풍부하게 함유되어 있는 영양제이면서 스테로이달 사포닌의 성분으로 여성 호르몬의 작용도 함께 가지고 있어 여성들에게 매우 유용한 효과를 줄 수 있다.

1) 활성성분

① 스테로이달 사포닌(steroidal saponin)
② 피토스테롤(phytosterols, beta-sitosterol)
③ 지방산 - 리놀산(linoleic acid) 43-56%, 올레산(oleic acid) 24-38%
④ 단백질(31-51%)
⑤ 플라보노이드 - quercetin, kaempferol
⑥ 사포닌 - gitogenin
⑦ 살리실산(salicylic acid)
⑧ 카로티노이드 색소 - beat carotene, cryptoxanthin, lutein, cucurbitaxanthin

2) 주요작용

① 기생충 제거작용
② 이뇨작용
③ 전립선 비대증 예방작용
④ 항염작용

3) 연구실적

중아아메리카와 북아메리카에서 의약용 용도로 오래전부터 시용되어 왔다. 씨앗에 함유된 cucurbitin 성분은 이뇨작용이 있으며 유럽 정착민들은 씨앗을 물이나 우유 혹은 꿀에 섞어 기생충 제거용으로 복용했다. 인체에 매우 안전하므로 임산부나 유아들에게 특히 적절했다.

스테로이달 사포닌의 성분들은 코디존의 작용을 함염효과가 있으며 호르몬의 작용도 조절하여 가벼운 전립선 비대증 치료를 위해 유용하게 사용된다. 전립선 치료를 위한 한 임상실험에서 펌프킨 씨앗을 톱야자 열매에 섞어 복용한 결과 요도의 흐름이 뚜렷하게 개선되고 배뇨작용의 횟수도 감소했다고 한다.

(4) 율무(Coicis Semen; *Coix lachyma-jobi var. mayuen Satpf*)

| 율무 |

율무는 포아풀과에 속하는 일년초이다. 원산지인 동남아시아 열대지역에서는 여러해살이 풀이다. 7월에 잎겨드랑이에서 꽃이 피며 열매는 타원형 각과이다. 씨앗을 식용 및 약용으로 이용한다. 열매는 보리보다 굵고 윤이 나며 식용한다. 율무를 한명으로 의이(薏苡)라고 하여 이뇨, 진해, 건위 등의 약재로 쓰고 율무의 겁질을 벗긴 율무쌀을 의이인(薏苡仁)이라고 한다.

1) 함유물질

탄수화물
단백질
지방
칼슘
회분
비타민B1.B2
티코틴산

2) 작용

비, 위 보호
이뇨작용
몸속 이물질 배출
하열
색소침착예방
근육경련진정
기미 주근깨 예방

3) 연구

율무쌀에서 추출한 아세톤 성분은 종양이 자라는 것을 억제해 각종 암에 효과가 있다. 특히 몸에 부기가 있거나 심한 천식에 좋으며 소염작용과 배농작용, 몸속 이물질과 노폐물을 배출시키는 데 뛰어난 약리작용을 하여 방광결석, 이뇨에도 효과가 있다. 비만에 사용하며 지루성 피부염에도 좋다.

(5) 녹차(Green tea; *camellia sinensis*)

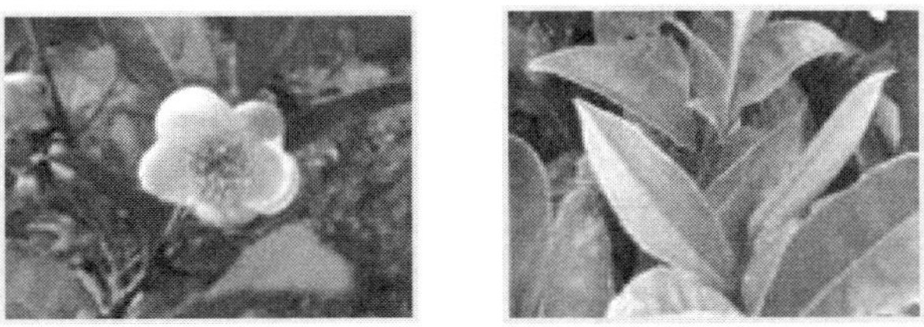

| 녹차 |

원산지는 인도, 스리랑카 그리고 중국이며 일본과 다른 아시아 국가들에서 많이 재배되고 있다. 가죽모양의 짙은 초록색 잎에 향이 강한 흰색의 꽃을 가지고 있다.

상록수 관목에서 자죽무늬의 암녹색 잎이 수확되어 건조시키면 녹차가 되고 이때 영양활성성분들이 가장 많이 함유되어있다고 한다. 녹차를 발효시키는 제조과정에서 홍차와 우롱차들이 생산되는데 영양분이 약간은 소실되고 다른 화학성분으로 바뀌기도 한다. 건강과 영양면에서는 녹차가 가장 효과가 우수하다고 한다.

1) 함유성분

① 플라보노이드 - quercitrin, isoquercitrin,
② 카테친그룹 - catechins, epicatechins
③ 플라본그룹 - apigenin, rutin, vitexin
④ 플라바논 그룹 - naringenia
⑤ 안토시아니그룹 - proanthocyanidins
⑥ 페놀그룹 - thymol, eugenol
⑦ 알콜그룹 - farnesol, geraniol
⑧ 알데하이드 - benzaldehyde
⑨ 페놀복합체 - salicylic acid, polyphenols
⑩ 탄닌 - tannin
⑪ 알칼로이드 - caffein, theobromine, xanthines

2) 주요작용

① 항 산화작용, 암예방
② 수렴, 진정작용
③ 혈액의 응고 성향을 감소
④ 면역작용
⑤ 혈당량, 인슐린 조절, 동맥경화증 지연
⑥ 비만조절, 전립선 비대 감소
⑦ 충치예방

3) 연구

① 수렴효과(astringent)

이 식물의 수렴작용으로 소화계의 감염을 방지하고 내장의 점막들을 탄력 있게 해준다. 녹차를 달인 즙으로 습포를 만들어 눈까풀의 부종을 가라앉히고, 벌레에 물린데, 햇빛 반사등에 응급 처치로 사용된다. 인디안 전통 치료법에서는 이 식물을 수렴제와 신경 강화제로 사용했다. 이 성분에 함유된 카페인은 각성효과와 두통 등에 대한 진통 효과가 있다.

② 항산화 효과, 항암 효과

녹차는 홍차나 다른 차에서 보다 폴리페놀 복합체들이 많이 함유되어 있어 치료효과가 가장 뛰어나다고 한다. 폴리페놀 복합체들은 매우 강한 항산화제이며 이로 인해 암 예방 효과도 매우 탁월하다. 이에 대한 논문 자료들이 많이 발표되어 있다. 중국과 일본에서의 높은 함량의 섭취로 인해 이 나라에서는 암 발생의 비율이 낮은 거라고 생각 되고 있다. 임상실험에 의하면 녹차는 몸무게 감소를 촉진하고 간염을 치료하며 치아의 충치를 예방한다고 한다.

2.3 스트레스 탈모란

인간은 심신이 건강한 상태에서는 자아의 원만한 방어기체의 기능으로 신체내외에서 발생하는 스트레스를 적절히 해결할 수 있으나 과도한 스트레스 상황에 직면하면 자아의 방어기제에 변화를 초래하여, 신경증적 또는 정신병적 경향이 유발되거나 또는 기존의 정신장애가 악화되기도 하며 생리적 변화를 초래하여 신체적 질병의 발병 및 경과에 중요한 기능을 한다고 알려져 있다.

스트레스는 직접적 또는 간접적으로 피부질환에 영향을 주며 이를 정신피부질환(psychosomatic disorder)이라 한다. 정신적 요인(psychogenic factor) 이 병인에 기여하는 정도에 따라 정신적 요인에 기인한 질환군(conditions strictly psychogenic in origin), (conditions whish strong psychogenic factors are imputed),정신적 요인이 강하게 작용한 질환군 스트레스가 질환의 경과에 영향을 주는 질환군(conditions course may be affected by emotional stress)으로 분류한다. 정신적인 요인에 기인하는 질환군에는 인공피부염, 피부와 관련된 망상, 발모벽 등이 있으며 정신적인 요인이 강하게 작용한 질환군에는 만성두드러기, 다한증, 원형탈모증 등이 포함되고 스트레스가 질환 경과에 영향을 주는 질환군에는 아토피피부염, 건선, 지루성피부염, 안드로겐성 탈모증 등이 있다.

스트레스에 의한 면역계의 변화는 여러 연구자에 의해 밝혀졌는데 Teshima등은 동물 실험에서 스트레스에 의해 세포독성 T세포(cytotoxic T cell)와 자연살해세포(NK cell)의 수가 감소되며 , 대식세포에 의한 탐식작용이 감소되고 흉선의 무게가 감소된다. Madhulika 등은 원형탈모증 환자에게서 유의하게 스트레스와 관련이 있음을 보였으며, 특히 우울장애와 관련이 있다고 하였고 우울장애와 원형탈모증이 동반된 환자에서 자연살해세포의 활동이 감소된다고 하였다. 또한 신경계가 면역계에 영향을 미치는 주요인자는 일반적 면역억제 작용을 하는 코티졸이다. 코티졸은 다른 글루고코르티코이드(glucocorticoid)와 함께 폭넓은 면역기능 저하 작용을 하거나 심리적 교란 등의 부작용을 초래한다. 그러나 부신피질의 스트레스 호르몬들이 면역체계의 요소들에 영향을 주는 일은 어떤 네트워크에서 한 요소가 다른 요소에 곧바로 영향을 미치듯 단순한 일이 아니다. 스트레스 호르몬들이 면역체계의 요소들에 영향을 미치는 방식은 여러 요소들의 복잡한 짜임으로 되어있다. 즉, 다른 다양한 호르몬들(progesteron, estrogen, testosteron, growth hormone, prolactin 등)이 면역기능의 일부 측면들에 영향을 미치는 것으로 알려져 있다. 이처럼 호르몬과 신경전달물질은 면역반응에 영향을 미칠 수 있는 잠재적인 가능을 지닌 것으로 보이며, 이 같은 발견들은 마음이 몸에 영향을 미치는 방식에 대해 새로운 용어를 만들어냈다. 허버트 스펙터(Hubert Spector)박사는 이처럼 여러 호르몬들을 통해 마음이 몸에 영향을 미치는 방식에 '신경면역조절' 이라는 이름을 붙였다.

따라서 스트레스와 면역계 및 신경계의 상호작용 연구를 통해 신경계와 면역계간의 피드백에 의한 상호조절을 이해할 수 있고 나아가 마음과 몸의 연계(mind-body connection)에 관한 과학적 기본 개념을 정립할 수 있다. 여러 가지 질병들, 특히 스트레스와 관련된 질병들은 신체와 뇌 사이를 왕래하는 호르몬 혹은 이외의 신호들을 이해함으로서 그 치료 및 예방법의 개발이 가능 할 것이다. 또한 이 같은 신호들이 마음을 조절한다는 개념의 중심에는 사고 대상들이 뇌 안에 갇혀있는 것이 아니라 몸 전체에 펴져 있다는 인식이 있으며 이는 조절기능을 하는 다양한 신호들이 몸 전체에서 발견되기 때문이다. 그래서 마음은 뇌만의 현상이 아니라, 뇌와 면역체계와 내분비계의 협응에 의한 현상으로 이해되어야 한다.

2.3.1 스트레스탈모에 응용 허브종류

(1) 물레나무(성 요한 풀: St, John's Wort; *hypericim perforatum*)

St, John's Wort는 중세시대에 정신이상 치료를 위한 민간요법 치료제로 사용되었다. 이 식물은 전 세계적으로 온대지방에 번식한다. 꽃은 양지식물이고 배수가 잘되고 회분이 많은 토지를 좋아한다. 꽃송이 부분은 여름에 수확된다. 밝은 노란색의 꽃잎은 히피리신을 함유한 오일 분비샘을 가지고 있다.

1) 활성성분

① polycylcic diones(hyperricin), phloroglucinols(hyperricin)

② 에센셜 오일(essential oils)

탄화수소그룹; limonene, caryophyllene

③ 플라보노이드(flavonoids)

isoquercitrin, quercetin, rutin, proanthocyanidins

④ 사포닌(saponin), 탄닌(tannin), 페놀(phenol)

⑤ 식물성스테롤(phytosterols)

⑥ 비타민A(carotenoids, lutein), 비타민C

2) 주요작용

① 항우울제(anti-depressant), 불안완화제(anxiolytic)

② 항산화제(anti-oxidant)

③ 상처치유 촉진(wound healer)

④ 항염, 항바이러스 작용(anti-inflammatory, anti-viral)

3) 연구실적

혈액 색깔에 해당하는 붉은색 주스에서 얻어진 이 추출액은 무한한 치유력(healinr power)이 있다고 믿고 있다.

① 우울증(Depression)

1970년도부터 시작된 실험연구에서 이 식물은 우울증(depression)을 막는데 매우 뛰어난 효과가 있음이 밝혀졌다. 호주에서 발표된 최근 연구에 의하면 이 식물의 추출액을 이용하여 우울증이 있는 환자들을 대상으로 실험한 결과 67%가량이 개선되었음이 확인되었다. 지금 전 세계적으로 수백만 명의 환자들이 우울증을 치료하기위해 이 추출액을 사용하고 있다.

② 하이퍼리신(hyperricin)

하이퍼리신은 뛰어난 항바이러스 작용을 한다. 포진(herpes)과 같은 표피 바이러스와 에이즈 바이러스, 그리고 B형 간염, C형 간염 등과 같은 바이러스들을 방어하는 작용을 한다.

③ 하이퍼포린(hyperforin)

1988년도 연구에 의하면 하이퍼포린이 항우울증 작용에 매우 중요한 역할을 하는 것으로 밝혀졌다.

④ 신경계의 작용(nervous complainys)

신경계에 강장작용을 하여 활력을 주는 효과가 있다. 신경소모가 많을 때, 장기간 걱정에 싸여 있을 때, 불면증, 우울증 등의 증세가 있을 때 사용된다. 중독현상을 치료하는데 도움을 줄 수 있다.

⑤ 피부에의 작용

피부 조직의 재건을 촉진한다. 화상상처 부위에 바르면 염증을 방지하고 통증을 완화시킨다.

⑥ 폐경기(menopause)

폐경기와 더불어 활력이 저하 되었을 때 완화 시키는 작용을 한다.

(2) 인삼(Ginseng; *panax ginseng*)

| 인삼 |

인삼은 다년생으로 1m 크기까지 자라며 가장자리에 톱니모양이 있는 타원형의 잎들과 작은 연노란색의 꽃송이를 피운다. 원산지는 중국의 북동지역, 한국, 동 · 러시아 지역인데 지금은 야생에서는 거의 발견되지 않는다. 인삼의 재배는 많은 기술을 요하며 기름지고 습기와 배수가 잘되는 토양을 필요로 한다. 최소한 4년 이상은 지나야 성숙하며 뿌리는 대개 가을에 수확된다.

인삼은 중국과 한국을 비롯한 동남아 국가에서 가장 중요한 약초로 인정받고 있다. 대략 7000년 전부터 인삼의 치료적인 효능이 매우 가치가 높다는 사실을 알고 사용하게 되었는데 이것은 숲의 지배권을 놓고 전쟁이 일어날 정도로 숭배의 대상이었다.

아랍의 내과 의사들이 9세기경에 인삼을 유럽에 도입했는데 이것은 스테미너 증가효과와 스트레스 환경에 대한 뛰어난 저항력개선 효과를 인정하고 대중적으로 알려지게 되었다.

인삼은 약물 상호 작용이 있기 때문에 MAOI(항우울제)제제나, 항 응고제, 자극제와 같이 사용하지 않도록 주의 하여야 한다.

1) 함유성분

① 피토스테롤 - beta sitosterol, sigmateril

② 트리테르펜 사포닌 - ginsenosides, escin, panaxin

2) 주요작용

① 적응력(adaptogenic)

② 강장효과

③ 성욕촉진 작용

3) 연구

① 적응력

인삼은 과거 20-30년 동안 중국, 일본, 한국, 러시아 그리고 여러 나라들에서 광범위하게 연구되었다. 이것의 뛰어난 적응력, 즉 스트레스, 피로감, 감기 등 인체를 쇠약하게 하는 여러 환경들에 대해 인체가 극복할 수 있도록 해주는 효능이 여러 실험연구를 통해 확인 되어졌다. 임상 실험들에서는 인삼이 인체의 능력을 뚜렷하게 증가시켜 배고픔, 혹한과 폭염의 외부환경. 정신적 스트레스 등에 대항 할 수 있도록 해준다는 것을 보여주고 있다. 게다가 인삼은 인체가 잠이 필요할 때는 진정 시키는 효과도 가지고 있다. 이러한 모든 작용을 해주는 트리테르팬 사포닌인 진세노사이드(ginsenosides)들은 자체의 스트레스 호르몬들과 구조적으로 유사하다고 한다.

② 면역력 상승

인삼은 또한 면역 기능을 증가 시키고 감염에 대한 저항력을 키우고 간의 기능을 도와주는 작용을 한다고 한다.

③ 강장효과

인삼은 '기'를 불어 넣어주는 효능으로 허약해진 인체나 질병을 앓는 환자들에게 강장효과, 복구효과, 그리고 진정효과를 주어 건강함과 젊음을 회복시켜 준다고 한다.

이것은 또한 남성들에게 성욕을 촉진시키는 작용을 해주는 것으로 알려져 있다.

(3) 홍경천(Rhodiola rosea; *rhodiola sachinensis a. bor*)

| 홍경천(바위돌꽃) |

러시아에서는 홍경천을 황금식물이라하여 가시오가피를 능가하는 약초로 여기고 있으며 국책 사업으로 홍경천의 약리효과를 연구하고 있다. 홍경천은 긴장상태에 있는 대뇌를 이완시키고 인체의 면역기능을 강화시키는 기능이 가장 뛰어나 약초이다. 러시아에서는 우주식으로 오래전부터 홍경천을 복용한 기록이 있다. 홍경천은 자양강장약으로 노쇠를 막고 피로를 풀어주어 병후에 원기를 보충하여 줌과 동시에 육체와 정신능력을 향상시키는 능력이 있다. 특히 스트레스와 관련해서는 과도한 부신피질 호르몬 때문에 크게 떨어져 있는 생리활성 능력을 정상화시킴으로써 스트레스로 인한 피로와 권태를 없애준다. 장기적으로 복용할 경우 스트레스에 대한 저항력을 키워 인체 면역력이 떨어지는 것을 막아 스트레스가 암으로 진행되는 것을 억제하게 된다.

최근에는 홍경천에 강력한 혈당억제 작용이 있는 것으로 밝혀졌다. 스트레스를 많아 받는 당뇨환자가 복용하면 스트레스 극복과 당뇨조절이라는 두 마리 토끼를 잡을 수 있다.

한국에서는 인삼, 가시오가피에 이어 홍경천이라는 약용 허브가 관심의 대상으로 떠오르고 있다. 바위돌꽃이라고 불리는 홍경천은 인삼과 유사해 보이기는 하나 그 효과는 인삼을 훨씬 능가하는 것으로 알려져 있다. 인삼을 열을 내는 약재이기 때문에 열성 체질에게는 맞지 않으며 흥분 작용이 너무 강하기 때문에 장기적으로 섭취하거나 한번에 너무 많은 양을 복용하면 몸에 해가 될 수 있는 반면에 홍경천은 부작용과 중독성이 없어서 거의 모든 사람에게 적용된다.

중국의 대표적인 약초서인 신농본초경에는 홍경천은 산삼, 영지와 더불어 상약으로 분류되고 있다. 상약(上藥)은 독이 없기 때문에 장기간 섭취해도 약한 것을 올려주고 강한 것을 낮춰주는 작용이 있고 모든 질병에 사용 할 수 있다고 되어 있다.

1) 연구

1725년부터 1960년까지 스위스, 프랑스, 독일, 소련, 아이스랜드 등에서 홍경천에 대한 다양한 연구가 이루어졌다. 1960년 대 이후에는 무려 180회의 임상실험이 실시되었다.

조지아 주립병원에서는 130명의 비만자를 대상으로 90일간 임상실험 결과 92%가 괄목할 정도로 체중이 좋았다고 하며 이러한 작용은 홍경천이 체지방 연소에 가장 중요한 효과인 알파 리파제의 활성을 높임 때문임이 밝혀졌다.

홍경천은 부작용이 없고 거의 모든 질병에 다 들으며 낮은 것을 높여주고 높은 것은 낮춰주는 항상성을 가지고 있어 러시아 과학자들은 1947년 홍경천을 이런 조건을 충족시키는 이상적인 약인 아답토겐(Adaptogen)에 포함시켰다. 스트레스 없애는 약이나 건강식품이 되기 위해서는 이러한 조건을 모두 충족시켜야 하며 홍경천은 그러한 역할을 훌륭하게 수행한다,

2) 효과

① 우울증완화

17-55세까지 128명을 대상으로 한 연구에서 64%의 대상자에게서 피로, 흥분, 정신혼란, 두통 등이 현격히 감소됨이 관찰되었다. 또 부작용없이 우울증을 완화시키는데 흔히 처방된다.

② 기억력증진

무력감, 무기력, 근육약화, 만성피로, 숨쉬기가 곤란한 증세, 현기증, 가슴통증, 심계항진 등 스트레스로부터 나타나는 증상을 없앤다. 아울러 기억력과 사고력 증진에도 기여한다.

③ 항 스트레스

적당한 스트레스는 활력이 될 수 있지만 현대인들 중 에는 육체적, 정신적으로 감당할 수 없을 정도의 스트레스에 시달리는 사람들이 많다. 외부에서 스트레스를 받으면 부신피질에서 코르티코이드(corticoid)라고 부신피질호르몬을 생산하고 이것이 전신의 각 조직에 흘러들어가 경고 반응을 일으킨다.

큰 스트레스를 받게 되면 몸에 다른 이상이 있어도 대응을 하지 못하고 오로지 목표대상인 스트레스 자극에만 전력투구하게 되어 면역체계의 지원을 받지 못하는 몸 곳곳에서 많은 문제를 일으키게 된다. 감당할 수 없는 스트레스가 계속되면 부신의 기능이 제대로 작동하지 않게 되면 몸은 점점 쇠약해지고 체내의 영양소는 위험수준까지 고갈 되어 버린다. 이런 상태에서도 스트레스가 계속되면 마침내 호르몬 분비의 조화가 무너지면서 고혈압, 당뇨병, 심장병, 위궤양 등이 유발되기도 한다.

홍경천은 교감신경을 진정시키고 부교감신경을 휴식을 취하게 해준다. 연구에 따르면 이러한 효과는 스트레스를 해소하고 기분을 좋게 하여 진통효과가 있는 베타 엔돌핀 분비를 홍경천이 자극시키기 때문인 것으로 조사되었다.

④ 지구력 향상

홍경천은 근육을 키우거나 보디빌더에게도 좋다. 전 연령에 걸친 52명을 대상으로 홍경천을 투여했더니 근력이 12%나 향상되었다는 조사가 있다. 홍경천이 리파제의 분비를 촉진시켜 근육에 에너지를 더 많이 공급하고 격한 운동 후에 근육피로를 빠르게 풀어주는 역할을 수행한다.

출처; *Health herbal news 2004년 10월호, *www.kiwinuri.com

(4) 가시오가피(Acanthopanax; *Acanthopanax Senticosus*)

오가피는 동북아시아 지역에 분포하는 식물로써 낙엽관목식물이라 초봄에 싹이 나고 가을이면 낙엽이지며 2-3m까지 자라며 뽕나무처럼 가시가 여러 개 나는 것이 특징이며, 입이 다섯 갈래로 나서 오가피란 이름이 붙었고 학명은 Acanthopanax(아칸토파낙스)하며 이 이름은 Acantho와 Panax라는 라틴어가 조합이 되어 지어진 이름이다

잘 알려진 인삼과 산삼도 잎이 다섯 갈래로 나오며, 오가피과에 속하는 식물이다. 만일 산에 가서 잎이 다섯 갈래로 나온 식물이 풀로 되어있으면 숙근초인 산삼이고, 나무로 되어있으면 오가피를 본 것 이라 할 수 있다.

소련에서는 기적의 약효를 지닌 천연약물로 발표되면서 우주비행사, 올림픽선수들에게 복용시켰으며 시베리아 진생(Siberian ginseng)이라고 불리고 있다.

1) 함유성분

① 플라보노이드(Flavonoids)
② 엘로우테르사이드(Eleutherosides)
③ 아칸소사이드(Acanthoside)

a) 엘레우테로사이드 B - 항스트레스, 피로회복, 스태미터, 성선자극
b) 엘레우테로사이드 B- 혈관확장, 항경련, 불면증, 건망증, 성선자극
c) 엘레우테로사이드E - 학습향상, 집중력, 항알레르기, 기억력 회복, 성행동 저하방지
d) 지카페오이르키산 - 암, 노화, 성인병 등의 억제, 과산화지질 억제에 대한 활성
e) 글로로겐산 - 간기능 개선, 위액분비 촉진, 간 지질대사 개선
f) 세사민 - 당뇨병 합병증 예방, 당대사 개선, 항 알레르기
g) 이소프락시딘 - 진정작용, 혈관확장, 항경련, 혈압강하, 혈압진정, 자율신경 조정

2) 효능

당뇨병의 혈당치 억제작용
항스트레스 작용
생체의 항상성 유지
자율신경조증에 효과
면역기능 활성화
혈압의 안정화
결핵환자 체력증강
동맥경화증의 개선
성호르문 분비 촉진
피부개선
관절염의 개선

3) 연구

우리나라에서는 서울대 천연과학물연구소 소장인 신국현 박사에 의해성분들이 밝혀졌고 면역기능증진, 백혈구재생, 간 기능 보전, 혈당조절기능, 학습력증진, 알러지, 전립선, 골다공증 류마티스 관절염 등에 효과가 있는 것으로 보고되었다.

(5) 서양쥐오줌풀(Valerian, allheal, Garden Heliotrope; *Valeriana offcinalis L.*)

| 발레리안 |

학명 : *Valeriana offcinalis L.*

영명 : Valerian, allheal, Garden Heliotrope

원산지 : 유럽, 북아시아

발레리안은 서양쥐오줌풀을 말하며 우리나라에서도 이와 유사한 쥐오줌풀(V. Fauriei BRIQ)이 있어서 흔히 길초근(吉草根)이라고 하여 신경과민, 히스테리, 심계항진 등의 진정제 및 각종 질환의 진통제로 이용하는 중요한 약초다. 쥐오줌풀은 서양쥐오줌풀보다 약효가 더 강하여 발레리안의 변종이라 한다.

발레리안은 마타리과에 속해 있으며 학명의 Valeriana는 라틴어의 Valere 즉, 강해진다 또는 건강하다는 뜻인데 약효가 강한 것을 말한다. 이용 부위는 주로 뿌리인데 발레리안은 옛날부터 모든 병에 잘 듣는다고 하여 일반적으로 "만병약(all heal)"이란 이름으로 더 친숙해져 있었다. 그 당시는 이 뿌리로 간질병, 신경통, 산통, 불면증, 장다리의 갑작스런 경련, 백일해, 두통 등 모든 병에 약용했다.

제1차 세계대전 때는 탄환공포증 환자를 치료하는 데도 성공했다 한다. 이 식물은 뿌리가 건조하면 아취가 나는데 그 냄새가 얼마나 지독한지 코를 쥐어 싸고 싶을 정도이므로 이때 나는 감탄사가 Fu 또는 Phu라 하여 냄새가 날 때 코를 잡으면 나는 소리를 이 식물의 별명으로 붙여 Phuplant라고도 한다.

냄새가 지독하므로 귀신이 이 식물을 겁내어 접근하지 않는다는 미신의 민속도 있어서 벽사의 주술로서 문에 매달아 두었다고 하며 반대로 마녀가 주술에 이용한 풀이었다고도 한다.

그 고약한 냄새는 흡사 고양이의 노린내 같으며 고양이가 이 냄새를 아주 좋아 하므로 옛날에는 들고양이의 퇴치용 모이로 이용했으며 쥐사냥에도 이용되었다고 한다. 지금은 그 잎을 말려서 고양이의 장난감으로 쥐모양의 주머니를 만들어 그 속에 넣어 상품화하고 있다.

발레리안의 약효는 중추신경계에 대한 진정효과가 있다고 생각되고 있다.

길초근과 마찬가지로 신경과민, 불면증, 히스테리, 두통, 불안해소 등에 뛰어난 치료제이며 기분이 동요하는 환자에 대한 진정효과가 있다. 반대로 피로에 지친 사람에게 쓰면 자극을 주어 피로회복에 효과가 있다. 흥분상태일 때는 천연의 진정제가 된다.

최근의 연구보고에 의하면 수면제에 포함되는 "염산발비탈"같은 작용이 있어서 불면증에 잘 듣는 것이 증명되고 있다.

강심작용이 있어서 가슴이 두근거리는 것을 진정시켜 주며 혈압을 내리는 작용도 있고 생리통에도 진통효과가 있다. 진경작용(鎭:진압할진, 痙:경련경, 作用)이 있어서 신경성 소화불량, 위경련, 과민성 장염, 다리에 쥐나는 데 등에 치료제로 쓰이며 발레리안 징기는 비듬을 없애는 효과도 보고되고 있다.

다만 다량 또는 장기복용 등 과용하면 오한, 두통 등에 시달리게 되는 부작용이 있으므로 함부로 사용하는 것은 삼가는 것이 안전하다.

1) 효과

① 불면증 완화
② 강심작용
③ 진경작용
④ 소화불량, 위경련감소
⑤ 비듬감소

2) 특성

① 다년초로서 약 60~150cm까지 자라며 근경에 향기가 있다.
② 줄기는 곧게 자라며 얕은 골이(홈) 져 있다.
③ 잎은 대생하며 피침형으로 잔잎은 거치가 있다.
④ 꽃은 6~9월에 걸쳐서 가지 끝에 연보라, 흰색, 분홍 등의 잘다란 꽃이 산방화서로 피는데
⑤관상용으로도 손색이 없다.
⑥내한성이 강하나 씨는 발아가 잘 되지 않는 결함이 있다.

(6) 시계꽃 ([時計, passion-flower; *Passiflora*)

| 시계꽃(패션플라워)|

시계꽃과(時計一科 Passifloraceae) 시계꽃속(時計一屬 Passiflora)에 속하는 식물.
시계꽃속은 독특한 꽃이 피며 덩굴손이 있는 약 400종(種)의 초본성 덩굴식물로 이루

어져 있다. 어떤 종들은 관상용으로 중요하게 쓰이며, 식용 열매를 얻기 위해 심는 종도 있다.

파시플로라 잉카르나타(P. incarnata)는 3~9m까지 기어오르고, 분홍색과 흰색의 꽃은 지름이 4~7.5㎝이며, 길이가 약 5㎝인 노란색의 식용 열매가 열린다. 이보다 키가 작은 파시플로라 루테아(P. lutea)는 꽃이 녹황색이며 열매는 자주색이다. 대장실과물시계꽃(P. quadrangularis)의 열매같이 향기가 많이 나는 시계꽃의 열매는 후식용 과일로 먹는다. 과물시계꽃(P. edulis)과 파시플로라 라우리폴리아(P. laurifolia)는 파시플로라 잉카르나타와 마찬가지로 열매를 얻기 위해 아메리카 대륙 열대지역에서 널리 심고 있다. 서인도제도에서 자라는 파시플로라 말리포르미스(P. maliformis)의 열매는 크기가 대개 달걀보다 작지만, 대장실과시계꽃의 열매는 호리병박만큼 크고, 무게도 3~4㎏까지 나간다.

꽃의 형태는 바닥이 얕은 접시 모양부터 긴 원통 또는 트럼펫처럼 생긴 관 모양까지 다양하다. 가장자리에는 꽃잎과 꽃받침잎이 5장씩 있는데, 어떤 것이 꽃잎이고 어떤 것이 꽃받침잎인지 구분할 수 없다. 꽃통 밖으로 뻗어 나온 꽃부리는 실 또는 막 모양의 돌기처럼 생겼는데, 이것이 꽃에서 가장 특색 있고 아름다운 부분이다. 꽃통의 안쪽 밑에서부터 나온 자루의 중간쯤에 5개의 수술이 바퀴살처럼 달려 있다. 수술 위에 씨방이 있으며, 씨방 위에 3개의 넓게 벌어진 암술대가 있다. 각 암술대 끝에는 단추 모양의 암술머리가 달려 있는데, 약간 머리가 큰 못처럼 생겼다. 씨방은 1개의 방으로 되어 있으며, 그 속에 많은 씨가 3무리로 나 있다. 열매는 장과(漿果) 또는 삭과(蒴果)로 익는다.

시계꽃은 종종 '예수의 수난'(The Passion of Christ)을 상징하는 식물로 사용되고 있으며 이 꽃에 붙여진 'passion'이란 단어도 이 말에서 유래했다. 즉 꽃부리는 가시관을 가리키고, 암술대는 십자가에 박힌 못을, 수술은 5군데의 상처를 뜻한다. 또한 각각 5장의 꽃받침잎과 꽃잎은 예수의 12제자 중 예수를 배반한 유다와 그를 알지 못한다고 3번 부인한 베드로를 제외한 10명의 사도를 가리킨다.

둥그런 꽃에 달려 있는 암·수술자루가 시계바늘처럼 보여 시계꽃이라고 부른다. 한국에는 1958년에 과물시계꽃이 처음으로 들어온 것으로 알려져 있다. 남아메리카에서 자라던 시계꽃(P. caerulea)을 온실에서 많이 키우고 있다. 참외처럼 생긴 초록색 열매는 익을수록 노란색을 띠다가 점점 주황색으로 변한다. 이밖에 홍화시계풀(P. coccinea)도 온실에 심고 있다. 때로는 시계꽃 대신에 시계풀 또는 시계초라고 부르기도 한다.

1) 효과

① 온화한 신경안정 작용
② 항우울 효과
③ 가장 안정적인 수면유도제로 사용되어 옴

2) 주의사항

임신이나 수유 중 복용금지, 3세미만 복용금지, 12세미만 의사 지시 필요.

(7) L 티로신(L-tyrosin)

L-tyrosin은 필수아미노산의 하나이며 물에 잘 녹지 않는다. 티로신의 산화적 분해에는 두 가지 경로가 있다. 하나는 푸마르산 및 아세토아세트산으로 분해하는 경로이고 또 하나는 티로시나아제에 의해서 3, 4-디옥시페닐알라닌이 되고 다시 변화를 받아 멜라닌, 부신수질호르몬, 아드레날린을 생성하는 경로이다.

뇌활동의 자극과 조절에도 중요하다. 우울증이 될 수 있는 nor epinephrin의 생성을 저지해주며 금연와 금연하는데도 도움이 되고 스트레스 완화에 도움이 된다.

tyrosine은 머리카락과 피부색소를 구성하는 물질의 전구체이며 아드레날린(adrenaline) 및 노르아드레날린(noradrenaline), 도파민과 같은 스트레스의 방어에 작용하는 신경전달물질의 전구체이다.

티로신은 감정을 조절한다. 티로신이 결핍되면 노르에피네프린이 결핍되어 우울증에 빠지게 되고, L-도파(L-dopa)의 부족으로 파킨슨을 유발한다. 타이로신은 대부분의 항우울제 보다도 효과적이고 비용도 저렴하며 스트레스를 받을 때, 사고의 능력을 배가한다. 트립토판과 함께 타이로신은 뇌의 화학 불균형으로 기인하는 애정결핍증/과잉 운동 장해, 파킨슨병, 갑상선 기능 저하증 및 코카인 중독으로 부터의 허탈감등을 포함한 기타 여러 질환들에게도 효과를 미친다. 단 많은 양의 타이로신은 L-dopa와 병용하면 안 된다.

1) 작용

① 우울증에 항우울 작용

무관심, 무기력, 나른함과 같은 우울증이나, 흥분, 긴장 같은 조증에 트리프토판과 같이 병용하면 효과적이다. 1일 600-2000mg

② 갑상선 호르몬 생성

갑상선 홀몬생성에 요드 원자를 이용하게 하여 갑상선 호르몬생성에 관여하기 때문에 타이로신이 결핍하면 갑상선기능이 저하된다.

그러므로 타이로신 결핍으로 인해 유발된 갑상선 기능 저하증을 치료한다.

③ 식욕저하작용이 있다

교감신경계의 흥분으로 식욕이 저하된다.

④ 체지방 감소작용

갑상선의 정상적인 작용에 의해 적당한 체지방의 이용을 촉진한다.

⑤ 저혈압, 저 체온증 치료

아드레날린, 노르아드레날린의 분비를 촉진하여 저혈압을 개선한다.

응 용

SUPPLEMENT SUGGESTIONS

모든 우울병, 특히 나른함, 피로 등에 정신의 증대 목적으로 보통 300mg-1g을 사용한다.
항우울제 (Antidepressant)
뉴셀티3.6 1정중 6.6mg

티로신(Tyrosine)

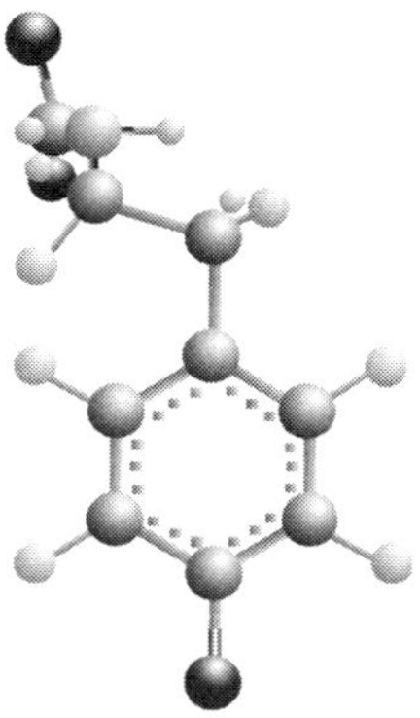

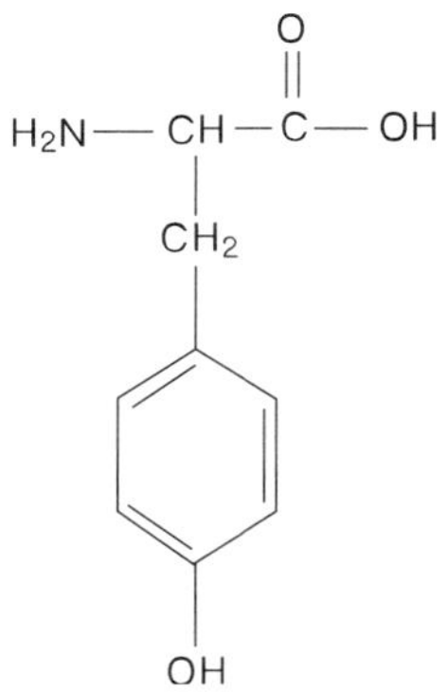

(구조식 - 입체모형)

IUPAC명	(2S)-2-amino-3-(4-hydroxyphenyl)propanoic acid
분자식	$C_9\ H_{11}\ N\ O_3$
분자량	181.19
1자 부호	Y
3자 부호	Tyr
분류	방향족

(8) 홉(hops; *humulus lupulus*)

| 홉(hop) |

홉 나무는 11세기 이후부터 맥주양조업을 위해 재배되기 시작했다. 유럽과 아시아가 원산지고 지금은 상업적으로 북유럽 전역에 걸쳐 재배되고 있다. 암꽃 솔방울들이 초가을에 수확되고 저온에서 건조된다. 2.4m 가량의 크기로 성장한 넝쿨의 끝부분에서 솔방울들이 자라난다. 솔방울에는 진정효과와 쓴맛의 효과를 가지고 있다.

홉의 쓴맛은 맥주애주가들에게 널리 알려져 있는데 이 약초의 쓴맛성분들은 소화 작용을 촉진시키고 강화시키는 작용을 한다. 또한 심신을 진정시키는 효능이 뛰어나, 불면증과 흥분을 가라앉히는 치료제로 높이 평가 받고 있다.

1) 성분

① 쓴맛의 인자들(bitter principles); 고미제
lupulin; humulon, lupulon, valerianic acid

② 에센셜 오일(essentional oil)
탄화수소그룹; alpa-pinene, limonene, p-cymene
알콜그룹; alpa-terpineol
알데히드그룹; citral
페놀그룹; eugenol
세스큇 탄화수소; humelene

③ 플라보노이드(favonoids)
catechin, procyanidin, quercetin

④ 탄닌(tannin)

⑤ 스테롤
beta-sitosterol, campesterol

2) 주요작용

쓴맛 인자들은 입맛을 돋우고 소화기능을 촉진하는 작용을 하는데, 발레리아닌산(valerianic acid)은 진정 작용이 있고, 루폴론(lupulon)과 휴물론(humulon)dms 방부제 효능이 있다. 이 식물을 주머니에 담아 배게 밑에 놓으면 아로마향을 방출하여 들떠있는 정신을 진정시키고, 편안하게 잠 잘 수 있게 해 준다. 중추신경의 작용을 억제하는 작용

도 하여 수면, 마취효과도 있다. 긴장을 완화시키는 진경작용이 탁월하며 스테롤 성분 때문에 여성호르몬 작용도 가지고 있다.

응 용

화장품성분

- 슈거 케인 (수분의 변화량을 조절하여 하루 종일 편안함을 제공)
- eleurthero ginseng(엘루쎄로 진생) (피로 방지)
- ginseng(인삼)
- hops(홉스) (피부 활동 촉진)
- horse chestnut tree(호올스 체스넛 트리)
- linden(린덴)
- olive tree(올리브)
- safflower(쎄플라워)

(9) 세파란친(cepharanthin; *Stephania cepharantha, Hayata*)

| 세파란친 |

세파라친은 Menispermaceae (댕댕이덩굴科)에 속하는 Stephania cepharantha, Hayata에서 추출한 alkaloid인 cepharanthin을 주성분으로 한다.

본제는 다년간의 기초 실험에 의해 생체막 안정화작용, 면역기능 증강작용, 혈액간세포(血液幹細胞) 증가작용, 말초혈관 확장작용, 항 allergy작용 등이 인정되었고 임상적으로는 백혈구 감소증, 원형 탈모증 등에 사용되고 있다.

원료약품의 분량 : powder 1g 중 세파란친(10mg) 을 함유하고 있다.

1) 약리작용

① 생체막 안정화작용(in vitro)

세파라친은 collagen, ADP 등의 원인에 의해 발생하는 세포막의 phospholipase A2의 활성화 및 arachidonic acid의 유리를 억제하고 혈소판응집 및 K+의 유출을 억제하는 등 생체막을 안정화하는 작용이 있다.

② 항 allergy작용 (in vitro)

세파라친은 항원항체반응에 의한 비만세포(mast cell)의 히스타민 유리를 억제한고 CCl4에 의해 발생되는 막의 radical반응을 억제하고 세포장해, 간 장애 등 여러 가지 장애에 의한 면역세포의 기능을 회복하고, 항체 생산을 증가시키며 ADCC활성증가 및 macrophage의 활성을 촉진시킨다. 또한 방사선 및 제암제 등에 의한 조혈기능 장해에 대하여 혈액간세포에 세파라친은 뇌하수체에 작용하여 혈중 ACTH를 상승시킨다.

③ 지질의 과산화반응 억제작용 (in vitro)

④ 면역기능 증강작용

⑤ 혈액간세포 증가작용 작용하여 조혈기능의 회복을 촉진시킨다.

⑥ 부신피질 Hormone생성 증가작용

corticosteroid의 생합성을 증가시켜 혈중 corticosteroid의 농도를 높여준다.

⑦ 말초혈관 확장작용

세파라친은 말초순환의 주기적 혈관운동 이상에 말초혈관을 확장시키고 혈류를 촉진시켜 말초 순환장애를 개선시킨다.

2) 효능·효과

방사선에 의한 백혈구 감소증, 원형 탈모증, 비강성 탈모증

① 용법·용량

보통 성인에 대해 다음의 1일 량을 2~3회 식후에 분할하여 경구투여 한다.

■ 방사선에 의한 백혈구 감소증

통상 성인에게는 타마사키트즈라후지 추출 알카로이드로서 1일 3-6mg를 2~3회로 나누어 식후 경구 투여한다. 덧붙여 연령, 증상에 의해 적당 증감한다.

■ 원형탈모증, 비강성탈모증

통상 성인에게는 , 타마사키트즈라후지 추출 알카로이드로서 1일 1.5-2mg를 2~3회로 나누어 식후 경구 투여한다. 덧붙여 연령, 증상에 의해 적당 증감한다.

3) 사용상의 주의사항

① 부작용

■ 과민증 : 드물게 발진, 피진, 가려움 등이 나타날 수 있으므로 이러한 경우에는 투여를 중지한다.

■ 소화기계 : 때때로 설사, 드물게 식용부진, 위부불쾌감, 구역 등의 위장장애가 나타날 수 있으므로 이러한 경우에는 감량 또는 휴약 한다.

■ 드물게 두통 등이 나타날 수 있다.

② 임부 및 수유부에 대한 투여

■ 임신 중의 투여에 대한 안전성이 확립되어 있지 않으므로, 임부 또는 임신하고 있을 가능성이 있는 부인은 치료 상의 유익성이 위험성을 상회한다고 판단되는 경우에만 투여한다.

■ 수유부에는 투여하지 않는 것이 바람직하다. (이 약은 동물실험에서 유즙중으로 이행된다는 보고가 있다.)

■ 소아에 대한 투여

- 신생아, 미숙아, 영아 또는 소아에 투여하는 경우에는 충분히 관찰하고 신중히 투여한다.(소아 등에 대한 안전성이 확립되어 있지 않다.)

■ 고령자에 대한 투여

- 일반적으로 고령자는 생리기능이 저하되어 있으므로 감량하는 등 신중히 투여 한다.

2.4 자가면역질환성 탈모란

자가면역 질환은 자신의 면역계가 자기를 공격하여 외부침입자를 파괴하는 대신에 자기의 조직을 파괴시키는 병이다. 즉, 몸의 정상적인 기능을 위해, 림프구가 우리 체세포들을 공격하지 않아야 하는 것이 기본이다. 예를 들어, 간의 세포들을 T세포가 공격하면 사망에 이를 수도 있다. 하지만 불행히도, 유전적인 영향과 환경적 문제들(바이러스 등)은 때로는 B세포, T세포, 또는, 두 세포 모두에게 스스로 항원을 만들어 체세포를 공격하게 하는 자가면역 질환(autoimmune disease)을 일으킨다. 이 질환의 예로는 갑상선이 공격을 받는 하시모토 갑상선염, 췌장의 베타세포들이 공격을 받는 인슐린 의존성 당뇨병, 결합조직이 공격 받는 류마티스 관절염, 뇌와 척수가 공격받는 다발성 경화증이 있다. 두피에 영향을 미치는 자율신경 문제로는 원형탈모증, 건선, 그리고 위축성탈모증의 일부가 해당된다. 왜 림프구는 일반적으로 우리 체세포들을 공격하지 않는가 하면 골수에서 B세포와 흉선에서 T세포가 성장하는 동안 이들은 모두 우리 몸에 있는 자체세포들의 항원들에 노출되어 있다. 어떤 림프구든지 우리 몸의 자체 항원에 대해 반응할 수도, 파괴될 수도 있다. 그러나 성장을 마친 B세포와 T세포는 자체 항원에 대해 반응하지 않으며 우리 체세포들은 공격하지 않는다. 또한 무엇이 T세포로 하여금 스스로 대적하도록 하는가하면 감염은 종종 자가면역 질환을 일으키기 때문에, 과학자들은 T세포를 교묘히 피하기 위해 병원체들이 흔히 이용하는 배열들을 정밀하게 분석하였다. 해답은 분자모방(molecular mimicry)에 있었으며, 이것은 바이러스와 세균이 자유롭게 드나들 수 있도록 몸을 속이는, 진화에 의한 적응이다. 이러한 모방은 자기 항원처럼 보이도록 면역계가 아미노산을 연장하는 것처럼 보인다. T세포가 외부 항원 펩타이드를 공격하면 몸에 있는 것과 같거나 비슷한 자기 항원 펩타이드들도 공격한다.

자가면역 질환(autoimmune disease)은 일단 시작되면 방해 받지 않고 진행될 것이다. 다발성 경화증, 류마티스 관절염, 전신성 홍반성 낭창 및 기타 자가면역 질환들의 경우, 악화기는 일반적으로 병의 완화기로 대체되기도 한다. 이런 질병들에 있어서 악화되는 형태는 3가지 인자 (여성 호르몬, 감염, 스트레스)와 밀접한 관련이 있는 것으로 나타났다. 유럽과 북미 전체 인구의 약 5%가 자가면역 질환으로 고생하며 이들 중 2/3는 여성이다.

여성 호르몬인 에스트로겐은 유전자들을 활성 시키는 감마 인터페론을 촉진시키는 DNA 배열에 관여한다. 즉, 감마 인터페론은 자가면역 과정(autoimmune process)을 촉진시켜준다.

병 또는 외상과 같은 스트레스는 시상하부와 뇌하수체에 영향을 미침으로써 자가면역 질환을 악화시킬 수 있다. 이후 이들은 염증반응을 촉진시키는 호르몬들을 분비한다. 염증반응은 뇌에서 부신피질자극호르몬 유리호르몬(CRH, Corticotropin releasing hormone)을 분비하도록 하는 사이토카인(cytokine)의 배출을 활성화시킨다. 이러한 신경펩타이드는 2가지 반대 작용을 갖고 있다. 염증 부위에 있는 면역세포들의 활동을 증가시키고, 부신(adrenal gland)으로 하여금 염증을 차단하는 당류코티코이드(glucocorticoid)를 만들어내도록 자극한다. 신경(nerve)은 피부에서 특정 신경펩타이드를 배출할 수 있으며, 그로 인해 국소적인 면역반응에 영향을 미친다. 이것은 스트레스로 인한 건선과 원형탈모증을 악화시키는 역할을 한다. 스트레스는 교감신경계와 면역반응에 영향을 미친다.

2.4.1 자가면역질환성 탈모에 있어서의 면연력 강화법

3단계 영양면역요법은 건강 불균형의 원인을 제거하고 필요한 영양을 공급하여 최적의 건강상태를 유지하는데 도움을 준다. 영양을 과학적으로 섭취할 수 있으며 개인의 건강 상태에 맞게 적용할 수 있는 개인맞춤식이요법으로 면역력을 증강시킨다.

1단계는 몸에 쌓인 독소를 해독하고 (detoxification) 소장을 깨끗하게 하는 디톡스 영양요법

2단계는 몸에 해로운 것을 섭취하는 것을 제한하고 몸에 가장 이로운 활성산소가 많은 영양소를 집중적으로 섭취하는 활성산소 영양요법

3단계는 면역력이 높은 음식을 섭취하는 자연면역력 영양요법

이렇게 장을 깨끗이 정화하고 활성산소의 활발한 작용을 할 때 흡수된 영양분들이 제대로 흡수되어 면역력을 증강함으로서 자연치유를 목적으로 하는 면역력 강화법을 알아본다.

(1) 디톡스 영양요법

인간은 음식이라는 토양을 통해 영양소와 에너지원 그리고 수분을 흡수한다. 이때 음식을 분해 및 흡수하는 무대는 장이기 때문에 장은 식물의 뿌리에 해당한다. 그런데 장에게 분해 및 흡수하는 힘이 없으면 식물이 말라버리는 것처럼 인간도 말라버리고 만다.

따라서 '장은 인간의 토양이다'라기보다 '장은 음식이라는 토양에서 영양소를 분해 흡수하는 근원이다'라고 생각하면 장의 상태가 우리의 건강을 크게 좌우한다는 것을 더 실감하게 된다. 즉, 장에서 영양분해와 흡수가 올바르게 이루어져야만 건강과 질병의 회복을 기대할 수 있다. 장이야말로 열매를 맺는 뿌리 그 자체이자 면역력의 근원인 것이다.

소장의 내부에 깔려 있는 융모

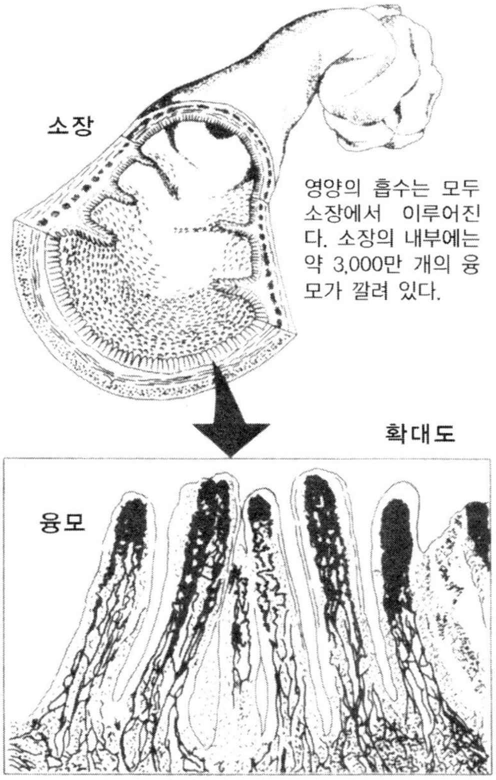

약6m나 되는 소장의 표면적은 20평방미터라고 하기도 하고 혹은 200평방미터라고 하는 경우도 있다. 게다가 미융모까지 더하면 약4,500평방미터에 이른다고 한다. 만약 소장 표면적이 약 4,500평방미터라면 약 1,400평이 되며 체표면적의 100배 이상의 넓이에서 영양의 흡수가 이루어지는 셈이다. 그렇기 때문에 장의 상태는 매우 중요하다. 이 광대한 표면적과 미융모에 의해 소장은 영양소의 흡수율을 비약적으로 높이고 있으나 특히 미융모는 폭이 10,000분의 1mm라는 미크로의 세계이기 때문에 영양소도 당연히 미크로 수준이어야만 흡수가 가능해진다. 아무리 강한 흡입력을 가진 청소기일지라도 흡입구보다 큰 것은 빨아들일 수 없다. 다시 말해 아무리 강력한 청소기 일지라도 축구공과 야구공을 빨아들이지 못하는 것이다.

영양소의 흡수와 수송

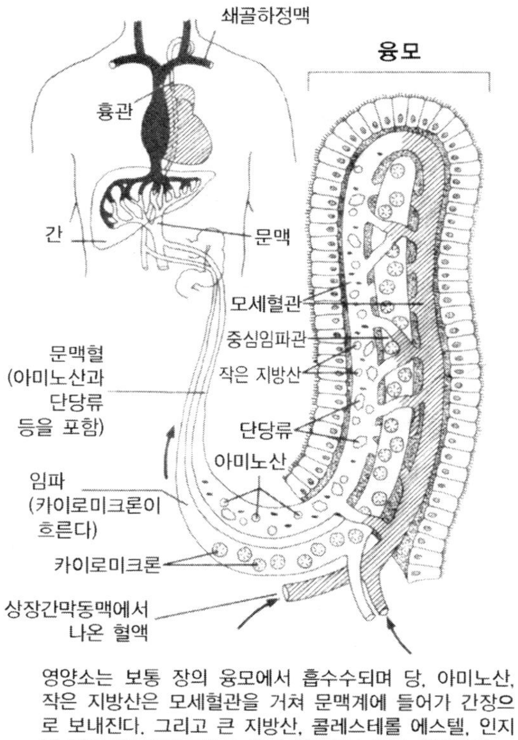

영양소는 보통 장의 융모에서 흡수수되며 당, 아미노산, 작은 지방산은 모세혈관을 거쳐 문맥계에 들어가 간장으로 보내진다. 그리고 큰 지방산, 콜레스테롤 에스텔, 인지질 등은 카이로미크론이 되어 임파구를 통해 운반된다.

인간의 몸은 약60조 개의 세포로 구성되어 있다. 그런데 그 세포 수보다 더 많은 100조 개의 장내균이 장에 존재하는 것이다. 물론 갓난아기는 무균 상태에서 태어난다. 하지만 점점 성장하면서 장내에 이러한 세균들이 늘어나게 되는 것이다. 따라서 인간의 생존에 있어 장내균이 반드시 필요한 요소라는 것을 증명하고 있다. 결국 인간은 장내균에게 살아갈 터전과 영양을 제공하고 그 대신 장내균은 인간의 건강유지 및 건강증진에 도움이 되는 작용을 하는 것이다. 더구나 그 작용은 장내균이 자신의 생존에 적합한 환경을 만들려는 것과 일치된 이해관계를 보이고 있다. 결국 장내균과 인간은 건강이라는 소중한 보물을 만들기 위해 서로 공생하는 것이다.

1) 장내균의 영양소 분해

100조 개나 되는 장내균은 장내에서 같은 종류끼리 서식하며 특히 소장의 끝 부분부터 대장에 걸쳐 집단으로 살아가는 균을 '장내 세균총' 혹은 '장내 플로라'라고 부른다. '플로라'라고 하는 것은 '꽃밭'이라는 의미로 그것을 현미경으로 보았을 때, 마치 화초가 무성한 것처럼 보이기 때문에 붙여진 이름이다. 이 장내 플로라를 만드는 균 중에서 특히 우리들과 공생관계에 있는 것은 '유익균'이다.

흔히 영양소의 분해는 소화효소가 한다고 생각하고 장내균이 분해하고 있다는 생각은 거의 하지 않는 것이다. 하지만 실제로 분해작용은 장내균이 하고 있다. 파퓨뉴기니의 산간지방에 사는 늠름한 근육의 사나이들의 주식은 사고야시라는 나무에서 추출한 사고야시 전분이며 그 외에도 타로이모, 야무이모 그리고 바나나 등 단백질 중심으로 이루어지고 있다. 특히 그들이 생선이나 육류를 입에 대지 않으면서도 근육질의 건강미를 자랑하는 비밀은 바로 장내세균에 있다. 그들의 장내에서는 장내균이 타로이모 등이 함유한 탄수화물을 단백질로 바꾸는 작용을 한다. 그렇기 때문에 주식이 전분일지라도 훌륭한 체격과 근육질의 신체가 만들어 지는 것이다.

이처럼 장내균은 영양소의 분해작업을 한다. 물론 소화효소도 영양소의 분해에 작용하고 있는 것이 사실이다. 위에서 소화된 영양분이 미융모의 위에 오면 끝 부분에서 소화효소가 영양소를 향해 분비되는 것이다. 그러면 이 소화효소와 유익균의 작용으로 영양분은 흡수되는 단위로 분해되며 최종적으로 전분은 포도당으로 단백질은 아미노산(혹은 펩티드)으로 그리고 중성지방은 지방산과 글리세린으로 분해되어 미융모 속에 둘러쳐져 있는 모세혈관으로부터 영양흡수세포로 흡수된다. 또한 큰 지방산, 콜레스테롤 에스텔, 인지질 등은 지방의 입자(카이로미크론)가 되어 모세임파관에서 직접 대순환계로 운반되어 에너지원이 된다.

융모의 표면에 있는 영양흡수세포와 배세포

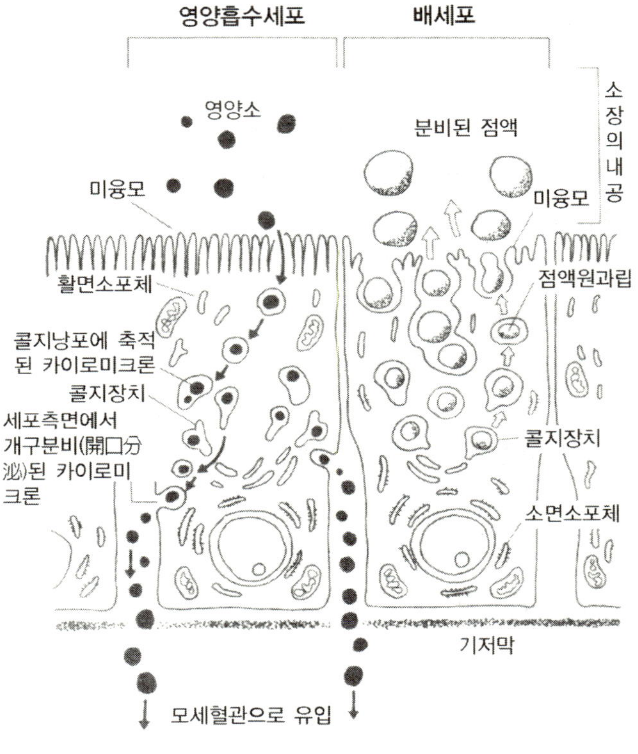

2) 유해균분해작용은 유해물질을 생산

우리들의 장내에 있는 100종류 이상의 장내균에는 유익균 이외에 '유해균'도 존재한다. 그 대표적인 것으로는 대장균과 바이러스균이 있으며 장내에 유해균이 우세하면 영양소를 분해하는 톱니바퀴는 마이너스 방향으로 움직이기 시작한다. 여기서 말하는 마이너스 방향이란 장내부패가 진행되거나 유해물질이 대량으로 만들어지는 것을 의미한다.

아미노산이 유해균의 작용을 받으면 아민이라는 물질이 만들어진다. 이 아민은 부패물질로 알려져 있으며 위와 장에서 아질산염과 결합하면 위암과 대장암의 원인이라 알려진 니트로아민이라는 발암물질로 변한다. 또한 고단백의 식사를 하게 되면 소변 중에 발암성의 우려가 있는 페놀화합물이 증가한다. 이것은 단백질로부터 나온 물질이 장내 유해균으로 인해 페놀로 변했기 때문이다. 더구나 동물성 단백질에 많이 함유된 필수아미노산인 트립토판이 유해균으로 분해되면 아민 이외에 인돌, 인독실, 스카톨이라고 하는 발암물질이 만들어진다.

이러한 유해물질은 유해균이 만들어 내는 것이므로 늘 장내환경을 유익균이 유세하도록 만드는 것이 필요하다. 유익균에 의해 올바른 영양분해가 일어나 그것이 인체에 필요한 영양소가 되면 곧 에너지원이 되는 것이다.

3) 장은 면역의 최전선

유익균은 우리의 건강과 밀접하게 관련되어 있는 면역에도 관계하고 있다.

우리인체에는 단독으로 혹은 음식과 함께 끊임없이 세균과 미생물이 침입하고 있다. 그리고 입을 통해 들어온 세균은 음식처럼 식도에서 위, 장으로 내려간다. 허지만 위에서 pH1이라는 강한 위산이 분비되어 대부분의 세균은 여기서 사멸된다. 그러나 그 중에는 O-157균(병원성대장균)처럼 이러한 환경을 견뎌내고 장까지 도달하는 세균이 있다. 또한 소장에서는 강한 알칼리성 소화액이 세균을 공격하는데 이러한 공격마저 견디어내는 세균이 있다. 그러한 경우를 대비하여 세균이 장에 정착하는 것을 막으며 폭발적인 증식을 일으키지 않도록 하는 시스템이 갖춰져 있는데, 그 시스템에서 활약하는 것이 바로 유익균이다. 즉 유익윤은 '이상한 세균'이 장에 정착하지 못하도록 작용하여 그 세균의 증식기회를 원천봉쇄한다.

유익균이 이러한 작용을 하기 때문에 O-157균이 체내에 들어와도 발병하는 사람이 있는가하면 그렇지 않은 사람도 있는 것이다. 즉, O-157균에 걸리지 않는 사람은 유익균이 활약하여 O-157균을 신속하게 체외로 배출했기 때문이다.

장에서의 면역은 유익균 이외에 분비형 IgA라는 항체가 관계하고 있다. 즉, 장관점막의 안쪽에서 만들어진 IgA가 분비형 IgA로 변화하여 바이러스와 세균 등이 장관으로부터 체내로 들어가는 것을 저지하는 것이다. 그런데 이 분비형 IgA를 충분히 활용하려면 유익균이 필요하다. 예를 들어 소아마비의 원인인 폴리오바이러스는 장으로부터 침입하며 살모넬라균과 콜레라균은 소장점막에 부착되어 증식하고 식중독과 심한 설사를 일으킨다. 하지만 분비형 IgA가 이러한 세균 및 바이러스와 결합하여 체외로 배출되는 것이다.

장은 스스로 면역작용을 하는 것 이외에도 최근에는 면역에 있어서 중요한 세포인 T세포를 만든다는 사실이 밝혀졌다. 우리의 인체에 바이러스가 침입하거나 암세포가 생기면 T세포와 NK세포 등의 면역세포가 공격하여 그것을 퇴치하려한다. T세포와 NK세포는 모두 골수에서 만들어지는데 T세포는 흉선에서 자신의 세포가 상처입지 않도록 교육받기 때문에 적을 공격하는 능력을 갖게 된다. T세포의 '학교'라 할 수 있는 흉선은 심장 바로 위에 있는 장기로 대부분 10대 후반에 약 35g이 되어 전성기를 맞이하며 수명의 중간정도까지 그 능력을 유지한다. 하지만 그 이후에는 서서히 하강곡선을 그리며 마지막에는 지방덩어리가 되어 그 역할을 끝내게 된다.

결국 나이가 들수록 T세포는 '학교'인 흉선에서 교육을 받지 못한다는 의미이므로 커다란 문제라고 할 수 있다. 왜냐하면 T세포가 면역세포로서의 작용을 할 수 없게 되기 때문이다. 더불어 NK세포도 감소되어 간다. 이것은 바이러스와 암세포를 그냥 방치하는 상태라 할 수 있다. 하지만 나이가 든다고 모두 암이나 바이러스에 감염된다는 것은 아니다. 즉, T세포가 성숙하지 않아도 암에 걸리지 않거나 감염증을 일으키지 않는 비밀이 장에 있는 것이다.

장이 갖고 있는 그 비밀은 장의 점막에서 '인터루킨7'이라는 면역세포를 육성하는 물질이 나와 T세포가 만들어 진다는 점이다. 이렇게 장에서 만들어진 T세포를 "흉선외분화T세포'라고 하며 이 흉선외분화T세포 덕분에 골수에서 만들어져 흉선에서 교육받은 T세포가 줄어들어도 우리는 암등 질병에 대한 저항력을 잃지 않는 것이다. 그렇기 때문에 암과 바이러스에 의한 감염증에 걸리지 않기 위해서는 흉선외분화T세포가 제대로 만들어지고 있는가 하는 점이 매우 중요하다. 그리고 그것이 제대로 만들어지려면 건강한 장내환경이 유지 되어야 한다. 즉, 유익균이 우세한 장내환경이 만들어져야 비로소 흉선외분화T세포가 만들어지고 그 능력을 총괄적으로 발휘 할 수 있는 것이다.

4) 유익균의 약점

장내에서 유해균이 증가하면 장내의 부패가 빨라지거나 유해물질이 대량으로 만들어지는 것 이외에 다음과 같은 패해가 발생한다.

① 각종 호르몬과 소화액이 독성물질로 바뀐다.

② 설사와 변비가 생기며 간혹 그것이 만성화한다.

③ 면역력이 저하되어 감염증을 일으키기 쉽다.

④ 간 등의 내장에 커다란 부담이 된다.

그렇기 때문에 장은 항상 유익균이 우세한 상태를 유지하는 것이 바람직한데 여기에도 두 가지 문제가 있다.

첫째는 나이가 들수록 장내환경은 유해균이 우세하게 된다는 것이다. 갓난아기는 무균 상태에서 태어난다. 유익균인 비피더스균조차 물려받지 않은 것이다. 하지만 아기는 태어난 그 순간부터 수많은 세균에 오염되기 시작하며 비피더스균도 함께 체내에 들어온다. 그래도 어기의 장내균은 95-99%가 비피더스균이 차지하고 있다고 한다. 하지만 성년기 후기부터는 유익균의 우세의 균형에서 점점 변화가 생기다가 노년기에 이르러서는 유익균 우세가 붕괴되는 것이 일반적이다. 노년기에 이르면 비피더스균이 격감하고 그 대신 전형적인 유해균인 웰슈균이나 대장균이 급증한다. 즉, 장내부패를 비롯한 여러 가지 문제가 발생하여 건강에 중대한 이상을 가져오게 된다. 성년기 후기부터 생활습관병을 비롯한 여러 가지 질병이 늘어나기 시작하는 이유도 이러한 장내균의 균형이 무너지는 것과 관계된 것이라고 할 수 있다. 장내는 늘 유익균과 유해균의 싸움을 벌인다. 이때, 유익균 우세의 장내환경을 유지하느냐 그렇지 못하느냐에 따라 건강을 유지하는데 있어서 커다란 차이가 나타나게 된다.

두 번째는 사실, 한 사람이 갖고 있는 본래의 유익균은 장내에서 증가하지 않는다. 그럼에도 불구하고 '유익균을 외부에서 넣는 일' 또한 그리 간단하지가 못하다.

사람이 태어난 뒤부터 장내에 서식하고 있는 균을 '고유균'이라고 하는데 고유균이외의 균은 서식하기가 어려워 균을 넣어주어도 서식하지 않기 때문에 '통과균'이라고 부른다. 이유는 면역과 관계가 있다. 우리의 면역체계는 '이상한 세균'이 장에 정착하지 못하도록 즉각 퇴치해 버린다. 즉, 유익균이 외부에서 들어오는 균이 장에 장착하지 못하도록 작용하여 체외로 신속하게 내보내는 것이다. 다시 말해 신체를 지키는 면역시스템이

고유균 이외의 균이 정착 하지 못하도록 막고 있는 셈이다. 그렇기 때문에 새로운 균을 장에 장착시키려면 하루에 수십 리터 이상의 유산균 음료를 계속 마셔야만 한다. 그 정도로 '이상한 세균'을 배제하는 고유균의 힘은 막강하다. 이러한 현상은 일반인뿐만 아니라 의료진조차도 유익균과 유해균의 그러한 작용에 대해 아직 명확히 이해하지 못하고 있다.

5) 장내혁명

① 유산균과 비피더스균 식품을 섭취한다.

장내혁명을 위해 우리가 흔히 생각 할 수 있는 것은 바로 유산균이나 비피더스균이 함유된 식품을 적극적으로 섭취하는 것이다. 여기에다 올리고당을 함께 섭취하면 한층 더 큰 효과를 기대 할 수 있다. 올리고당은 '비피더스균 증식인자'라는 별명이 붙을 정도로 비피더스균에 최적의 영양으로 올리고당이 충분히 공급되는 장내에서는 비피더스균이 왕성하게 증식하여 장내를 유익균이 우세한 상태로 유지해준다.

② 유산균 생성물질을 섭취한다.

살아있는 유익균을 섭취하는데 있어서 문제가 되는 두 가지 장애물을 넘어서는 것은 바로 유산균 생산물질이다. 유익균은 살아있는 그대로 장에 도달하기가 어려우며 또한 고유균이외의 균이 장에 정착하는 것이 곤란하다면 유익균이 우세한 장내환경을 만들 수 있는 확실한 방법은 고유의 유익균을 늘리는 수밖에 없다. 그리고 이것을 실현하는 것이 위산의 영향을 받지 않고 자기고유의 유익균을 늘리는 유산균 생산물질이다.

장내의 유산균과 비피더스균은 끊임없이 증식이 되풀이 되고 있다. 그러한 증식으로 만들어지는 물질은 장내환경을 유익균 우세로 균형을 유지하게 된다. 또한 왕성하게 증식한 유산균 등이 분열을 되풀이하면서 죽어갈 때, 균이 죽는다 해도 균의 성분인 펩티드글리칸이 장관에서 흡수되어 면역기능을 자극한다. 그로 인해 면역력이 강화 되는 것이다. 이러한 메카니즘에 따라 만들어진 건강식품이 유산균과 비피더스균을 장내에서 만들어내는 물질을 식품화 한 유산균 생산물질이다. 유산균 생산물질은 그 자체가 장내환경의 균형을 조잘 하는 작용을 하는데 이것은 비피더스균과 유산균의 먹이가 된다. 즉, 비피더스균과 유산균의 먹이가 되어 유익균을 활성화 시키고 이상적인 장내 환경을 만드는데 공헌 하는 것이다.

곰팡이의 대사물질에서 발견한 페니실린이 의료분야에서 커다란 공헌을 한 것처럼 대두를 원료로 하여 사람에게서 유래된 비피더스균 등에서 만들어진 이 유산균 생산물질도 또한 커다란 효능을 지니고 있다. 하지만 장내에는 100종류의 균이 100조 개나 서식하기 때문에 한 종류의 균에서 나온 생산물질로는 커다란 효과를 기대할 수 없다. 따라서 몇 종류의 유산균을 특수한 방법으로 교배시키는 '공서배양(公棲倍養)'이라는 기술이 이용되고 있으며 그 결과 많은 성분이 방출되고 있다. 이것이 유산균 생산물질의 주성분인 유산균 발효 대사물이며 그것을 정제한 엑기스가 바로 유산균 생산물질이다. 유산균 생산물질의 섭취는 유산균이 만들어내는 유효물질을 직접적으로 섭취하는 방법이기 때문에 유산균 식품과 비피더스균 식품을 섭취하는 것보다 훨씬 더 커다란 효과를 기대 할 수 있다.

위의 효과로는 장내 유산균과 비피더스균을 늘리기 때문에 영양소의 분해와 흡수 그리고 건강식품 성분의 흡수 메카니즘이 향상된다는 것이다. 흔히 면역력을 강화하는 건강식품을 섭취해도 전혀 효과가 없다고 말하는 사람은 장에 건강식품을 흡수할 만큼의 힘이 충분하지 못하다는 것을 의미한다. 게다가 흡수가 될지라도 그 성분이 몸의 구석구석까지 보내지지 않는 것이다. 이러한 상황에서는 아무리 식생활에 주의를 기울이고 건강식품을 섭취해도 효과가 없다. 따라서 면역력 증강의 첫 번째가 장에 대한 흡수, 분해, 전달을 위한 유산균이고 두 번째가 면역력시스템의 강화인데, 영양을 흡수하는 장관에서는 동시에 세균, 바이러스, 유해물질이라는 이물질이 몸에 침입하기 위해 호시탐탐 노리고 있다. 그리고 유익균은 세균과 바이러스가 장에 정착하는 것을 방지하여 폭팔적인 증식을 불가능하게 한다.

장내 유익균이 많아지면 T세포와 대식세포가 활성화 되어 암세포를 죽이는 TNF라는 물질도 대량으로 만들어진다. 그리고 흉선외분화 T세포를 만드는 작용과 분비형 IgA의 작용도 활발하게 해준다. 더불어 합동작전 효과를 높여 감염증뿐만 아니라 여러 생활 습관병을 예방, 치료하는 힘을 한층 강력하게 해준다.

(2) 활성산소 영양요법

질병의 예방과 치료에 대한 필요한 다음의 문제는 장에서 흡수된 영양소와 건강식품의 유효성분을 전신으로 운반할 수 있는가의 문제이다.

우리의 혈관은 대동맥, 대정맥처럼 굵은 혈관으로부터 100분의 1mm라고 하는 미세한 모세혈관까지 포함하여 총 길이가 10만 킬로미터에 달한다고 한다. 이 혈관 속을 혈액이 쉴새 없이 흘러 세포를 유지하기 위해 필요한 산소와 영양을 공급하며 불필요한 물질을 내보낸다.

또한 인체를 지키는 면역세포도 혈류를 통해 전신으로 보낸다. 이러한 인체경영의 결과가 건강이므로 '원활한 혈류는 건강과 질병유지의 후원자라고 할 수 있다.

① 모세혈관이 막히면 영양운반율은 50%이하가 된다.

생활습관병의 대표적인 3대 질환이라고 할 수 있는 암과 당뇨병, 동맥경화의 원인도 혈류의 악화와 관계 되어있다. 즉, 혈류가 나빠지면 면역세포의 배급이 제대로 이루어지지 않아 암 예방에 필요한 면역부대를 파견하기 어려워지며 혈당치를 낮추는 작용을 하는 성분도 제 역할을 제대로 수행하지 못하는 것이다. 모세혈관의 혈류가 맑으면 인체의 60조에 이르는 세포에게 영양과 산소, 면역세포를 비롯한 건강을 지키는 성분이 제대로 도달하여 생생한 활력이 넘치게 된다. 반면 혈류에 이상이 발생하면 일반적으로 동맥이 문제가 된다. 예를 들면 심근경색과 협심증 등은 동맥과 관련된 병이다. 모세혈관이 막히면 장에서 흡수한 영양은 세포에 도달하지 못한다. 보통사람의 영양흡수율이 100%라고 하면 모세혈관이 막힌 사람의 영양흡수율과 영양운반율은 50%이하로 떨어진다. 그것은 곧 인체의 저항력 저하, 다시 말해 병에 걸릴 확률이 높아진다는 의미이다. 따라서 '건강과 질병의 예방과 치유에 관한 열쇠는 모세혈관이 쥐고 있다' 혹은 '질병은 모세혈관으로부터 시작된다'라고 할 수 있다.

② 활성산소가 두려운 것은 강력한 산화력 때문이다.

활성산소를 다른 말로 유해산소라고도 한다. 우리 몸으르 구성하는 약 60조개의 세포는 하나하나 마다 세포막으로 둘러싸여있고 그 세포막은 주로 인지질로 이루어져 있으며 많은 불포화지방산을 포함하고 있다. 활성산소가 왜 유해하는가 하면 그것은 바로 활성산소에 강력한 산화력이 있어서 지질을 공격하기 때문이다. 게다가 우리 체온은 늘 35~45도를 유지하기 때문에 산화가 일어나기 쉬운 환경일 수밖에 없다. 따라서 세포막에 있는 불포화지방산은 활성산소에 의해 쉽게 산화되고 불포화지방산이 산화한 결과, 과산화지질이 만들어 진다. 과산화지질이라고 하는 것을 알기 쉽게 표현하면 식용유가 오래 되어 끈적끈적하고 검게 변해 버린 상태라고 생각하면 된다. 이 과산화 지질은 '제2의 활성산소'라고 할 정도로 유해물질에 속하며 인체를 녹슬게 하는 역할을 한다.

심장의 모세혈관과 관상동맥 혈전

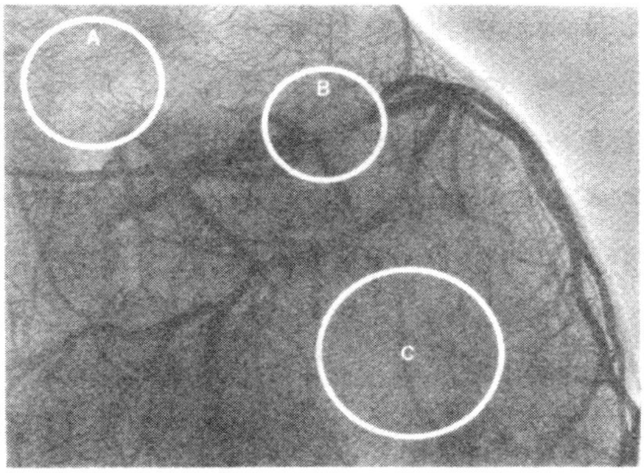

A. 막힌 모세혈관 B. 관상동맥 혈전
C. 정상 모세혈관

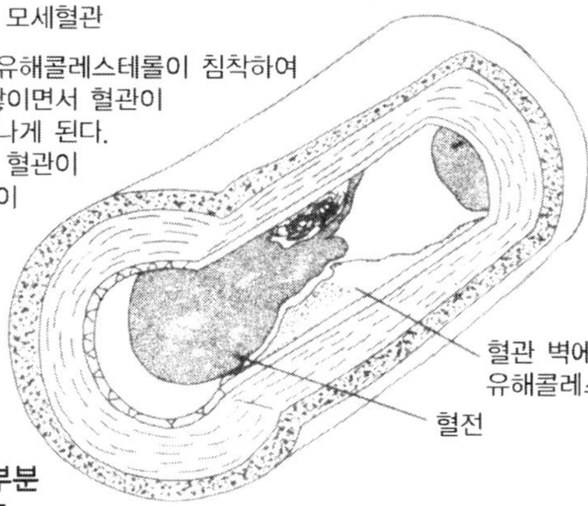

일단 과산화 지질이 생기면 불포화지방산을 공격하여 재차 과산화지질이 생기게 된다. 이러한 연쇄 반응이 세포 전체로 퍼지면 세포막 전체가 과산화 지질로 바뀌고 마는 것이다. 혈중에는 콜레스테롤 등의 지질도 있는데 이것 역시 활성산소의 공격 목표가 된다. 인체에는 약100g의 콜레스테롤이 있으며 그 중에서 약 10g이 혈관 속에 있는데 바로 이 혈중 콜레스테롤이 활성산소의 공격 목표가 되는 것이다. 우리가 흔히 듣게 되는 걸쭉한 혈액이란 과산화지질과 활성산소로 산화한 콜레스테롤리 많이 포함된 혈액을 의미한다. 이런 혈액이 여러 가지 심질환을 일으키는 것이다. 예를 들면 끈적한 성분이 혈중에 많은 상태를 두고 고지혈증이라 하고 혈관 내부에 이렇듯 끈적한 성분이 쌓이면 혈관이 굳어짐과 동시에 약해지는데 이것이 바로 동맥경화이다. 한편 심장은 심근이라는 근육으로 구성되는데 그 심근에 혈액을 보내는 동맥이 관상동맥이다. 이 관상동맥의 혈류가 동맥경화로 악화되어 일으키는 병이 협심증과 심근경색이라는 허혈성 심질환이다. 협심증은 일시적으로 혈류가 부족하여 생기는 병이며 심근경색은 관상동맥의 일부에 괴사가 생기는 병이다. 더불어 과산화 지질과 산화한 콜레스테롤이 혈전이 되어 혈류의 흐름을 멈추게 하는 사태도 발생한다. 이것이 뇌의 내부에서 일어나는 경우 뇌경색이며 뇌신경을 이루는 미세한 혈관이 파열되면 뇌출혈이 발생한다.

활성산소에는 4종류가 있다

우리는 누구나 호흡을 해야 해야만 살아갈 수 있다. 그리고 호흡으로 받아들인 산소중 약2%는 체내에서 활성산소가 된다. 결국 활성산소는 유해산소이지만 우리가 호흡으로 들이마시는 산소의 동료인 셈이다. 우리가 호흡하는 산소는 3중항산소(3重項酸素)라고 하며 비교적 인정된 산소분자이다. 하지만 여기에 뭔가가 더해지거나 떨어져 나가면서 이 3중항산소가 불안정하게 되기도 한다. 여기서 불안정 해진다는 것은 다른 원자로부터 전자를 빼앗으려 하는 힘(산화력)이 강해진다는 것을 의미하며 그것이 곧 활성산소의 정체이다.

활성산소에는 '슈퍼 옥사이드래디컬', '과산화수소', '1중항산소', '하이드록실래디컬'의 4종류가 있다. 그 네 가지 활성산소 중에서 가장 보편적으로 발생하는 것이 SOD이다.

① 슈퍼옥사이드라디컬

슈퍼옥사이드라디컬은 영양분이 세포의 미토콘드리아에서 에너지로 변환할 때 자연스럽게 발생하는 것이다. 그리고 이것이 물분자에 작용하면

② 두 번째로 과산화수소가 만들어진다.

따라서 우리가 상처 등의 소독에 흔히 사용하는 과산화수소는 활성산소가 지닌 강력한 산화력(살균력)을 이용하는 것이라고 할 수 있다.

③ 3번째의 1중항 산소는 3중항 산소가 약간 변형된 형태를 띠고 있지만 그 변형이

원인이 되어 강력한 독성(산화력)을 발휘한다.

④ 하이드록실라디컬

과산화수소가 2번 나누어진 형태를 띠고 있으며 활성산소 중에서 가장 강력한 산화력을 지니고 있다. 게다가 4종류의 활성산소는 체내에서 서로 전자를 주고받으며 변신을 되풀이 한다. 예를 들면 슈퍼옥사이드라디컬이 과산화수소로 모습을 바꾸거나 과산화수소가 하이드록실라디컬로 변화되는 등의 변신이 일어나는 것이다.

3) 활성산소가 관계된 질병

4종류의 활성산소로 인해 우리 몸에서는 여러 질병이 발생 하고 있다. 암, 당뇨, 심장질환 등의 생활습관병을 비롯하여 간경변, 뇌졸중, 아토피 피부염, 건선, 원형탈모에 이르기까지 여러 가지 난치병의 원인 중 90%가 활성산소에 의한 것이라고 한다.

활성산소가 관련된 대표적인 질환

상해조직	대표적 질환
순환기	심근경색, 부정맥, 동맥경화, 혈관응축, 허혈재순환상해, 설레늄(Se)결핍증
호흡기	폐렴, 감염증, 폐선유증, ARDS, 파라코트중독, 끕연상해, 폐기종, 고산소요법, 인플루엔자, 천식
뇌신경계	뇌부종, 뇌경색, 뇌출혈, 간질, 뇌혈관응축, 파킨슨병, 자율신경상해, 척수손상, 신경원성폐부종
소화기	급성위점막장해, 위궤양, 궤양성대장염, 크론병, 간염, 간경변, 약물성 간장해, 간이식후 각종 황달병, 췌염
혈액계	백혈구 : 만성육아종증, 백혈병, AIDS, 패혈증 적혈구 : 이상헤모글로빈증(메트헤모글로빈, 사라세미아, 겸상적혈구), 헤모크로마트시스, 야간발작성혈색소뇨증, 약물성빈혈, 아카타라세미아 기타혈액성분 : a1-산성단백의 상해, 고지혈증, DIC, 혈소판이상증, 출혈성쇼크
내분비	당뇨병, 부신대사장해, 스트레스반응
비뇨기	사구체신장염, 용혈성신장장해, 항암제부작용
피부	화상, 백광피부염, 아토피성피부염, 피부궤양
간질조직계	과절류마치스, 자기면역질환, 모원병
안과	미숙아 각막증, 각막변성, 백내장, 각막궤양

종양	흡연으로 인한 발암, 화학발암과 암화학요법, 방사선 상해와 방사선요법
의원성 질환	약물상해, 항암제의 부작용(백혈구 감소증, 프레오마이신폐선유증, 아드리아마이신심근증, 시스프라틴 신장장해, 광선요법(광증감제), IVH(설레늄 결핍 등), 고산소요법
환경오염성 질환	중금속장해, 수두병, 배기가스성 폐장해, 물오염에 따른 각종중독
그밖에	식중독, 괴혈병, 베쳇트병

활성산소의 폐해는 결국 강력한 산화력 때문이다, 그리고 세포막 중에는 유전자 등을 에워싸고 세포의 생명을 쥐고 있는 핵막이 존재한다. 흔히, 세포막과 핵막을 '생체막'이라고 하는데 , 이 핵막도 활성산소의 영향을 받는다. 만약 활성산소의 작용이 핵 속에까지 미치게 되면 생명과 유전의 정보전체가 기록된 DNA가 손상되고 만다. 이것이 암과 당뇨병의 원인이기도 하다. 생체막이 산화되거나 DNA가 손상되면 필요한 물질을 선택하여 세포 내에 주입시키고 노폐물을 배출하는 기능을 상실하는 것 이외에도 정상 세포를 만들 수 없는 상태가 발생하기도 한다. 또한 활성산소의 공격대상이 단백질로 향하면 산화하여 영양분으로서의 역할을 수행 할 수 없게 된다. 게다가 체내에는 약 3,000종류의 효소가 있는데 이 효소도 단백질로 이루어져 있기 때문에 활성산소의 공격을 받게 된다. 효소라고 하는 것은 체내 반응을 진행하는 촉매작용을 하므로 인체경영의 열쇠를 쥐고 있는 물질이라고 할 수 있다. 따라서 만약, 호흡, 대사, 음식물 소화 등에 관련된 효소가 피해를 입으면 정산적인 생명활동을 할 수 없게 된다. 그러나 인체는 자체로 활성산소를 제거하는 SOD라는 효소를 만들 수 있는 시스템이 있는데 SOD(Super Oxsid Dismitase)는 1초에 1억 개의 속도로 활성산소를 분해하고 무독화 한다. 그렇기 때문에 호흡과 일반적인 생명활동에서 생기는 활성산소 정도는 이 SOD가 충분히 처리 할 수 있다. 하지만 그 능력을 초월하는 활성산소가 발생할 때 문제가 된다. 활성산소가 과잉으로 발생하여 SOD가 대처하기 힘들게 되면 우리의 건강은 위협을 받고 여러 가지 질병이 우리를 괴롭히게 된다.

4) 항산화물질

항산화물질에는 우리의 체내에서 만들어지는 효소계와 체외에서 섭취해야 하는 비효소계가 있다. 그리고 효소계의 주역은 체외에서 SOD이며 비효소계에서는 비타민B2, 비타민C, 비타민E등의 비타민류, 베타카로틴, 후라보노이드 등이 있다. 이러한 비효소계의 항산화 물질은 음식에서 섭취할 수 있지만 보다 효율적인 영양섭취를 위해서는 비효소계 항산화물질을 함유한 건강식품을 섭취하는 것도 좋다.

비효소계 항산화물질의 대표적인 존재는 바로 비타민E 이다. 불포화지방산이 많은 세포막 등에 대가하고 있는 비타민E는 활성산소가 작용하려 할 때, 자신의 전자를 주어 그 산화력을 무력화 시킨다. 그리고 전자를 상실한 비타민E는 비타민C로부터 전자를 받아 재생한다.

최근 주목을 받고 있는 베타카로틴은 식물로만 만들 수 있는 물질이며 체내에 흡구되면 비타민 A로 변하는 성질이 있다. 물론 비타민 A도 중요한 비타민이지만 최근의 연구결과에 따르면 비타민A로 바뀌기 전의 베타카로틴 상태가 보다 더 강력한 항산화작용을 갖고 있다고 한다. 또한 비타민B도 항산화 싸이클에 관계하고 있는데 활성산소에 대항하는 작용보다 효소의 작용을 측면 원조하는 기능이 주목을 받고 있다. 특히 활성산소로 만들어진 과산화 지질을 분해하는 효소(글루타치온 펠옥시다아제)를 활성화 하는 작용이 중요하다. 한편, 후라보노이드는 식물이 갖는 강한 항산화력의 원천이다. 늘 강한 자외선을 받게 되는 식물은 언제나 활성산소의 위험에 노출되어 있는데, 그 활성산소를 분해하는 색소가 바로 후라보노이드인 것이다.

① 활성산소가 발생하기 쉬운상황

- 방사선과 자외선을 쏘였을 때
- 자동차의 배기가스와 유해한 공장연기를 마셨을 때
- 흡연과다와 알콜을 과잉 섭취했을 때
- 체내에 병원균이 침입하여 과도한 염증을 일으킬 때
- 혈액의 흐름이 일시적으로 두절 되었다가 다시 정상 회복시
- 스트레스 쌓일 때
- 무리한 스포츠 등으로 산소를 대량 소비할 때

② 해결책

- SOD함유식품들

- 스피루리나
- PMP식품(식물 폴리페놀혼합물)-메밀 폴리페놀을 주성분으로한 건강식품

메밀-고혈압과 콜레스테롤 수치를 낮춰 동맥경화 및 혈관장애방지, 고지혈증, 당뇨예방.

- 루이보스트티

(3) 자연면역력 영양요법

면역의 특성을 한마디로 요약한다면 '이상한 물질을 배척한다'는 것이다. 다시 말해 이상한 물질이 들어오면 건강을 지켜주는 것이 면역이다.

면역세포에는 많은 종류가 있는데 크게 '대식세포'라고 불리는 대식세포와 활성산소가 있는 곳에서 접촉하는 호중구, NK세포 등의 제1그룹(초기방어계)과 장의 면역부분에 등장하는 T세포와 B세포의 제2그룹(면역계)로 나누어진다.

제1그룹-대식세포, 호중구, NK세포

제2그룹-T세포, B세포

초기방어와 면역계와의 차이점

생체방어 시스템	식별의 대상	형태	처리대상
초기방어	미확정의 구조	체액성 세포성	외래성 이물질 노폐성분
면역계	항원결정기	체액성 세포성	외래성 이물질

생체방어의 기본적인 구성인자

생체방어 시스템	체액성(단백질이 主)인자	세포성 인자
초기방어	응집소군 미생물인자 군포체	대식세포
면역계	항체 lgM lgG lgE lgA	T임파구 B임파구

이러한 면역세포들 중에서 어떤 것은 전신을 돌고, 또 다른 것은 임파선에서 대기 하고 있다. 간단히 말하자면 전신을 도는 세포는 순찰부대로 인체에 이상한 물질이 침입했는지 혹은 이상이 발생 했는지를 순찰하여 이상이 발견되면 곧바로 공격에 들어간다.

또한 대식세포, NK세포는 모세혈관을 순찰하던 중에 이물질이 침입해오면 모세혈관을 자유롭게 왕래하며 공격을 가한다. 그런데 그 모세혈관이 막히면 면역세포가 도중에 정체되어 전신으로 순환할 수 없으며 면역력이 현저히 저하된다.

1) 제1그룹

제1그룹의 호중구는 미생물에만 대응하며 특히 우리들이 식사를 마친 후에 대활약을 벌인다. 우리의 잇몸은 음식물을 씹는 과정에서 늘 상처를 입기 마련인데 그 상처에 세균이 침입하게 된다. 이때, 호중구는 그 세포들을 분단위로 처리하는 것이다. 또한 마이크로파지(데식세포)는 이름 그대로 닥치는 대로 뭔가를 삼키고 소화해 버린다. 예를 들면 입자로 된 것이나 약해진 적혈구, 세균, 암세포 등을 자신이 빵빵하게 부풀어 오를 때까지 삼켜버리는 것이다. 하나의 대식세포는 약100-1,000개의 세균을 흡입할 수 있다.

흔히 우리는 몸에 상처가 생겨 화농하면 고름이 나오는데 그 고름의 정체는 바로 상처에서 침입한 세균을 먹고 전사한 대식세포이다. 또한 NK세포는 살인적인 성질을 지닌 면역세포로 암세포에 대해 직접 공격을 하고 암세포를 물어뜯어 사멸시키는 작용을 하는데 건강한 사람은 보통 인체에 50억 개의 NK세포가 있다.

호중구와 대식세포의 비교

	호중구	대식세포
식세포의 타입	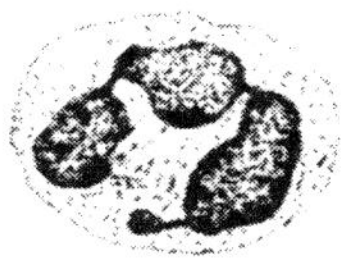	
핵의 형태	다형	단순
분포	혈액중	혈액중, 비장, 임파구, 각장기, 복강
역할	혈중을 순찰	① 혈중을 순찰 ② 각부위에 정착하여 대기한다.

대상	주로 세균	세균, 진균, 원충, 바이러스, 노폐물, 암세포
수명	짧다	길다
살균작용	강하다	약하다

식세포의 작용

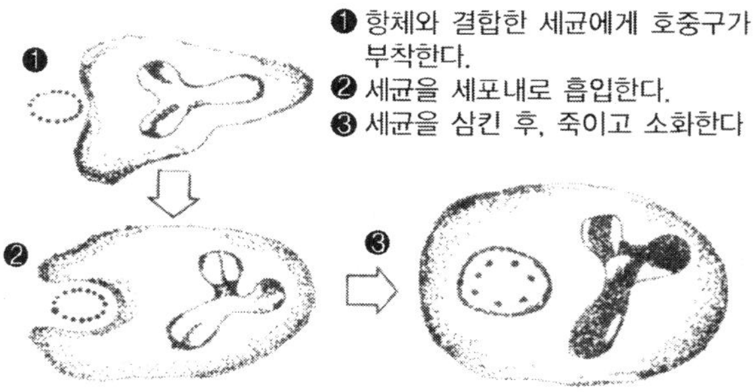

2) 제2그룹

골수 중의 조혈세포가 분화하여 T전구세포와 B전구세포가 만들어진다. 그리고 이 T세포는 흉선이라는 학교에서 교육을 받고 킬러, 헬퍼, 서프렛서 3종류의 T세포로 성숙한다.

3) 3종류 T세포의 각 기능

킬러T세포 - 암세포를 비롯한 이물질 공격

헬퍼T세포 - B세포의 분열 및 분화를 보조

스프렛서T세포 - 면역이 과잉되지 않도록 억제한다.

한편 B세포는 B전구세포가 교육을 받아 성숙한 것으로 어떤 것이 그 세포를 교육시키고 있는지 확실치 않다. 골수 자신이 가르친다는 설이 있기는 하지만 명확한 것이 아니며 어쨌든 성숙의 과정을 거쳐 B세포가 탄생한다. 이 B세포는 헬퍼T세포의 자극을 받아 분열 및 분화하며 최후에는 항체를 분비하여 이물질을 공격한다. 따라서 이 제2그룹의 심벌이 한 번 홍역에 걸리면 두 번 다시 걸리지 않는데 그것이 바로 '영구 면역"이다.

면역세포의 분화와 상호작용

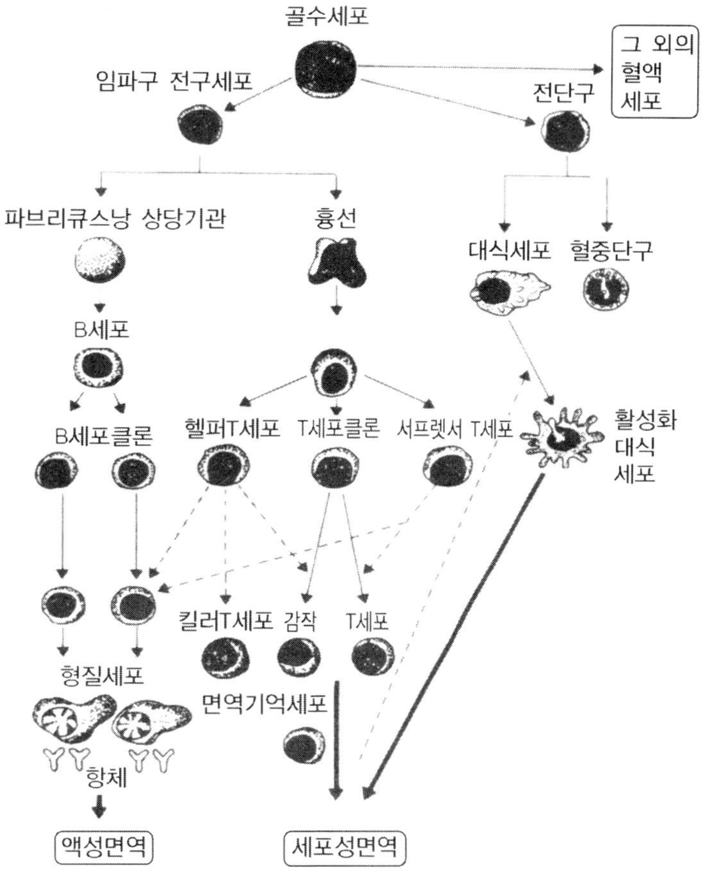

3단계 대응 건강식품 일람표

1. 장내환경 대응	유산균, 유산균 생산물질, 비피더스균, 베지락트균, 올리고당, 알로에, 화분, 캐비어
2. 혈류, 항산화 대응	스피루리나, 로얄제리, 영지, 클로렐라, 은행나뭇잎, 베타카로틴, 파파야 엑기스, 인삼, 마늘즙, 천연현미식초, 상어연골, 자라엑기스, 현미효소, 식물성종합효소, 두충차, 루이보스차, 허브차, 비타민류, 미네랄류, 아미노산, 대두 사포닌, 핵산, 레시틴, 어성초, 오메가3, DNA/핵산, EPA/DHA
3.면역관계 대응	프로폴리스, AHCC, 아가리쿠스 버섯, 동충하초, 캐츠크로우, 심해상어엑기스, 키토산

3단계 대응 식품

1. 장내환경	식물섬유가 많은 식품 ① 야채류 - 버섯, 우엉, 연근, 당근, 아스파라거스, 셀러리, 배추, 시금치, 양파, 파, 토마토, 부추, 가지 ② 과일류 - 사과, 귤, 파인애플, 수박, 복숭아, 배, 포도, 무화과 ③ 곡류 - 메밀, 오트밀, 보리, 5분도쌀 ④ 콩류 - 비지, 완두콩, 강낭콩, 검정콩, 흰콩 ⑤ 해초류 - 미역, 다시마, 김, 녹미채, 우무 유익균 증가 시키는 식품 야쿠르트, 발효식품(된장, 김치, 깍두기)
2. 혈류, 항산화	비타민류를 많이 함유한 식품 ① Vt A - 간, 계란노른자, 뱀장어, 성게알, 녹황색채소 ② Vt B1 - 쌀겨, 땅콩, 계란노른자 ③ Vt B2 - 이스트, 간, 계란, 치즈, 분유 ④ Vt C - 피망, 딸기, 김, 감자, 고구마, 토란 ⑤ Vt D - 간유, 간, 계란노른자, 버터 ⑥ 나이아신 - 이스트, 간, 육류, 어패류, 콩 미네랄을 많이 함유한 식품 ① 칼슘 - 작은생선류, 탈지분유, 치즈 ② 철 - 간, 달걀, 젓갈, 김, 당밀, 효모, 콩가루 ③ 인- 분유, 계란노른자, 생선, 배아, 쌀겨 ④ 나트륨- 된장, 간장, 젓갈, 생선, 조개, 해초 ⑤ 칼륨 - 과일(수박, 감, 참외) ⑥ 요소 - 해조류, 해산물
3. 면역관계	면역력 상승식품 - 버섯류 저항력 상승식품 - 녹미채, 생선, 야채

(4) 면역활성화를 위한 식품

1) 프로폴리스(propolis)

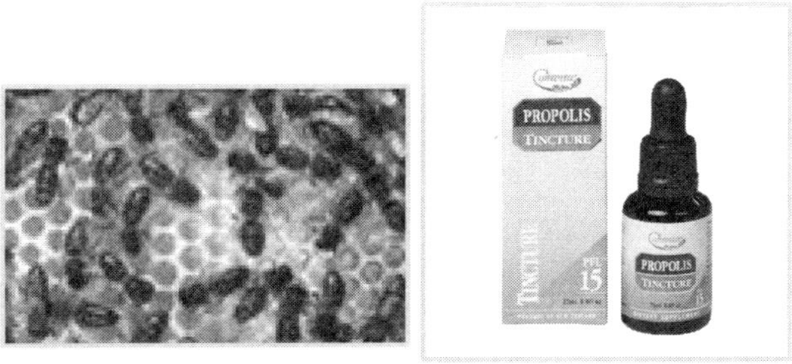

| 프로폴리스 |

고대로부터 화농방지 및 천연방부제인 신비한 물질로만 알려진 프로폴리스에 대하여 알려지게 된 것은 최근의 일로, 1965년 프랑스의 의사 레미 쇼방이 꿀벌의 몸에 박테리아가 없음을 연구하던 중 프로폴리스가 천연항생물질임을 알아냈으며, 그 후 성분 분석을 통하여 유기물과 미네랄(무기염류)이 가장 많으며 이와 함께 위의 성분분석표에서처럼 104종정도의 각종 천연성분이 들어 있다. 이처럼 많은 성분 중에서 미네랄 · 비타민· 아미노산 · 지방 · 유기산 · 플라보노이드 등은 세포대사에 중요한 역할을 하며, 테르펜류 등은 항암 작용을 한다. 특히 100종류가 넘는 플라보노이드가 들어 있어 건강 증진에 큰 도움을 주는 성분이다.

일본의 의학박사 마에다는 그의 저서 "프로폴리스로 난치병을 극복하다"에서 프로폴리스는 다음과 같은 효능이 있음을 증명한 바 있다.

01. 진정작용
02. 항균 항염증 작용
03. 항암 살암 작용
04. 조직재생작용
05. 면역부활작용
06. 활성산소 제거작용

07. 세포막 강화작용
08. 백혈구 증가작용
09. 항히스타민 작용
10. 혈관강화작용
11. 골석회화 작용

플라보노이드의 작용

*자체 면역력을 높인다. *혈관을 정화하고, 혈관벽을 튼튼히 한다. *세포의 움직임을 활발하게 한다. *'콜라겐'을 합성, 세포막을 강화한다. *'바이러스'나 '세균'을 공격하여 죽인다.	*'지혈,조혈' 작용을 한다. *'마취, 진정' 효과가 있다. *소염작용이 있다. *항(沆)알레르기 작용이 있다. *항 스트레스 작용이 있다. *항암 작용이 있다

① 항암 작용

암이란 지극히 정상이었던 세포가 극히 적은 자극에 의해 이변을 일으키는 현상이다. 암세포라는 의사로부터의 진단이 있기 전에는 지극히 정상이었던 세포에 정확한 원인을 규정할 수 는 없으나 내적인 요인으로는 유전적인 경향성과 외적으로는 방사선, 우주선, 자외선 그리고 일상적으로는 음식물섭취로 인한 활성산소의 생성이나 흡연이나 과음에 의한 그리고 스트레스 등으로 인한 면역력 결핍으로 손상된 부위의 세포가 생존을 위한 자기증식을 무리하게 하는 과정에서 그 무리한 증식이 과도하게 되어 발생하는 증상인 것이다. 그로 인하여 거식증의 세포로 변하여 증식만을 계속하게 되며, 포화되어도 사멸하지 않고 일명 전이를 통하여 영양분을 계속 섭취하기만 하는 암세포가 되는 것이다.

이와 같이 알기 어려운 현상을 통하여 발생하는 암의 항암작용을 하는 프로폴리스를 알아보도록 하겠다.

우선 내적인 요인의 유전적 경향성인 천부적으로 약한 부위의 체질을 가지고 태어났기에 그 체질 부위에서 발생할 수 있는 암과, 외적인 요인인 태양광선으로부터 날아오는 여러 광선을 통하여 발생하는 암, 그리고 일상적인 생활에서 찾아오는 암의 발병 원인은 정상적인 세포가 여러 가지 원인에 의하여 상처를 입는다는 것이다. 프로폴리스는 여러분이 실제적으로 외부에 생겨난 상처에 프로폴리스를 발라보면 심한 표현으로 상처가 아물어 가는 상황이 보인다는 표현이 옳을 정도로 빠르게 치유되는 상처를 바라볼 수 있다. 프로폴리스의 이러한 작용으로 상처 난 세포의 치유로 항암작용을 하게 되며, 외적 요인인 자외선과 일상적으로 음식물의 섭취로 발생하는 활성산소는 프로폴리스 내에 있는 플라보노이드 성분의 일종인 '케르세친'이 활성산소의 합성과 작용을 억제하고, 발암물질의 발생을 막아주는 원초적 항암작용을 한다.

그럼 프로폴리스는 어떻게 살암작용을 하는지 알아보도록 하겠다. 무수히 많은 프로폴리스의 성분 중에 '크레로단계', '지테르펜' 혹 은'클로레단 티테펜도이스'라는 물질이 있는데, 이 물질은 정상적인 증식을 하는 세포에게는 관대하지만 과식하며, 이상증식으로 증식을 활발히 하는 세포를'과감히 처단한다. 프로폴리스에 포함된 성분은 일반 의약품과 달리 한 가지 작용만 하거나 다른 부위에 부작용을 절대 일으키지 않고 '케르세친'과 '아프테피린-C'와 '카페산페네르에스텔'을 동원하여 '지테르펜'이 처단한 암을 포위하여 정상세포에는 피해를 주지 않고 완전제거와 함께 새로운 정상세포로 복구하는 것이 프로폴리스의 항암의 메카니즘이다.

② 항균 살균 작용

이집트 피라미드의 미이라를 포함하여 벌집에서 발견되는 침입자의 부패되지 않은 사체를 통하여 프로폴리스의 가장 기본적인 항균, 살균 작용은 이미 증명되었으며, 1965년 프랑스의 의사 레미 쇼방이 꿀벌의 몸에 박테리아가 없음을 연구하던 중 프로폴리스가 천연항생물질임을 과학적으로 증명하였다. 그에 대한 성분은 아직 확실시 되어있지 않으나, 바이러스에 의하여 발생되는 B , C형 간염의 치유와 개선에 대한 보고가 임상치료를 통하여 의학계에 접수되고 있으며, 현재는'에이즈'와 '에볼라 출혈열'을 비롯한 '랏사열'등의 예방과 치료에도 프로폴리스를 활용하는 연구가 많은 연구자들을 통하여 연구되어지고 있다. 영화 "아웃 브레이크"에서처럼 제압할 수 없는 '에볼라' 바이러스로 여겨지는 변종 바이러스의 마지막 치료약인 꽃가루와 꽃잎 그리고 다양한 차가 바로 플라보노이드이며, 이 성분이 가장 많이 농축된 물질이 프로폴리스이다. 이처럼 프로폴리스의 항균 살균 작용(pro)에 의한 무균집단거주지(polis)인 벌집처럼 바이러스로부터 우리 인간이 해방될 날이 찾아오기를 기대하여본다.

③ 세포 활성 및 재생 작용

외부적으로 우리는 피부에 깊은 상처를 입으면 약 2가지 형태로 결과가 나타난다 할 수 있다. 가장 최악의 경우는 상처를 입힌 쇠나 기타의 물체에 있었던 세균으로 인하여 상처가 아물려고 하기도 전에 곪아가는 현상이며, 소독과 치료를 하여 상처가 아물기는 하였으나 상처의 흔적이 남게 되는 현상이 오늘날 의료혜택을 받게 된 현실이다. 그러나 이러한 상처에 프로폴리스로 치료를 하게 되면 그 상처는 흔적과 통증도 없이 치료가 마무리된다. 이는 처음 상처가 생겨나면 회복되는 과정이 상처부위에 육아세포가 활발히 성장하여 일정한 시간이 경과하면 본래 조직세포로 바뀌면서 상처는 흔적도 없이 완치되는 것이나, 대부분의 경우 흔적을 남기게 되는데 이는 육아세포가 활성화하지 못한 관계로 조직세포로 바뀌지 못하여 주변 조직세포에 비하여 입자가 작은 육아세포 형태로 외관상 표시가 나며, 특히 외부로 노출된 얼굴이나 손에 나타난 이러한 흔적은 상처의 아픔보다 큰 많은 문제를 안겨준다. 이러한 상황에서 프로폴리스는 세포의 활성화를 돕고 세포 재생 작용에 관여하는 물질로 인하여 육아세포가 조직세포로 바뀌도록 세포를 활성화 시켜 상처를 흔적 없이 완치시키는 작용은 물론이며, 재생작용으로 발모능력이 없어진 모근 세포의 신진대사를 활발히 하게 하여 발모를 촉진 새로운 머리카락이 나와 탈모증을 치료 하거나 활성화로 흰 머리카락을 검은 머리카락으로 바뀌게 하여주는 작용을 한다.

④ 면역 활성화 작용

우리의 혈관에는 백혈구와 적혈구가 있으며, 적혈구는 영양소를 운반하여 우리의 몸을 유지시키며, 백혈구는 임파구와 함께 침입하는 이물질을 물리치는 병사와 같은 역할을 한다. 우리의 몸에서 빠져 나가는 고름이나 콧물도 일단의 이물질과 백혈구가 섞인 물질인 것이다. 그 백혈구는 아군과 적군을 정확히 구별하는 기억력이 있으며, 보약이 듣거나 듣지 않는 것도 이러한 백혈구의 영향으로 조상이 전혀 먹어보지 않은 보약은 자신에게 있어서 이물질로 취급하게 되어 백혈구가 공격을 하게 되어 오히려 몸을 상하게 하는 것이다.

이와는 달리 똑같은 시기에 똑같은 병에 감염되었다 하더라도 어떤 사람은 불과 몇 일만에 툭툭 털고 일어나는가 하면, 몇 달이 가도 차도가 없는 사람이 있는데 이것이 면역성인 것이다. 몇 일만에 툭툭 털고 일어난 사람은 이미 그 병원균에 한번쯤은 감염되어 몇 달을 고생하여 치료한 경험이 있었던 것이고, 다른 사람은 이번에 처음으로 그 병원체를 맞이한 것이기 때문이다. 즉, 한번 전투를 치러본 적군인가 아닌가에 따라서 스타크레프트라는 전쟁 게임에서와 같이 테란인 경우 몇 명의 마린을 적진에 보내야 적진의 입구를 뚫고 승리할 수 있는지를 알고 싸우는가 모르고 싸우는가와 같은 현상인 것이다. 한번 싸워서 지면 적군의 힘을 알게 되어(항체생성) 적보다 우위의 힘으로 전투에 임함으로 빠른 승리를 이끌어낸다. 그러나 프로폴리스를 복용하면 일단 백혈구인 마린의 능력의 능력을 업그레이드 하면 소지한 총의 파워나 방탄복의 능력이 업그레이드 되 듯 향상되어 소수의 병력과 지원군의 보조만으로 어떠한 적을 만나도 이겨낼 수 있게 된다. 이것을 우리는 전자의 경우를 "항원항체반응"이라는 면역시스템의 작용에 의한 것이라 한다면, 후자의 경우는 아직 명명된 이름은 없지만 아마도'항원우위작용'이라 하여야 할 것 같다.

프로폴리스는 이러한 면역반응을 하는 백혈구와 임파구를 활성화시킴과 동시에 BRM (생물학적 응답조절물질, 인체 내에 생기는 암의 항체가 되는 물질)을 만들어 내는 작용을 활성화하게 함으로 몸의 저항력을 증강시켜 '항원우위작용'을 한다.

⑤ 진통작용

유럽에서는 프로폴리스를 '천연페니실린'으로 알려졌지만 일부에서는'천연아스피린'으로 더욱 유명하기도하다. 이는 만성 두통으로 진통제를 계속 복용하였던 여성이 만성인 관계로 진통제의 면역성이 증가되어 약물 부작용까지 겹쳐 고통을 받다가 프로폴리스를 복용하게 된 이후 두통이 사라졌다는 말을 들은 어느 연구자가 프로폴리스를 연구하여보니 역시 정확한 결론은 나오지 않았으나, 나름의 결론은 "두통의 원인인 '프로스타그란진'이라는 물질이 신체 내에서 생겨나는 것을 억제하는 물질이 프로폴리스 내에 있거나, 프로폴리스의 복합적인 작용으로 두통 환자에게서 '프로스타그란진'이 사라지게 되어 두통이 완치되는 결과를 가져왔다"라고 말하였다.

이처럼 프로폴리스는 '천연아스피린'이라는 말에 걸맞게 모든 통증에 효과가 있다. 작게는 유리나 칼에 잘리는 상처에나 곤충 그리고 개나 고양이에게 물린 상처는 물론이며, 모든 수술 후 특히 말기암 환자인 경우 방사선 치료 후 의 통증(이 통증으로 '모르핀'을 투여 받아야 했던 사람도 '모르핀' 없이도 통증을 거의 느끼지 않게 되었다는 경우가 많았다)과 화상환자의 통증에 효험이 있어 QOL(quality of life)를 높이는데 지대한 공헌을 하고 있다. 프로폴리스는 진통제에 대한 면역성 증가로 약효가 적어져 용량을 계속 늘려 가야 하며, 그로 인한 부작용이 오히려 커지는 일반 진통제와는 달리 우리의 신체는 프로폴리스에 대한 면역성이 증가하는 경우가 없기에 일반 진통제의 필연적 결과와 같은 대량투약의 악순환이 없다는 것이 큰 장점이다.

⑥ 항염증 작용

염증이란 내부 외부세포에 상처가 발생하고 그 상처에 이물질이 침투하였기에 백혈구와 임파구가 합동퇴치작전으로 교전을 벌이다 발생하는 이물질과 백혈구 그리고 임파구의 사체가 고름인 것이다. 그러나 그 합동퇴치작전이 실패하면, 조직의 변질과 순환장애로 이어져 조직증식이라는 마치 암세포와 같은 길을 가게 되는 것이 염증이다. 이처럼 염증의 원인도 이물질이라는 세균에 의한 증상이기에 프로폴리스는 이를 단숨에 퇴치하여 염증의 발생을 사전에 예방함은 물론 염증이 자리하였다 하여도 그 염증을 제거하는 작용을 하기도 한다.

이러한 항염증 작용은 남녀노소를 가리지 않고 어린아이의 아토피성 피부염을 비롯하여 기관지염 과 폐렴, 어깨 근육통, 화상, 방광염을 비롯한 비뇨기계의 염증, 구내염 등 천연페니실린이라는 이름에 어울리게 신체의 모든 부위 모든 장소의 염증 방지에 탁월한 효능을 발휘하였으며, 특히 화상의 경우 상처의 흔적도 없이 완치가 되었다는 보고가 있었으며, 효과가 없었다는 말은 나오지 않았다 한다.

⑦ 체내 면역능력강화작용

프로폴리스는 마아크로퍼지, 임파구 등 탐식세포를 활성화함으로써 외부의 적(항원, 바이러스 감염세포 등)을 근원적으로 퇴치한다.

⑧ 항산화, 항종양 촉진작용

신체의 노화, 암, 각종 성인병의 원인이 되는 유해활성산소(호흡 시 필수적으로 발생)에 대항하는 체내물질을 강화시킨다. 또한 후라보노이드 성분이 종양세포의 신진대사를 변화시켜 종양의 진행과정을 억제하는 것으로 밝혀졌다.

⑨ 항균, 항염증 촉진작용

프로폴리스는 포도상구균, 백선균, 대장균, 트리코모나스균, 살모네라균 등에 여러 균에 효과가 있는데, 특히 프로폴리스가 박테리아에 의한 단백질합성을 억제함으로써 항균작용이 탁월하다는 것이 밝혀졌다. 또한 약제에 대해 내성이 강한 특정균들을 포함, 넓은 범위의 세균류에 탁월한 살균능력을 가지는데, 특히 구내염, 인후염, 비염, 이염, 위염, 화상, 등 통상 '염증'이라 명해지는 병종들에 대해서는 유럽, 미주 등 선진국의 의료분야에서 현재 활발히 사용하고 있을 것으로 효과를 인정받고 있다.

⑩ 알레르기 반응 저지 작용

프로폴리스는 그동안 재발이 많았던 만성 아토피성 피부염, 알레르기 체질에 큰 효과를 가져 올 수 있다.

⑪ 혈관, 세포막 결합조직 강화 작용

프로폴리스는 체내 세포의 괴사를 방지하며, 혈관 및 세포막의 결합조직 등을 강화시킨다는 것이 많은 임상결과 증명되었다. 최근에는 탈모방지에도 효과가 있는 것으로 알려졌다.

⑫ 혈액 정화 효과

혈액 정화를 통해 고혈압, 동맥경화, 당뇨병, 고지혈증에도 효과를 가져 온다.

⑬ 각종 궤양방지 및 치료효과

구강궤양, 소화궤양, 궤양성 대장염 등에 효과

⑭ 갑상선 기능 장애 회복

내분비계인 갑상선 기능장애에 효과가 있으며, 감기, 몸살, 독감의 예방 및 각종 통증 완화에도 뛰어난 효과를 보인다.

⑮ 암세포 증식 억제작용

프로폴리스 내의 페네틸에스테르, 켈세틴, 디테르펜 등의 성분이 암의 증식과 전이를 제압한다.

⑯ 기타 효과

진통 및 국소 마취 작용이 탁월하다.
부작용이 없는 천연의 아스피린으로 평가된다.

2) 스피루리나(spirulina)

전 세계적으로 스피루리나, 및 클로레라 등 미세조류에 속하고 광합성능력이 큰 박테리아 식품이 우주식품으로 알려지고 있는 가운데 인기 건강식품으로 각광받고 있다.

특히 해수와 염 농도가 높고 알칼리성이 높은 열대지역의 더운 물에서 잘 번식하는 시아노박테리아(cyanobacteria)의 일종인 스피루리나(spirulina)가 그 주인공. 이 박테리아는 식물성·동물성의 혼합 형태를 하고 있으며 요즘 부상하고 있는 주요영양소인 카로티노이드, 셀레늄을 비롯 희귀 미네랄과 5대 필수영양소, 49가지 각종 영양소 성분들을 함유하고 있는 것으로 알려졌다. 현재 미국 항공우주국(NASA)과 일본 과학기술청, 국제항공우주기술연구소가 공동으로 우주식품으로 개발 중이다.

이 제품이 우주식품으로 개발되고 있는 이유는 폐쇄상태에서 생명유지시스템(CELSS)과 면역기능이 뛰어나고 방사능 치료에 탁월한 효과가 있기 때문. 또 미국 식품의약품안전청(FDA)을 비롯하여, 세계보건기구(WHO), UNICEF, FAO 등 UN-산하 국제기구들이 인정할 정도로 안전성이 우수하다는 점도 강점이다. 러시아에선 방사능 치료약으로 특허를 받기도 했다.

스피루리나에 고농도로 함유된 단백질은 필수아미노산 조성이 인체가 요구하는 필수아미노산 조성에 잘 균형된 우수한 단백질이며 소화흡수율 및 생체 이용률이 아주 높은 우수한 단백질이어서 장기간의 편식으로 인한 영양불균형을 해소할 수 있으며 특히 어떤 식품보다 많이 함유하고 있는 각종 카로티노이드 성분과 피코시아닌 성분은 체내 유해한

산소화합물인 활성산소를 중화·제거시키는 역할을 통하여, 피부미용에서부터, 노화 지연, 면역기능 강화 간 기능 보호효과 등 당뇨병에 합병증 예방식품으로 좋은 것으로 알려져 있다. 이 때문에 미국 일본 등 선진국을 비롯하여 많은 국가에서 건강식품으로 개발 및 허가되어 애용되고 있다.

① 스피루리나의 성분

■ 높은 단백질 함량·균형 잡힌 아미노산

일례로 곡물과 야채 등 식물성 식품은 그 영양소 조성에서 부족한 성분이 많아서 완전식품 이라 할 수 없고 육류식품 들은 식물성 식품에 비해 영양소 조성이 좋다. 하지만 콜레스테롤, 또는 포화지방산등이 많이 들어 있어서 자주 먹게 되면 이들 성분이 몸속에 축적되어 각종 성인병의 원인이 된다.

그러나 스피루리나는 단백질의 함량이 높을 뿐만이 아니라(65%전후) 그 필수 아미노산 조성이 매우 균형 잡혀 있어서 생체 이용률이 매우 높다.(소화 흡수율이 95%이상) 많이 먹어도 인체에 축적될 수 있는 해로운 성분이 없을 뿐만이 아니라 그 지방산 조성, 미네랄 성분 및 베타-카로틴 등의 조성이 매우 이상적이라는 보고다.

따라서 스피루리나를 계속해서 먹어도 해가 되지 않는다. 오히려 스피루리나는 인체에 필요로 하는 거의 대부분의 영양소를 고루 갖추고 있다. 이에 따라 장기간 복용하면 편식으로 인해 발생됐던 비정상 체질과 각종 성인병이 서서히 개선되는 결과를 기대할 수 있다고 전문가들은 조언한다.

■ 베타카로틴 및 각종 카로티노이드를 고농도로 함유

스피루리나는 지구상의 어떤 식물보다 광합성 능력이 강한 것으로 보고되고 있다. 단위 면적 당 光-에너지 고정효율을 일반식물과 비교하면 스피루리나는 옥수수의 50배, 콩의 20배로 알려지고 있다.

이에 대해 서울대 명예교수인 한병훈 교수는 "스피루리나에 어떤 식물보다 다량 함유된 클로로필과 피코시아닌 색소가 각각 다른 파장영역에서 광합성작용을 하기 때문에 광합성효율이 높은 것"이라고 강조한다.

특히 이들 색소가 광 에너지를 고정할 때 다량의 유이기 및 활성산소가 발생되기 때문에 광합성을 하는 식물 또는 스피루리나는 이들 활성산소에 의하여 자기 자신이 공격받지 않기 위하여 강력한 항산화활성을 갖는 베타카로틴을 비롯하여 각종 카로티노이드와 SOD(su-peroxide dismutase)라는 효소를 자체방어의 수단으로 가지고 있다는 것.

또한 녹황색 야채가 암을 예방하고 각종 성인병 예방 및 개선에 좋다고 잘 알려져 녹황색 야채를 많이 먹으라고 권장하고 있는데 이는 그 속에 들어있는 베타카로틴 등 항산화활성 물질에 초점이 맞추어져 있는 것으로 알려지고 있다.

그러나 야채중의 베타카로틴 함량은 매우 낮아서 매일 다량의 야채를 먹어야 한다. 시중에 유통되고 있는 대부분의 야채에는 유독한 농약이 잔류하고 있어서 안심하고 먹을 수 없는 것이 현실이다.

당근에 베타카로틴이 가장 많이 들어 있는 것으로 알려지고 있지만 스피루리나에는 몇십 배 이상 고농도로 함유되어 있다. 소량의 스피루리나를 복용하여도 다량의 야채 섭취를 대신할 수 있고 농약오염의 우려 없이 녹황색 야채의 녹즙을 충분히 먹는 것과 동일한 효과를 얻을 수 있다고 한다.

녹조류의 하나인 클로렐라도 오래 전부터 건강식품으로 많은 사람들에 의하여 애용되고 있는데 그 영양소 성분조성을 스피루리나와 비교하면 단백질, 비타민, 미네랄 및 카로티노이드 성분의 조성에 있어서는 상당히 유사하지만 함유량은 다소 적은 것으로 알려지고 있다.

② 스피루리나의 각 성분 별 분석

스피루리나는 성분의 60-70%가 양질의 단백질로 되어 있으며 6-9%의 지질, 15-20%의 탄수화물을 포함하고 있으며 이밖에 비타민, 무기질, 섬유질 식용색소를 함유한다.

탄수화물로는 포도당, 람노스(rhamn-ose), 만노스(mannose), 자일로스(xyl-ose) 등이 있고 색소로는 등황색의 카로티노이드, 녹색의 클로로필, 청색의 피코시아닌의 세 가지를 가지고 있다. 세포벽은 펩틴이라는 부드러운 점액다당(mucopolysaccharide)으로 구성되어 있고 매우 얇기 때문에 소화흡수율이 95%이상 높다는 장점을 가지고 있다.

■ 단백질

단백질은 에너지원과 인체구성 성분으로서의 기능뿐 아니라 여러 가지 생리조절 작용과 대사에도 관여한다. 스피루리나의 단백질에는 필수 아미노산이 모두 포함되어 있다.

필수아미노산은 인체 내에서 합성되지 않고 반드시 섭취를 해주어야 하는데 한 가지만 빠져도 체 단백질이 만들어지지 않는다. 이렇게 여러 가지 필수아미노산을 우리 몸에 필요한 비율로 함유하고 있는 식품을 완전 단백질이라 하며 육류, 우유, 계란, 치즈 등이 이에 속하고, 콩류나 곡물 등의 단백질은 불완전 단백질이라고 한다.

식생활 문화나 다이어트 또는 기타 이유로 식물성 식품을 주로 먹는 식생활에서 여러 음식을 골고루 먹지 않으면 균형 있는 필수아미노산 공급이 어렵다. 그러나 스피루리나에는 필수아미노산이 아주 균형 있게 모두 함유돼 있다.

식품 내 필수아미노산 중 신체의 필요량에 대한 비율이 가장 작은 아미노산을 제한 아미노산이라고 하는데 스피루리나의 제한 아미노산은 메티오닌이다. 그러나 이마저도 콩이나 기타 곡류의 함량보다는 높다.

스피루리나는 단백질 이용률도 높아 이용 가능한 단백질 량이 표준단백질인 건조계란에 견줄만하다. 따라서 스피루리나는 단백질의 가장 적합한 대체식품이라고 볼 수 있다.

■ 지질

스피루리나에는 필수지방산(고도불포화)인 리놀렌산, 감마리놀렌산이 풍부하다. 프로스타글라딘의 전구체인 감마리놀렌산은 콜레스테롤 상승억제, 알코올대사산물의 분해, 혈압조절, 혈전 방지, 항 천식, 항 종양작용 등이 있음이 밝혀졌다.

감마리놀렌산에서 생합성 되는 프로스타글란딘-E1은 혈압을 일정하게 유지시키고 혈액응고에 관여하여 혈소판이 서로 달라붙는 것을 막아주며 혈액순환을 향상시키고 염증을 줄여주는 역할을 한다.

■ 비타민 및 무기질

스피루리나에는 베타카로틴 등 녹황색 채소에 들어있는 비타민이 많이 함유되어있다.

비타민 B1, B2, B12 등 B군이 많으며 특히 B12는 식물성 식품에서는 거의 함유되어 있지 않은데 스피루리나에서 발견되는 것은 흥미롭다.

스피루리나에는 생체에 필요한 미량 금속 원소를 비롯한 거의 모든 종류의 무기질이 들어있다.

특히 칼슘은 10g당 100mg을 함유하고 있어서 훌륭한 칼슘 공급원이며, 칼슘은 뼈의 형성과 근육 수축 및 신경전달을 하는데 작용하고 칼슘 부족은 골다공증의 원인이 되기도 한다.

특이한 점은 스피루리나에는 유기화 된 철분이 많아서 여성들의 생리로 인하여 결핍되기 쉬운 철분의 우수한 공급원이다. 그 밖에도 스피루리나는 아연, 셀레늄 등 미량원소의 좋은 공급원이 된다.

■ 색소

스피루리나의 청남색은 클로로필의 녹색, 카로티노이드의 등황색, 스피루리나 특유의 색소인 피코시아닌의 청색이 합쳐져 나타나는 것이다.

스피루리나에 함유된 카로티노이드성분들 중 특히 주목되는 성분은 베타카로틴이며 체내에서 필요할 때 비타민A로 전환되는 중요한 물질인데 특히 항산화활성이 강하여 주목되는 성분이다.

피코시아닌(phycocyanin)은 남조류에만 함유된 청색 색소인데 광합성을 담당하며 특히 항산화 효과가 뛰어난 것으로 알려졌다. 피코시아닌의 항산화 활성은 플라보노이드나 폴리페놀과 견줄 만하며 또한 부작용이 없어 안전한 색소로도 유명하다. 이밖에도 피코시아닌은 담즙색소와 같은 작용이 있어 지방의 소화를 돕기도 한다.

피코시아닌과 함께 베타카로틴, 제아키산틴 등의 색소는 항산화제로 체내에서 생성되는 활성산소와 유리기를 제거하는 항산화 작용을 한다. 스피루리나의 베타카로틴 함량은 다른 채소보다 월등히 많다.

한편 클로로필은 항균작용, 해독 작용, 간 기능 촉진, 장운동 촉진, 항 알레르기 작용을 하는 것으로 알려졌으며, 비타민E, SOD는 여러 종류의 항산화 작용을 수행한다.

* SOD(super oxide dismutase)- 활성산소를 환원하여 과산화수소와 불활성 산소로 변화시키는 효소.

■ 스피루리나의 소화흡수율

스피루리나는 소화흡수율이 95%이상이다. 보통의 식물세포 또는 다른 종류의 균류 세포는 셀룰로오스로 된 세포벽이 있어서 소화흡수가 잘 안되기 때문에 익혀서 먹는 것이다.

그러나 스피루리나는 섬유소로 된 세포벽이 없고 점질 당 단백질로 된 세포막만 있어서 소화흡수가 잘 되는 것이다. 많은 영양소를 가졌으면서 소화흡수율도 뛰어나 스피루리나는 영양식으로 아주 훌륭한 식품이다.

■ 스피루리나의 안전성

식품의 안전성에 대하여 검토할 때 일반적으로 먹고 있었는지의 여부, 즉 식품으로서의 역사의 유무가 하나의 기준이 되고 있다.

그 점에 있어 스피루리나는 고대 멕시코의 인디오 족에 의하여 식용으로 되었다는 것외에도 현대까지도 아프리카의 차트에서도 일상식품으로 이용되고 있다.

현재 UN기구인 WHO, FAO, UNIDO에 있어서도 안전성에 대하여 증명된바 있다. WHO등에서는 식품으로 그 안전성과 유효성에 대해 밝혔다. 좋은 식품은 100% 자연식품이어야 하고 습관성이 없고 중금속과 세균 등 공해가 없고 깨끗하다는 것이다.

그 안전성에 대하여는 일본에서만도 아래와 같은 많은 의료기관이나 연구소에서 증명되고 있다.

스피루리나의 배양 생산은 1968년 영국 런던 생물조류학회 회장 크리스토프 힐 교수와 일본 과학협회 나카무라, 히로다카 박사가 에디오피아산 35종 중 선택 개발한 종자를 1970년 일본의 '대일본잉크화학공업주식회사(이하 DIC)'가 인수하여 미국 캘리포니아, 태국, 방콕 및 중국 등에서 배양에 성공하며 상품으로서 가치를 갖게 됐다.

스피루리나는 단백질 함량이 65% 이상의 고단백 건강식품으로 일본, 태국, 미국, 중국, 멕시코를 비롯 유럽, 오세아니아 등 세계 각지에서 인류의 건강을 위해 중요한 역할을 하고 있다. UN 및 WHO와 70여 개 국가의 정부, 보건부처는 식품으로서 스피루리나를 허가하고 국민에게 공급하고 있다.

3) 루이보스(Rooibos, 학명: *Aspalathus linearis*)

| 루이보스 |

루이보스란 학명 아스파라거스.리네아리스라는 침엽수 식물로 남아프리카의 케이프타운에서 북으로 360킬로미터 떨어진 세달박산맥 일대에서만 자라난다. 그리고 루이보스는

'빨간덤불'이라는 의미의 현지어인데 이것을 발효 건조시키면 차 잎이 빨갛게 변한다고 하여 붙은 이름이다.

또한 루이보스는 남아프리카 정부 농산분의 엄격한 규정에 따라 상, 중, 하급의 세 등급으로 구분된다. 그 중에서도 특히 상급(슈퍼 그레이드)루이보스 차에는 찻잎 1g중에 13만 유닛의 SOD가 함유되어 있음이 정밀 분석결과 밝혀졌다. 일반적으로 볼 때, 20-70대의 사람들에게 평균적으로 SOD가 혈중에는 100유닛이 있으면 정상치로 건강체라고 할 수 있는데, SOD는 어디까지나 효소이므로 나이가 들수록 감소하여 그 부족분은 식품 등으로 보충해주어야만 한다. 그런데 상급 루이보스 차는 1초 내에 활성산소를 분해하고 또한 1초 내에 그것을 제거한다고 한다. 따라서 상급 루이보스 차는 강력한 SOD활성을 지닌 건강기능식품이라고 할 수 있다. 또한 칼슘, 아연, 철, 망간, 칼륨, 셀레늄 등 각종 미네랄도 풍부하게 함유되어 있으며 콜레스테롤과 혈액순환 당대사, 신경의 전달 등에 효과를 발휘하는 것은 물론이고 노화를 늦추는 효과, 면역을 강화하는 효과, 암과 동맥경화 등의 생활습관병 예방과 치료효과, 류마티스의 통증을 경감하는 효과, 피부를 깨끗이 하는 효과 등이 있다. 따라서 루이보스는 건강 차로서의 용도로 주목을 받고 있으며 현재 의약품과 식품 첨가제로서도 각광을 받고 있다.

4) 화분

① 성분

화분은 식물의 생식세포로, 수분하여 수정되면 2만 배 성장하고 DNA와 RNA가 농축되어 있다. 회분단은 화분립이라고 하며 꿀벌이 뒷다리로 뭉친 화분 덩어리(10-25mg)이다. 화분에는 단백질이 35% 있으며 그중 반은 아미노산이다. 탄수화물40%, 지방5%, 무기질3%(Ca, P, Mg, Fe, Cu, Mn), 수분3%, 미량원소 17가지, 비타민16가지가 들어있다.

② 효능

화분은 노쇠한 몸과 허약체질을 보강하고, 간을 강하게 하고, 강정 작용을 하고, 항생작용 및 비타민의 상승 작용으로 전립선을 포함한 생식기 질환, 빈혈, 피부노화예방, 생명력, 활동력, 번식력 등 생체의 기본적인 생리기능을 강화하여 자연치유력을 길러준다. 화분을 오래 섭취하면 장기능이 정상화 되어 변비나 습관적 설사가 개선되고 혈중 헤모글로빈이 증가해 빈혈이 낫고 혈색이 좋아지며 신경안정을 유도해 스트레스, 우울증 등 각종 신경정신질환을 호전시킨다고 한다. 화분의 호르몬은 내분비 계통을 좋게 한다고 한다. 또 동맥을 튼튼하게 하여 순환기계 기능을 강화시킨다.

③ 규격

화분 가공식품은 화분의 껍질을 파쇄하고 추출, 농축, 정제 등으로 얻은 유효 성분과 이를 원료로 여러 제형으로 만든 것이다. 화분가공식품은 화분이 30% 이상, 화분추출물 가공식품은 10%이상 들어 있어야 한다. 화분추출물은 화분을 분쇄하거나 효소 처리하여 정제 추출한 것으로 조단백질이 20%이상이어야 한다.

5) 아가리쿠스(Agaricus)

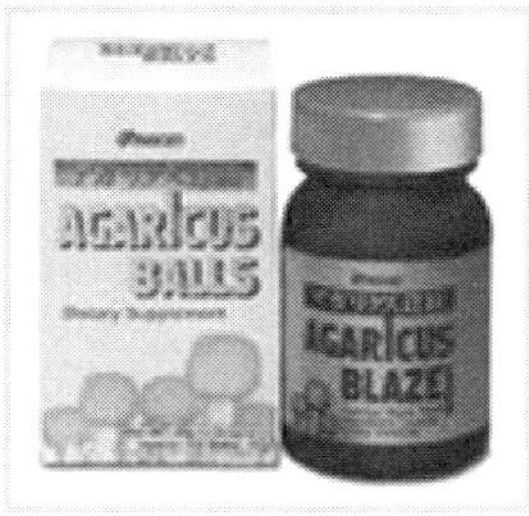

| 아가리쿠스 |

아가리쿠스는 이미 널리 알려진 것으로 아가리쿠스, 브라제이 무리라는 학명을 지닌 버섯이다. 예부터 버섯에는 약리작용이 있어 건강유지식품, 건강증진식품으로써 널리 애용되고 있다. 그 후의 연구에서 대부분의 버섯에는 '베타D글루칸'이라는 물질이 함유되어 있어 이것이 암에 유효하다는 것이 밝혀졌다. 이러한 점을 주목하여 버섯으로부터 렌티오닌과 크레스틴이라는 면역자극제가 개발되어 실제로 의료현장에서 사용되고 있다. 특히 아가리쿠스에는 베타D글루칸, 베타글루칸, 베타가락토글루칸, 핵산(RNA), 단백질 글루칸이라는 다당류가 함유되어 있으며 더불어 항암효과가 뛰어난 베타D글루칸이 많이 함유되어 있는 것이 장점이다. 그밖에도 항암효과가 있는 식물섬유, 게르마늄, 6종류의 스테로이드 등도 함유되어있다. 또한 아가리쿠스에는 암 공격에 필수적인 Ⅰ형 헬퍼T세

포를 활성화하는 작용이 있으며 그 항암효과는 많은 연구에서 실제로 확인되었다. 예를 들면 쥐를 사용한 실험에서는 암이 99.8%의 비율로 축소되었고 종양의 증식은 거의 100%억제되었다.

그리고 아가리쿠스에는 콜레스테롤 저하작용, 혈전을 방지하는 치료뿐만 아니라, 동맥경화와 심근경색 등의 생활습관병 예방과 치료에도 효과가 있다.

6) 동충하초

동충하초에는 아스파라긴산, 셀레늄, 콜디셉산, 디옥시테아데노신, SOD등을 비롯하여 각종 필수아미노산, 미네랄, 비타민 등이 풍부하게 함유되어 있다. 그러한 동충하초를 효과적인 측면에서 살펴보면 크게 두 가지로 나눌 수 있다.

첫째, 산소의 소비량을 억제하는 효과가 있다.

둘째, 면역기능을 높이는 효과가 있다.

도오꾸대학 약하부 조교수인 곤도오 요시까즈 팀이 쥐를 사용하여 연구한 결과 , 면역력이 약해진 쥐에게서는 약2배, 보통 쥐에서도 약1.5배 면역력 강화가 확인되었다고 한다. 이것은 다른 면역요법제의 2배가 되는 것으로 동충하초는 강한 항암작용을 지녔다고 할 수 있다.또한 이것에 많이 함유된 많은 유효성분의 상승작용으로 고혈압과 협심증, 동맥경화, 간염, 당뇨병, 위궤양, 간경변 등의 간기능장해, 아토피피부염, 천식 등에도 효과가 있다.

7) 노니(Noni)

노니의 원산지인 하와이, 사모아 및 피지 등의 원주민을 대상으로 연구한 바에 따르면 원래 노니는 주로 상처 치유 등의 목적으로 잎사귀 부분을 많이 활용했으며 열매부분은 특히 미성숙 과실 상태일 때 구강내 상처 치유의 목적으로 쓰였다. 그리고 뿌리와 나무 껍질 부분은 많이 사용되는 부분은 아니었지만 제한적으로 피부염증 및 감염 방지의 목적으로 많이 사용되어진 것으로 전해진다.

지난 수백 년 아니 수천 년간 수많은 열대 식물중 하나로만 인식되어 묻혀왔던 노니가 기능성 소재로 탈바꿈하는데 일조한 장본인이 랄프 하이네케라는 식물학자로 지난 1985년 '태평양열대식물회보' 라는 한 원예 회보에 노니에 관한 내용을 싣고 나서 세인의 집중적인 관심을 받기 시작했다. 하이네케박사는 자신이 '제로닌(Xeronine)'이라고 이름을 붙인 알칼로이드가 우리 몸 안에서 세포가 정상적으로 기능을 하고 우리 몸의 건강을 유지하는데 꼭 필요하다는 것을 알아냈다. 아울러 이 성분은 우리들의 대장에서 만들어지고 "키뷸딩블럭"이라는 것이 적당량 존재 할 때만 만들어 진다는 것이 밝혀졌다. 키뷸딩블럭이란 프로제로닌(Proxeronine)이라 불리는 제로닌이 만들어지기 전 단계의 물질과 화학반응을 일으키는데 필요한 프로제로나제(Proxronase)라는 효소를 말한다. 즉 "키뷸딩블럭=프로제로닌+프로제로나제"가 함께 존재하는 것을 의미하고 이에 제로닌의 중요성에 대해 확신을 갖게 된 바 키뷸딩블럭을 많이 함유한 신뢰할 만한 공급처를 알아내는 일을 수행 하던 중 노니 주스를 만나게 되었고 노니 열매가 프로제로닌과 프로제오나제를 가장 많이 함유한 신뢰할 만한 공급처라는 것을 알게 되었다.

먼저 노니는 강력한 항균활성을 갖는 것으로 알려져 이Ysmsep 로처 박사팀이 지난 95년 중족 약물학회지에 발표한 내용에 따르면 노니성분인 아큐빈(Acubin), 아스페루로

시드(L-asperuloside) 및 알리자린(Alizarin)등은 병원성 균주인 슈도모나스(Pseudomonas) 및 살모렐라(Salmonella)균 등에 항균효과를 나타냄과 동시에 각종 전염성 세균에 대해서도 효과가 있는 것으로 나타났다. 아울러 한 가지 흥미로운 사실은 최근 위염 및 위장 내 각종 질병의 원인균으로 밝혀진 헬리코박터 파일로리(Helicobacter pylori)균주에 대해서도 생육 저해 효과를 나타내고 있다는 사실로, 이 결과는 지만 1998년 던각 박사팀이 FFMS 미생물학회지에 발표해 세인의 주목을 받은 바 있다. 또한 노니는 항암 및 항종양 효과를 가지고 있으며 히라주미 박사 등의 연구에 의하면 노니 추출물은 특히 폐암 세포의 전이 저해 효과가 뛰어난 것으로 관찰됐다.

그 외에도 진통 진정효과, 혈압강하 효과, 이뇨 촉진 효능 및 면역조절 효과 등 다양한 약리학적 효능 효과를 나타내고 있다.

최근 노니에 관해 객관성을 갖는 각종 학회지 등에 보고된 내용을 보면 노니의 핵산 추출물 중 주요 성분인 각종 리피드물질, 즉 극성이 높거나 낮은 각종 지질 등에 관한 연구가 활발히 진행되고 있다. 지난 2002년 약용식물 연구지에 발표된 바에 따르면 극서이 대단히 낮은 지질인 E-phytol, 사이클로아르테놀(Cycloartenol), 베타-시스테롤(stigmasterol), 캠페스타 트리에놀(Beta-sitosterol, campesta-5,7,22-trien-3-beta-ol) 및 스티그마스타에논(stigmasta-4-en-3-one) 등을 포함한 케토스테로이드(ketostroid) 등이 항결핵에 탁월한 효과를 갖는 것으로 보고되어 원주민들이 전통약물로서 결핵에 사용하였다는 내용을 증명했다.

(세계의 건강기능식품, 김선호.정문출판)71p

8) AHCC(Active Hexose Correlated Compound; 활성화된 당 관련 화합물)

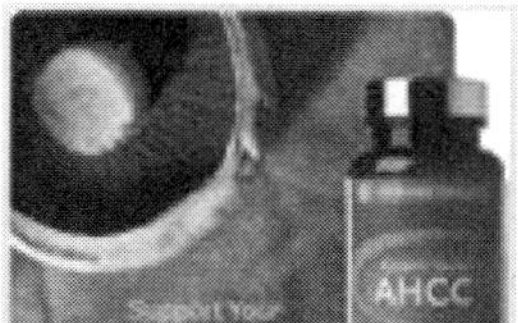

| AHCC |

버섯은 담자균의 속칭이다. 버섯은 균류 중에서도 진균류 속에 속하는데 진균류에는 이른바 곰팡이도 포함되어 있으며 일반적으로 버섯이라고 하는 것은 자낭균류 및 담자균류이다.

우리가 식용으로 하고 있는 표고버섯, 송이버섯, 아가리쿠스 등은 담자균류의 대표적인 것으로 예부터 식용으로 사용되어 왔으며 일부 질환에 일정한 효과가 있다는 사실이 알려져 있다.

버섯의 식용부분은 버섯 전체의 일부인 자실체이다. 이 자실체는 번식기관이며 이외에 버섯에는 영양 흡수기관인 균사체(뿌리)가 존재하고 있다. 균사체는 땅속과 배지(균류가 증식하는 환경)에 퍼져 있고 보통 우리가 식용하고 있는 부분은 없다. 질병에 좋다고 하는 버섯계 제품 중에는 식용부분, 즉 자실체를 가공한 것이 대부분이었다. 물론 그렇다 하더라도 옛 부터 알려진 바와 같이 일정한 효과는 기대할 수 있지만 버섯의 유효성분을 보다 효율 있게 섭취하기 위해 시작한 것이 균사체 배양이다. AHCC는 아가리쿠스 등을 제외한 많은 종류의 담자균류가 사용되고 있으며 그 균사체를 배양한 후 효소반응을 시켜 얻은 다당류의 총칭이다.

당류의 대부분은 다당류이다. 이 다당류 속에는 버섯계 건강식품의 일반적인 베타글루칸 외에 분자량이 작은 알파글루칸이 포함되어 있는 것을 알 수 있으며 이 알파글루칸의 존재가 AHCC의 "작용"에 크게 관여하고 있다. 단당류는 효율이 좋은 에너지원이지만 다당류는 '직접적인 양양소가 아니지만 몸의 기능을 조절한다는 점에서 중요한 역할을 한다'고 할 수 있는 물질이다. 최근연구에서 다당류는 우리 면역계를 자극하여 암뿐만 아니라 다양한 질환을 개선한다는 것이 밝혀졌다.

출처; 암세포가 두려워하는 AHCC의 비밀, 카미야야마스오교수, 건강신문사 2006

9) 캐츠크로우(Cat's Claw 학명 : *Uncaria Tomentosa*)

아마존 열대 우림과 페루, 에콰도르, 기니, 트리니다드, 베네즈웨라, 수리남, 코스타리카, 가테마라, 파나마를 포함한 중남미의 열대 지역이 원산지인 넝쿨 식물로서 넝쿨 부분에 고양이 발톱모양의 가시가 있어서 이름 부쳐졌다. 이 식물은 나무껍질이나 뿌리에 알카로이드로 성분이 포함되어 있어 면역 시스템의 강화에 효능이 있고, 인체의 면역기능을 향상시킨다고 보고되고 있으며 이러한 효능으로 암이나 에이즈의 치료에 이용된다고 한다.

이 식물이 가지고 있는 하나의 중요한 효능은 항염증이며 이 식물에 포함되어 있는 베이타시트스테로르, 산, 항산화물질이라고 하는 식물성 스테로르에 항염증 작용이 있고 한편, Cat's Claw 나무 껍질이나 뿌리에 있는 키노빅크아싯드그리코사이드로 불리는 새로운 식물화학 성분은 가장 강력한 항염증 성분인 것이 증명되어 있다.

Cat's Claw는 페루의 아구아루나 아사닌카 카시보 보니보 그리고 시피보족이 2000년 전부터 약용으로 사용해 오고 있고 페루 중부에 있는 아사닌카 인디언부족이 가장 오랬동안 사용해온 기록이 있으며 오늘날 페루에서 Cat's Claw는 페루에서 가장 큰 상업 자원으로 중 하나이다.

아사닌카족은 Cat's Claw를 천식 비뇨계염증 산후조리 신장 깊은 상처치료 관절염 루마티스 뼈통증 염증조절 위궤양 암 치료제로 사용하고 있다.

이 지역 인디언들은 종양과 염증 루마티스 위궤양에 사용하고 있으며 그 외에도 페루비안 인디언들은 당뇨 월경불순 복통 종양 등에 사용하고 있다.

이같이 다양한 용도로 사용되어진 식물이 서양학자들의 관심을 끄는것은 그리 놀라운 일은 아니다. 1970년대 초 오스트리아 언론인이자 인종학자인 클라우스 케플린거에 의해

조직적인 연구가 시작됐다. 70년대와 80년대에 액을 축출하여 오스트리아와 독일에 판매를 했고 미국에서 옥신돌 알카로이드라는 화학구조의 축출법에 대한 4가지 특허를 받았다. 이러한 새로운 옥신돌 알카로이드는 열대우림 식물에 대해 전 세계 의약재료로 관심을 갖게 했다. 그 외에 스페인 프랑스 일본 독일 페루에서 독립적으로 연구가 진행됐는데 케플링거의 면역자극 마카로이드 연구에 대해 확증을 했다. Cat's Claw는 1990년대 초부터 페루와 유럽에서 암과 에이즈 치료제로 사용되고 있고 또한 면역계통과 관계되는 질병 치료제로 사용되고 있다.

스웨덴 연구진은 1998년에 임파종의 성장과 백혈병을 억제한다는 연구결과를 발표했다. 케르링거의 초기 보고서에서는 암치료인 항암과 방사선 치료를 하는 사람들에게 케츠 크로우를 복용시킨 결과 탈모 체중감소 어지러움증 2차 감염 피부문제 등 부작용이 감소한다는 결과를 발표하기도 했다. 연구 결과는 캐츠크로우가 DNA 세포를 치료하고 세포가 파괴되는 것을 막아준다는 것이다. 항암치료로 초래되는 백혈구 손실과 면역력 약화를 막아준다는 것이다.

3단계 대응 건강식품 일람표

1. 장내환경 대응	유산균, 유산균 생산물질, 비피더스균, 베지락트균, 올리고당, 알로에, 화분, 캐비어
2. 혈류, 항산화 대응	스피루리나, 로얄제리, 영지, 클로렐라, 은행나뭇잎, 베타카로틴, 파파야 엑기스, 인삼, 마늘즙, 천연현미식초, 상어연골, 자라엑기스, 현미효소, 식물성종합효소, 두충차, 루이보스차, 허브차, 비타민류, 미네랄류, 아미노산, 대두 사포닌, 핵산, 레시틴, 어성초, 오메가3, DNA/핵산, EPA/DHA
3. 면역관계 대응	프로폴리스, AHCC, 아가리쿠스 버섯, 동충하초, 캐츠크로우, 심해상어엑기스, 키토산

3단계 대응 식품 사례

1. 장내환경	식물섬유가 많은 식품 ① 야채류 - 버섯, 우엉, 연근, 당근, 아스파라거스, 셀러리, 배추, 시금치, 양파, 파, 토마토, 부추, 가지 ② 과일류 - 사과, 귤, 파인애플, 수박, 복숭아, 배, 포도, 무화과 ③ 곡류 - 메밀, 오트밀, 보리, 5분도쌀 ④ 콩류 - 비지, 완두콩, 강낭콩, 검정콩, 흰콩 ⑤ 해초류 - 미역, 다시마, 김, 녹미채, 우무 유익균 증가시키는 식품 야쿠르트, 발효식품(된장, 김치, 깍두기)
2. 혈류, 항산화	비타민류를 많이 함유한 식품 ①Vt A - 간, 계란노른자, 뱀장어, 성게알, 녹황색채소 ②Vt B1 - 쌀겨, 땅콩, 계란노른자 ③Vt B2 - 이스트, 간, 계란, 치즈, 분유 ④Vt C - 피망, 딸기, 김, 감자, 고구마, 토란 ⑤Vt D - 간유, 간, 계란노른자, 버터 ⑥나이아신 - 이스트, 간, 육류, 어패류, 콩 미네랄을 많이 함유한 식품 ①칼슘 - 작은생선류, 탈지분유, 치즈 ②철 - 간, 달걀, 젓갈, 김, 당밀, 효모, 콩가루 ③인 - 분유, 계란노른자, 생선, 배아, 쌀겨 ④나트륨 - 된장, 간장, 젓갈, 생선, 조개, 해초 ⑤칼륨 - 과일(수박, 감, 참외) ⑥요소 - 해조류, 해산물
3. 면역관계	면역력 상승식품 - 버섯류 저항력 상승식품 - 녹미채, 생선,야채

출처; 암은없다, 황성주, 청림출판, 2009

2.5 기타 탈모

2.5.1 기타 탈모문제 응용 허브종류

(1) 호스테일(Horsetail 속새, 실리카)

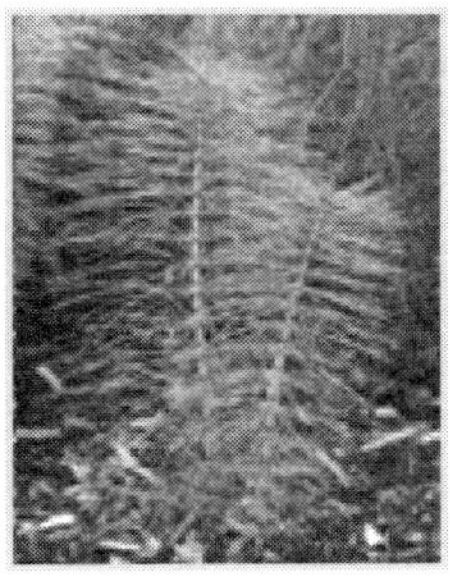
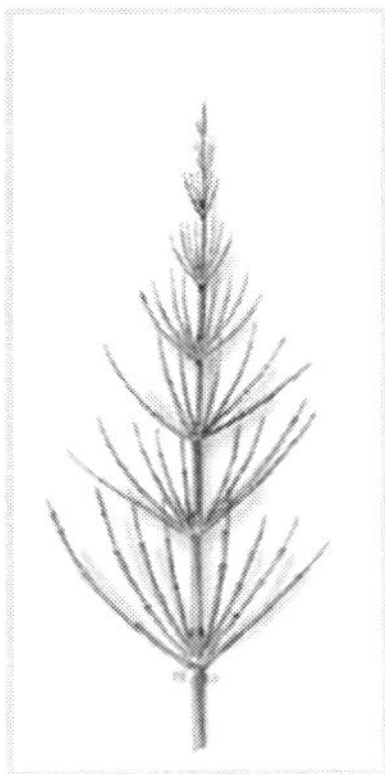

| 호스테일(실리카) |

학명 *Equisetum arvense* 영어 이름 Horsetail 독일어 이름 Zinnkraut

원산지는 북반구의 기후가 온화한 곳으로, 속새는 4억 년 전부터 존재했었고 카본기에는 전 지구를 덮고 있던 식물이다. 우리의 들판에서도 자주 볼 수 있는 잡초의 하나인 속새의 학명 Equisetum은 라틴어 equus '말'과 saeta '꼬리털'의 두 낱말로 이루어진 합성어로 속새가 말꼬리의 털과 같이 생긴 데서 유래한다. 영어 이름인 horsetail(말꼬리풀)은 라틴어를 빌어서 번역한 낱말이다. 그리고 종명인 arvense는 '경작지(논밭)'에서 자라다'라는 의미를 가진 낱말로 속새가 어느 곳에서 많이 나타나는가를 암시한다. 특히 속새가 습진 곳을 좋아하는 사실로 미루어 속새가 자라는 곳에 수맥이 있을 확률이 매우 높다는 사실을 알았고 우물을 팔 곳으로 속새가 자라는 곳을 선택하기도 하였다. 한편 독일어로는 주석초(Zinnkraut) 또는 상자풀(Schachtelhalm)이라고도 한다. 주석초란 이름은 속새에 규산이 많이 함유되어 있어서 주석으로 된 그릇을 닦거나 광을 내는 데 사용되었기 때문이었다. 상자풀이란 이름은 속새의 줄기가 수많은 곁가지가 상자처럼 서로 겹쳐서 이루어진 데서 유래한다.

속새는 민간요법에서는 전통이 아주 오래된 약초 중의 하나이다. 중세에는 속새가 인간들의 기관지와 비슷하게 생겼다는 이유로 기침과 폐의 질환에 효과가 뛰어나다고 믿기도 하였다.

식물적 특성은 속새과 식물로 땅속 깊숙이 내린 뿌리(대개 2m, 습지에 자라는 속새는 4m 깊이)로 월동하는 여러해살이 풀이다. 뿌리는 붉은 색에서 검은색, 뿌리에서 봄에 번식을 하는 15-30cm 크기의 줄기가 나온다. 이 줄기는 가지를 치지 않고 황갈색이나 붉은 갈색, 줄기의 끝에서 포자낭이 형성된다. 포자는 바람에 의해서 흩어지며 녹색의 작은 눈으로 발전한다. 개개의 포자는 암수가 구별되는데 수포자가 충분한 물이 있으면 암포자의 난자로 다가가 수정을 한다. 수정된 포자에서 새로운 속새가 탄생한고 포자가 성숙한 이후에 뿌리에서 번식 능력이 없는 줄기나 나오며 이 줄기에는 여러 마디가 있고 이 마디에서 수많은 가지가 나온다. 이용부위는 5-8월에 수확한 번식능력이 없는 풀이며 주요 성분은 규산, 플라빈 등이다.

1) 활성성분

① 플라보노이드(flavonoid)
② 페놀복합체(phenolic acids)
③ 탄닌(tannin)
④ 사포닌(equisetonin)
⑤ 알칼로이드(니코틴 포함)(alkaloids including nicotine)
⑥ 스테롤(beta sitosterol, campesterol)

2) 주요작용

① 연결 조직 재생 작용(규산, 규산염)
② 상처치유 작용
③ 혈액응고 작용
④ 미세혈액 순환(microcirculation)

3) 의학적효능

① 연결 조직 재생 작용

이 식물의 치료적인 효능의 주요 부분은 높은 함량의 규소성분 때문이다. 규산과 규산염은 수용성 성분으로 인체에 흡수가 잘되고 , 규소는 연결조직의 재생을 지원하는 작용을 한다. 또한 손상된 연결조직의 재생작용을 촉진하여 탄력과 견고함을 개선시켜 준다.

속새는 원시식물로 고생대 시대(600에서 375억 년 전)에 생존했던 거대한 나무들의 후예이다. 이식물의 높은 규소 함유량이 연마제의 특성을 가지게 하여 과거에는 금속과 나무를 연마하기 위해 사용했었다.

② 상처치유 작용

1597년 영국 약학자인 John Gerard의 저서에 속새는 뛰어난 상처치유 작용을 하는 약초로서 자세히 언급되어 있다. 찢겨진 상처에 가장 완벽한 상처치유 효과를 줄 수 있는 약초로서 확실하게 각인시키고 있다.

③ 혈액응고 작용

이 식물은 상처의 출혈을 멈추게 하고 코피와 각혈도 멈추게 하는 작용을 한다. 이것은 요생식로(genitourinary tract)에 수렴효과를 주어 방광염이나 요도염, 전립선염으로 인해 요도관 내에서의 출혈을 멈추게 한다.

④ 미세혈액 순환(microcirculation)

만성적인 다리 부종에 미세 혈액 순환을 촉진시켜 부종을 감소시키고 류마티즘과 관절염, 폐기종, 우울증 등의 치료에 좋은 효과가 있다. 회복이 느린 접절림, 골절, 좌상 등에 빠른 치유효과를 주고 습진과 같은 피부 트러블에도 사용된다.

노란빛이 도는 과실이 있는 줄기는 35Cm정도까지 자라고, 과실이 없는 톱니 모양의 줄기는 60Cm까지 자라는데, 이 줄기는 바늘모양의 잎들이 나선형 모양으로 되어 있다. 원산지는 유럽, 북유럽, 북아시아, 그리고 아메리카이고 습기 찬 토양을 좋아하는 흔한 식물이다.

규산의 가장 특징적인 효능은 이뇨작용으로 부상 때문에 생기는 부종이나 일반적인 부종에 좋은 효과가 있다. 단 심장이나 신장의 이상으로 인한 부종에는 사용을 하지 말아야 한다.

속새의 성분 중의 하나인 규산은 옛 문헌에 의하면 염증이 자연적으로 치료되는 과정을 촉진한다. 그러므로 박테리아성 또는 염증성 질환의 치료에 속새를 이용할 수 있고 또한 신장결석의 치료에도 좋다. 염증의 증상을 완화하기 위해서 속새를 외용으로 사용할 수도 있다.

* 부작용 및 주의사항

속새를 이용한 치료는 기본적으로 이뇨작용에 의한 것이므로 다량의 수분섭취가 필수적이다.

(2) 밀크시슬(Milk Thistle-학명;Silybun marianum)

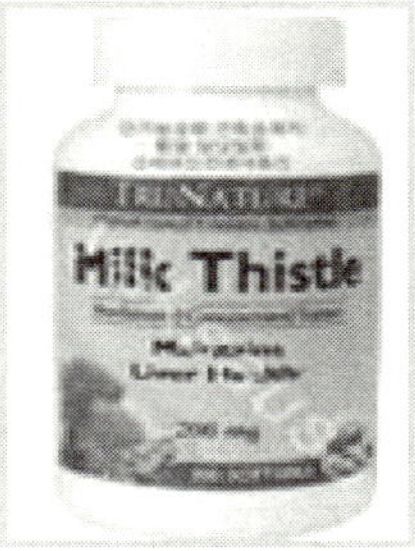

| 밀크시슬(엉겅퀴) |

중국 본초도록-국화과(Compositae) 식물인 수비계(水飛薊-Silybun marianum(L.) Gaerth.)의 수과(瘦果)이다.

의사이자 약학자인 디오스쿠리데스(Dioskurides)가 엉겅퀴를 닮은 식물을 지칭한 데서 생긴 명칭이다. 옛날부터 엉겅퀴는 젖을 먹이는 어머니들이 젖이 잘 나오도록 하기 위해서 엉겅퀴차를 마시게 함으로써 잘 알려진 식물이다.

엉겅퀴는 국화과의 2년 초로 원산지는 지중해 연안, 북부 아프리카이다. 흰색과 초록 반점 모양의 잎에 보라색, 붉은 자주 빛의 큰 꽃이 피어 관상용 식물로 뜰을 장식하기도 한다. 6-8월에 개화하고 9월에는 껍질이 검고 딱딱하며 윤기 있는 씨앗이 생긴다. 이것을 허브로 사용하는데 9월에 채취하여 햇볕에 건조시켜 보존한다.

독일의 자연치료사인 라데마커라는 사람이 엉겅퀴가 간과 담낭의 질환과 황달 등에 뛰어난 약효가 있었음을 발견하고 그 이후로 약초로 더욱 유명해지기 시작했다.

간은 매일 1리터의 담즙을 생산(부라운, 초록, 노란)한다. 담즙은 쓸개에 저장, 그리고 지방의 소화를 도와 혈액속의 독성을 청소(filteration)하며 오래된 피의 늙은 세포를 제거한다.

***실리마린(Silymarin, Cardus marianus)**

밀크시슬 속의 플라보노이드 성분인 실리마린(silymarin)은 대표적인 간의 항산화제이며 각종 간 질환에 탁월한 효과가 있다. 지방간, 간경화증(알콜로 인한), 간염(ABCDEFG), 담석증, 간암건선, 만성유전성 반복성에 좋다.

건선은 구진인설성의 피부염으로 병변부는 선홍색반 구진으로 가장자리까지 은색 증상의 인설로 덮여있으며 두피, 사지신측(四肢伸側), 팔꿈치, 무릅, 경골전면이 침범된다.

1) 화학성분 구성

밀크시슬은 silymarin 혼합 플라보노이드성분이며 Silibin, Silidanin, Silichristine 3가지 파트로 구분된다. 특히 실리마린 추출물은 열매에서 가장 많이 그리고 씨앗, 이파리에서 추출한다. 실리다닌은 실리마린을 구성하는 최대의 물질이며 생물학적기능을 가지고 있다. 약학 물리학 밀크시슬 추출물은 (보통70-80%표준화)유럽에서 광범위하게 쓰이며 유럽에서는 간염으로 인한 질병치료에 처방약, 치료약으로 쓰이고 있다.

실리마린은 2가지 방식으로 간세포를 보호한다. 먼저 간세포 외부막을 강하게 하여 독소가 침입하는 것을 방지한다. 그리고 효소 작용을 자극하여 단백질 합성을 증가시키고 세포의 재생과 수리를 자극한다. 실리비닌은 담즙의 콜레스테롤을 감소하고 실리마린은 담즙용해도를 증가시켜 담석의 생성을 예방한다.

2) 효능

① 강력한 항산화제, 항암작용을 한다(비타민 E의 30배 이상)
② 바이러스와 싸우는 B세포를 강력히 도우며 인터페론 생산을 도와준다.
③ 세포배양에 있어 SOD효소의 항산화제 수치를 높인다.
④ 신체에는 약35%의 글루타치온 수치를 높이며, 실험결과 쥐의 경우도 50% 높임

(글루타치온은 간에서 호르몬, 약, 화학물질을 해독하는 작용을 한다. 다시 말해 밀크 시슬이 간의 글루타치온 수치를 높인다는 것이며, 해독반응 작용을 높이는 것이다.)

⑤ 카드뮴중독 해소

⑥ 세포막을 유리기로부터 보호

⑦ 세포를 튼튼하게 유지하는 작용

⑧ 모세혈관의 투과성을 높여준다

⑨ 모세혈관 질환인 망막질환을 예방, 치료

⑩ 간세포에 대한 친화력이 강함

⑪ 간세포 재생 작업을 돕는다.

⑫ 간세포를 새로이 만드는데 필요한 단백질에 대한 대사를 원활하게 해준다.

⑬ 환경 오염물질로부터 올 수 있는 각종 피해를 막아준다.

⑭ 간의 산화 방지 역할을 한다.

⑮ 담즙을 묽게 만들어준다

⑯ 젖이 잘 나오게 한다.

⑰ 간 경화증을 예방, 치료한다.

⑱ 만성습진을 예방 치료한다.

⑲ 아세타미노펜(acetaminopen;타이레놀) 과용 시 간에 대한 해를 막아준다.

⑳ 만성습진이 간 기능의 결함과 밀접한 관계를 갖고 있는 경우가 많이 있다. 이런 경우에 간 기능에 대한 개선이 있으면 습진이 호전된다. 실리마린이 습진치료에 좋은 효과를 내는 것은 바로 이와 같은 이유에서라고 보여 진다. 간의 기능 중의 하나가 각종 독이나 몸에 필요 없는 성분들을 걸러내는 것이다. 또한 실리마린은 염증물질인 류코트리엔(Leukotrienes)을 내려준다. 습진 환자들에게서는 류코트리엔이 많은 것은 잘 알려진 사실이다.

(**류코트리엔(Leukotrienes - 기관지수축이나 알러지 반응을 일으킴)

3) 연구

밀크시슬은 2000년 이상의긴 역사를 가지며 주로 유럽에서 연구되었고 효능에 대한 연구논문이 700편 이상 존재할 정도로 과학적으로 입증된 원료이다.

항산화 작용과 세포막 안정화를 유지시킴으로써 세포보호 및 재생작용을 가지며 간장의 해독능력 증가와 글루타치온 보존작용을 나타내 다양한 원인의 간질환에 대해 치료제 및 치료 보조제로 이용되고 있다.

국내에서는 주원료로 사용 가능한 식물로 등제되어 있으며, 밀크시슬 추출물로서 실리마린 함량이 70-80%인 원료가 사용되고 있다.

유효섭취량-일 200-400mg

참조

1. 간의 역할

간만큼 중요한 기관은 별로 없다. 럭비공과 크기 및 색깔이 비슷한 간은 우리 몸의 화학공장이다. 혈액과 조직 사이의 수액교환을 조절하는 알부민, 혈액응고인자, 면역계에서 중요한 역할을 하는 보체, 피에서 산소를 운반하는 헤모글로빈의 글로빈 등이 간에서 생산되는 단백질이다. 간은 또한 콜레스테롤도 생산한다. 식사 후에 간은 아미노산을 포도당, 단백질 그리고 신장에서 소변으로 배출되는 요소 등으로 변환한다. 간의 담즙은 또한 지방의 소화를 돕는다. 그리고 간은 혈액을 여과하는 기능을 가진다. 간은 약과 알콜, 오염물질 등과 같은 독소를 추출하여 화학구조를 변화시켜 담즙을 분비한다. 이 해독기능이 제대로 작동하지 않는다면 위험한 독소가 몸에 계속 남아 있을 수 있다.

2. 간이 안 좋을 때 나타나는 증상 20가지

간의 기능은 신진대사 작용에 가장 중요한 역할을 하며 몸 속에 들어온 약물이나 독극물을 분해 해독하며 담즙을 만들어 배설한다.
또, 혈액의 콜레스테롤을 70%정도를 관장하여 간의 기능이 나쁘면 그만큼 나쁜 콜레스테롤이 많이 생기게 된다.

1. 충분히 쉬어도 피곤함을 느낀다.
2. 어깨나 목이 뻐근하고 이유 없는 근육통에 시달린다.
3. 모든 일에 의욕이 없다.
4. 눈이 피로하고 시력이 급격히 떨어졌다.
5. 배에 가스가 차고 구역질과 변비증상이 있다.
6. 술을 자주 마시거나 폭음을 한다.
7. 소변 색이 누렇고 냄새가 많이 나며 거품이 인다.
8. 방귀가 자주 나오며 냄새가 심하다.
9. 기운이 없고, 권태를 자주 느낀다.
10. 얼굴에 기미와 실핏줄이 보인다.
11. 가슴과 등에 작고 붉은 반점이 생긴다.
12. 두드러기나 피부 가려움이 있다.
13. 빈혈이 있고 머리카락이 많이 빠진다.
14. 감기에 자주 걸린다.
15. 코, 잇몸, 항문에 피가 날 때가 있다.
16. 정신이 멍해지고, 기억력과 집중력이 떨어진다.
17. 매사에 짜증이 나고 사소한 일에도 신경질이 난다.
18. 팔다리가 시리거나 저리며, 귀 울림이 있다.
19. 손 가장자리가 유난히 붉다.
20. 몸에 부스럼이 잘 난다.

(3) 이노시톨(inositol)

비타민 B복합체의 하나 콜린, 비오틴과 밀접한 관계가 있고 동식물에 존재하며 이노시톨은 특히 거의 모든 식물과 동물의 조직에 있으며 세포막과 신경계의 정상적인 기능을 위해 중요하다.

통곡식, 신과일, 맥주효모, 당밀, 간, 우유 등에 함유되어 있다.

1) 기능

레시틴 합성, 지방산과 혈중 콜레스테롤 저하
콜린과 더불어 동맥의 지방 축적 방지
간, 심장, 신장 보호
뇌세포, 신경계, 골수 등에 필요
골수, 눈점막, 장세포의 성장과 유지에 필요
머리카락 성장에 필요

2) 역할

흡수된 후 7%의 이노시톨이 포도당으로 전환됨
하루 평균 37mg이 뇨로 배설된다(당뇨환자는 더 많이 배설)
커피의 과용은 체내 이노시톨을 고갈시킴

3) 부족시

세포벽의 비정상화로 대사과정이 약해진다.
변비, 습진, 눈의 이상을 초래한다.
카페인, 설파제에 의해 고갈되며, 배뇨과다증, 지나친 수분의 흡수도 결핍을 초래할 수 있다.

4) 질병치료효과

변비, 고혈압, 탈모증, 콜레스테롤, 지방간, 저혈당
정신분열증, 정서불안, 불면증

5) 섭취량

일 500-1000mg
*미닛메이드 - 스타일워터에 함유

제 3 장

비타민과 미네랄

3.1 비타민

비타민과 미네랄은 우리가 먹는 음식의 양 중 소량만 차지하지만 그 중요성은 무시될 수 없다. 비타민은 동물과 식물에 있는 강력한 유기 화합물이며, 대사, 몸의 기능의 유지, 그리고 성장을 위해 필수적이다. 비타민은 몸에서 만들어질 수 없다.

비타민은 수용성과 지용성으로 나뉜다. 수용성 비타민은 비타민 B 복합체, 비타민 C, 그리고 바이오플라보노이드가 있다. 이들은 몸에서 저장될 수 없다. 지용성 비타민은 비타민 A, D, E, K이며 이들은 몸에서 저장될 수 있다. 지용성비타민은 그 흡수를 위해 담즙염과 지방의 존재가 필수적이다.

비타민이 농축된 공급원 보다는 음식물에 이미 있는 기타 필수성분들 때문에 일반적인 음식물을 이용하는 것이 더 좋다. 식단에 비타민의 적절한 양을 포함시키기 위해서는, 소비되는 음식물의 양이 결정되어야 하며 비타민에 미치는 식품 가공 및 조리의 영향을 고려해야 한다.

수용성 비타민은 밀리그램으로 측정되지만, 지용성 비타민은 국제단위(IU)로 측정된다.

(1) 비타민 A(retinol)

비타민A에는 두 가지 형태가 있다 - 동물 조직 속에 농축되어 있는 미리 형성된 비타민 A와, 과일과 야채에 있는 베타카로틴(프로비타민 또는 비타민A 전조물질이라고도 함)이다. 미리 형성된 비타민 A의 좋은 식품 원료는 생선 간유, 육류, 우유, 치즈, 계란 등이 있다. 베타카로틴의 좋은 식품원료로는 시금치, 브로콜리, 배추, 당근, 호박, 멜론, 살구, 콩 등이 있다. 베타카로틴은 몸에서 효과적으로 쓰이기 전에 반드시 활성 비타민A로 바뀌어야 한다.

기능 - 비타민A는 눈의 동공에 영향을 미치고 빛을 받아들이고 굴절시키는 능력에 영향을 미치면서 정상적인 시력 유지에 중요하다. 결핍되면 야맹증을 일으킨다. 또한 부신선과 갑상선의 정상적인 기능에 있어서도 필수적이다. 비타민A는 특히 입, 눈, 위장관과 호흡기관의 모습 보존을 위해 중요한 점막의 구성요소이다. 이 막들은 박테리아의 침입에 저항

한다. 비타민A는 감염으로부터 보호하고, 항산화제로써 작용하며, 뼈와 치아의 발달을 촉진시킨다. 성장기에 비타민A가 부족하면 뼈 발육은 중단될 수 있다. (다른 것들 중에서, 항산화제는 피부에서 멜라닌의 형성에 있어서 중요하다.) 아연과 비타민A는 몸에서 함께 일하며(아연을 함유한 단백질은 비타민A를 혈액으로 운반한다) 이 둘이 부족한 것은 건조한 모발과 지루성 피부와 관련이 있다. 만약 이러한 결핍상태가 오래 지속되면, 피부는 건조해지고 각질이 벗겨진다. RNA의 정상적인 생성은 비타민A에 달려있다.

기타 사항으로는 야채를 약하게 요리하거나 짓이기는 것은 카로틴이 더 잘 흡수되도록 해준다. 비타민 E는 비타민A의 흡수를 돕는다. 대부분의 비타민 A는 간에 저장된다.

비타민 A를 위한 식품권장량(RDA)는 남성의 경우 5000IU이고, 여성의 경우 4000IU이며 아이들의 경우 2000IU이다. 비타민A의 과잉 섭취(하루 25000IU이상, 또는 레티놀 7,000mcg)는 독성이 되며 확산성 탈모, 벗겨지고 가려운 피부, 메스꺼움, 설사, 경련, 뼈와 관절의 통증, 간의 독성과 가 밖의 많은 징후와 증상들을 일으킬 수 있다. 보조제의 형태로 섭취하는 베타카로틴은 비타민 A로 바뀌는데 시간이 걸리기 때문에 부작용 없이 비타민 A를 얻는 것과 같은 효과를 준다.

비타민 A 파생물질들은 낭포성 여드름, 심상성 여드름, 건선 등의 치료에 사용되어왔다; 로아큐테인(이소트레티노인)은 낭포성 여드름에 사용되고, 레틴A(트레티노인)은 심상성 여드름에 사용되며, 티가손(에트레티네이트)은 건선에 사용된다. 이 약들을 사용함으로써 확산성 탈모를 막을 수 있다.

(2) 비타민 D

비타민 D는 섭취되거나 디하이드로콜레스테롤에 자외선이 작용하여 피부에서 만들어질 수 있다. 비타민 D는 활성화 되기 전에, 간에 의해, 그 다음 신장에 의해 바뀐다. 비타민 D에서 분리되는 많은 성분들 중, D2와 D3만이 중요하다. D2는 에르고칼시페롤이며 야채에서 나온다. D3, 콜레칼리페롤은 프로비타민 D로부터 만들어지거나 청어, 정어리, 참치, 연어와 같은 생선, 계란 노른자, 간, 그리고 우유처럼 비타민D와 함께 강화되는 제품들과 같은 동물성 원료로부터 얻어진다.

기능 - 비타민 D는 뼈가 발달할 때 미네랄이 축적되는 부위에서 작용하며 섭취된(유기성) 인을 뼈 속의 무기성 인으로 바꾸는데 있어서 중요하다. 또한 장의 점막이 칼슘과

인을 좀 더 잘 투과할 수 있도록 도와주며 세포막을 통해 칼슘이 전달되는 것을 돕는다. 비타민 D는 우리가 성장할 때 뼈와 치아의 골화에 있어서 중요하다. 비타민 A와 함께 섭취할 때 가장 효과적이며, 비타민A와 마찬가지로 간에서 저장된다. 하루 권장량은 400IU이다.

비타민 D 파생물질인 '다이보넥스'(칼시포드리올)는 건선을 치료할 때 처방되는 연고이다.

(3) 비타민 E(tocopherols)

비타민 E는 토코페롤이라는 7가지 화합물의 그룹으로 구성된다. 알파-토코페롤은 가장 강력하고 가장 좋은 영양가치를 갖고 있다. 비타민E를 위한 좋은 식품원은 냉동압착(가공되지 않은)된 식물성 오일, 밀배아유, 대두류, 날 씨앗과 견과류, 과일, 야채 등이다.

기능 - 비타민 E는 중요한 항산화제이다. 항산화제는 하이드록실 라디칼 또는 수퍼옥사이드 라디칼과 같은 프리 라디칼에 의한 손상으로부터 몸의 세포들을 보호한다. 프리 라디칼은 하나의 저자를 잃음으로써 불안정해지는 원자 또는 분자들이다. 이것은 몸의 조직들에 손상을 입힐 수 있으며, 즉, 암, 심장질환, 혈액 응고와 같은 문제들을 유발할 수 있다. 그러므로 프리라디칼 청소부(항산화제)에 의해 프리라디칼을 중화시키는 것이 중요하다. 비타민E는 이러한 항산화제 중 하나이며, 셀레늄과 함께 작용하며 비타민 E는 혈액응고를 막아주고 세포의 호흡에 있어서 중요하다.

기타사항으로는 비타민 E는 주로 간에 저장된다. 성인을 위한 일일권장량은 15IU이다. 비타민 E 보조제는 혈압을 높이고 혈액 응고를 줄여줄 수 있다. 그러므로 고혈압약이나 항혈액 응고약을 먹는 환자들에게는 권하지 말아야 한다.

보조제로써 하루 최소 1000IU의 비타민 E를 섭취하는 것은 화학요법에 의한 탈모를 예방하는데 도움이 된다. 화학요법을 시작하기 몇 주 전에 섭취해야 하며 식품 속의 비타민 E는 열에 의해 파괴된다.

(4) 비타민 K(phylloquinone)

비타민 K의 주요 형태는 K1 과 K2이다. 이것은 특정 세균이 있는 한은 소화관에서

기능: 이것의 주요 역할은 혈액응고를 돕는 것이다. 비타민K는 정상적인 혈액 응고 과정에 있어서 필수적이 두 성분인 프로트롬빈과 프로콘베르틴의 합성에 있어서 중요하다.

좋은 식품원은 해조류, 알파파, 녹색 식물, 녹색잎 야채 등이 있다.

일일권장량은 남성은 하루 80마이크로그램이고 여성은 하루 65마이크로그램이다.

항혈액응고제를 먹는 사람에게는 비타민K를 권장하지 말아야 한다.

(5) 비타민 B 복합체

수용성 비타민B 복합체는 세포의 대사 변화들에 있어서 다양한 역할을 수행한다. 코엔자임처럼, 몸에서 수천가지 변화들이 일어나게 하는 효소들을 돕는다. 수용성 비타민B 복합체는 탄수화물을 포도당으로 전환하는 기능에 의해 에너지를 만들어내는 과정에 관여하며, 신경계의 기능과 근육 톤의 유지를 위해 중요하다. 수용성이기 때문에, 물에서 끓이는 음식에서는 이것을 잃게 된다. 모든 비타민들의 흡수는 항생제나 경구용 피임약과 같은 약들에 의해 영향을 받을 수 있다.

여덟 가지 비타민 B 복합체는: B1(티아민), B2(리보플라빈), B3(니아신), B5(판토테인산), B6(피리독신), B12(코발라민), 바이오틴, 그리고 엽산이다.

1) 비타민 B1(thiamine)

B1의 좋은 식품원은 통 곡류 시리얼, 양조용 효모, 밀배아, 간, 계란, 해산물이다. 간, 신장, 심장에 저장될 수 있다. 포도당이 에너지로 바뀌는데 있어서 중요하다. 알코올, 열, 또는 산화에 의해 파괴된다.

B1 결핍의 증상들은 쇠약해짐, 식욕저하, 집중력 저하, 피로감, 팔다리 저림 등이다. 심각한 티아민 결핍증을 베리베리(Beriberi)라고 한다.

2) 비타민 B2 (riboflavin)

좋은 식품원으로는 양조용 효모, 유제품, 육류, 생선, 계란이 있다. 세포호흡에 있어서, 그리고 항산화제로써 중요한 역할을 한다. 간, 신장, 심장에 저장될 수 있다.

B2 결핍은 입가의 균열이나 발진, 혀의 붉은 발진으로 나타난다.

3) 비타민 B3(niacin)

좋은 식품원은 양조용 효모, 밀배아, 생선과 육류이다. 아미노산 트립토판에 의해 몸에서 만들어질 수 있다. 코엔자임처럼 탄수화물, 지방, 단백질의 이용에 있어서 도움이 된다. 또한 이 영양분들로부터 에너지를 배출하는데 있어서 필수적인 역할을 한다.

B3의 심각한 결핍은 정신질환을 일으키고, 사망에 이르게 한다. B3 결핍증인 펠레그라병(거친 피부)은 1875년에 뉴욕에서 처음 발표되었다.

피로감과 근육 쇠약증이 B3의 결핍과 관련이 있다.

보조제로써, B3는 낮은 HDL 콜레스테롤을 확연히 증가시킬 수 있고 올라간 LDL 콜레스테롤, 트리글리세라이드, 지질단백질 수치를 감소시키므로 심장관상동맥 질환의 위험을 줄여준다.

4) 비타민 B5 (pantothenic acid)

B5의 좋은 식품원은 통 곡류 시리얼, 양조용 효모, 내장 고기, 계란 노른자가 있다. 세균에 의해 창자에서 합성된다.

B5는 몸에서 코엔자임 A (CoA)의 형태로 있다-모듈 3의 4.6.2 참고. 탄수화물, 지방, 단백질로부터 에너지를 배출하는데 도움이 된다. CoA는 정상적인 혈당 수치의 유지와 항체의 형성을 위해 필수적인 것으로 여겨진다.

B5의 결핍은 거의 드물다. 흰머리는 B5 결핍과 관련될 수 있다.

5) 비타민 B6 (pyridoxine)

좋은 식품원은 양조용 효모, 간, 통 곡류 시리얼, 야채 및 계란 노른자이다. B6의 활성 형태는 피리독살 포스페이트이며, 이것은 비타민 B6를 구성하는 세 가지 구성물질(피리독신, 피리독살, 피리독사민) 중 하나에 의해 형성된다. 이것은 60가지 이상의 효소들의 정상적인 기능을 위해 필요하며, 단백질 대사에 관여하고, 아미노산의 합성과 이화작용에 있어서 필수성분이며, DNA와 RNA의 합성을 위해 중요하다. 비타민 B6는 또한 멜라닌의 합성에 있어서 중요하고, 항체 형성에 있어서 중요한 역할을 하며, 지압과 콜레스테롤의 대사과정에 영향을 미친다. 이것은 중앙신경계와 뇌에서의 에너지 변형과 관련이 있고, 에너지로 사용되기 위해 간과 근육으로부터 글리코겐이 배출되는데 관련이 있다.

비타민 B6는 프로스타글란딘과 카테콜아민의 합성, 적혈구의 생성, 트립토판이 다른 성분들로 변환, 그리고 아연의 흡수에 있어서 중요한 역할을 한다. 심혈관 질환을 예방해준다.

비타민 B6의 결핍은 저혈당, 입가 갈라짐, 팔다리의 저림이나 쥐와 관련이 있다. 에스트로겐 요법은 B6 필요량을 증가시킨다. 보조제로써, 너무 많은 양을 너무 오래 섭취하면 신경 손상을 일으킬 수 있다. 안전한 섭취량은 하루 100mg으로 여겨진다.

6) 비타민 B12 (cyanocobalamin)

비타민 B12는 필수 미네랄 원소인 코발트를 함유하는 유일한 비타민이다. 이것은 미생물에 의해 부분적으로 합성되지만 식품이 주요원이다. 중요한 식품원은 육류, 생선, 계란, 유제품이다. 그러므로 베젼(엄격한 채식주의자)인 사람은 B12가 결핍되지 않도록 주의해야 한다.

B12는 오랜 시간 동안 간에서 저장될 수 있다. 간은 3~5년간 충분히 공급할 수 있는 양인 2000~5000mcg를 갖고 있다.

비타민 B12의 많은 역할은 코엔자임이기 때문에 생명에 필수적이다. 예를 들면, B12는 DNA와 RNA의 형성에 있어서 필수 요소인 퓨린과 피리미딘의 대사에 활발하게 관여한다. 결국, 세포 형성은 B12에 달려있다고 할 수 있다. 다른 기능들은 단백질, 지방, 탄수화물의 대사에 포함된다. 보조제로써, 엽산과 함께 섭취하는 것이 가장 좋다.

위장에서 B12의 흡수는 내재성 인자로 알려진 점막 단백질 효소에 따라 달라진다. 어떤 사람들에게는 이 인자가 없어서 B12 결핍과 악성빈혈 같은 증상들을 유발할 수 있다. 악성 빈혈은 유전적인 자율면역 문제로 여겨진다.

B12 결핍은 피로감, 허약해짐, 걷기 어려움, 기억력 감퇴, 정신적인 둔함, 방향감각 상실, 입안의 타는 듯 한 느낌, 팔다리의 경련 등으로 나타난다. 과색소 침착 또한 B12 결핍과 관련이 있다.

7) 비오틴(bioin)

좋은 식품원은 양조용 효모, 통 곡류 시리얼, 계란 노른자, 간, 쌀 등이다. 장내 세균에 의해서도 합성되지만 항생제가 이러한 생성을 저해할 수 있다는 점을 기억하라. 지방산의 합성과 산화, 탄수화물의 산화, 핵산의 합성에 있어서 코엔자임으로 작용한다. 비오틴은 또한 아미노산의 아민 그룹을 제거함으로써 에너지를 위해 세 가지 아미노산의 사용과, 비타민 B5와 B12, 엽산의 사용에 있어서 중요한 역할을 한다. 비타민 B3와 비타민C는 합성 작용을 위해 비오틴을 필요로 한다.

날계란을 많이 먹는 사람들은 비오틴 결핍이 생길 수 있다; 계란 흰자의 아비딘(avidin)은 비오틴과 결합하여 흡수를 막는다. 유전적 복합 카르복실라제 결핍증이라는 유전병은, 신생아에게서 비오티니다제 결핍과 관련된 비오틴 흡수 장애와 관련된다. 확산성 탈모와 피부 문제들이 비오틴 결핍에 의한 필수지방산 결핍으로 인해 나타날 수 있다(앞 단락 참고). 비오틴은 다양한 식품들에 들어있기 때문에 좋지 않은 식습관으로 인한 비오틴 결핍은 드물다. 결핍의 증상으로는 근육통, 에너지 결손 및 식욕 저하 등이 있다.

8) 엽산(folate)

좋은 식품원은 브로콜리, 시금치, 양조용 효모, 간, 쌀, 곡물, 계란 등이다. 이것은 단백질의 분해와 사용에 있어서 비타민 B12와 C와 함께 코엔자임으로써 기능하며, 적혈구세포의 생성에 있어서 작용한다. 엽산은 또한 페닐알라민으로부터 티론신이 만들어지기 위해 필요하며, 티로신의 산화와 카르복실기 제거를 위해 필요하다. 뇌의 정상적인 기능을 위해 필요하며 우울증 같은 신경정신 질환과 폴레이트 사이에 관계가 있는 것으로 밝혀지고 있다. 비타민 C는 엽산의 비활성 형태를 활성 형태로 바꿔준다.

엽산의 결핍은 빈혈, 설염, 임가의 병변, 정신질환, 건망증, 과민성 등을 유발할 수 있다. 아기들의 쌍미균(Spina bifida)은 임신 기간 동안 어머니의 엽산 결핍과 관련이 있다.

9) 비타민과 비슷한 기타 영양물질들

다양한 비타민과 비슷한 성분들이 비타민으로 분류되는 필수 기준을 모두 만족하는데 실패한다. 이 성분들로는 콜린, 이노시톨, 코엔자임 Q, 파라-아미노펜조인산(PABA), 바이오플라보노이드 등이 있다. 이중 어떤 것은 비타민 보다 더 많은 양이 있는가 하면, 다른 것들은 그 전조물질이 있는 동안 몸에서 합성될 수 있다.

모든 살아있는 세포는 콜린을 갖고 있다. 콜린은 지방을 용액 속에 유지하는 유화 성분인 레시틴의 일부로써 이노시톨과 함께 기능한다. 콜린은 또한 신경의 미에린 덮개의 유지를 위해 중요하며 신경 충동들(아세틸콜린)의 전도를 위해 중요하다. 좋은 식품원으로는 양조용 효모, 밀배아, 간, 계란이 있다.

이노시톨은 특히 거의 모든 식물과 동물의 조직에 있으며 세포막과 신경계의 정상적인 기능을 위해 중요하다. 좋은 식품원으로는 곡물, 양조용 효모, 간, 감귤류 과일 등이 있다. 이것은 레시틴에 들어있다.

코엔자임 Q의 좋은 원료로는 대두, 시금치, 참치, 정어리, 소고기가 있다. 이것은 에너지 생성에 있어서 중요한 역할을 수행한다.

파바(PABA)는 엽산과 혼합형태로 존재한다. 코엔자임처럼, 이것은 단백질의 분해와 사용을 도우며 적혈구의 생성을 돕는다. 좋은 식품원으로는 양조용 효모, 밀배아, 간이 있으며, 세균에 의해 내장 안에서 만들어질 수 있다.

비타민P라고도 불리는 바이오플라보노이드는 많은 과일과 야채 속에 비타민C와 함께 있다. 차와 와인에도 있다. 500가지 이상의 자연적으로 존재하는 바이오플라보노이드들이 있다. 이것은 항산화제로 작용하고 콜라겐의 형성에 있어서 비타민C를 돕는다. 저밀도 지질단백질의 산화를 방해하고, 특히 폐암의 위험을 낮춤으로써 아테롬성 동맥경화증(atherosclerosis) 을 막는 것으로 여겨진다.

(6) 비타민 C(ascorbic acid)

비타민C는 모든 비타민들 중 가장 쉽게 파괴 된다; 이것은 열, 빛, 알칼리에 의해 산화된다. 물에서 매우 잘 용해되며 부신선에 저장될 수 있다. 대부분의 비타민C은 야채-과일 그룹으로부터 나오며, 식품원이 신선할 때 항상 고농축이기 때문에 "신선한 식품 비타민"이라 불린다. 감귤류 과일, 딸기, 키위, 칸타로프(멜론), 파인애플, 구아바 등이 훌륭한 자원이다.

비타민C는 항산화제로써 중요하다. 이것은 또한 진피의 주요 단백질인 콜라겐의 유지에 있어서 없어서는 안 된다. 콜라겐은 피부, 뼈, 인대의 연결조직 형성에 있어서 중요하다. 이황산염 결합 또한 비타민C와 관련이 있는데, 이것은 프로스타글란딘의 생성과 티로신을 신경전달물질과 호르몬으로 바꾸는 아미노산의 대사이기 때문이다. 비타민 C는 또한 철분의 흡수를 돕고, 제1철을 환원상태로 유지시키며, 비활성 형태의 엽산을 활성 형태로 바꾼다. 중금속(납, 수은 등)의 작용을 막아주고 적혈구의 형성을 돕는다. 면역계가 감염과 사우는 것을 돕고 혈당 조절에 있어서 중요하다.

에스트로겐 요법은 비타민C 요구량을 증가시키며 비타민C는 많은 기능에 있어서 구리와 함께 작용한다. 결핍되면 꼬인 모발, 상처치유력 저하, 쉽게 멍 생김, 잇몸출혈 등이 포함된다.

3.2 미네랄(mineral)

3.2.1 미네랄이란?

체중의 96%는 탄소, 수소, 산소, 탄수화물, 지방, 단백질의 화합물, 물로 이루어졌다. 나머지 4%는 많은 미네랄들로 만들어졌다. 이 중 적어도 20개 이상의 미네랄들이 우리의 웰빙을 위해 필수적인 것으로 여겨진다.

필수 미네랄들은 거대영양소 (1일 권장 섭취량100mg 이상인 무기질; 동물 조직에 상대적으로 많은 양이 존재함) 그리고 미세영양소(1일 권장 섭취량100mg이하인 무기)또는 미량원소로 나뉜다. 거대영양소 미네랄은 칼슘, 인, 칼륨, 황, 나트륨, 염소, 마그네슘이다. 인간의 영양에 있어서 필수적인 미량원소 미네랄에는 철, 아연, 실리콘, 셀레늄, 망간, 구리, 몰리브덴, 코발트, 크로뮴, 요오드, 붕소 등이 포함된다. 또한 유기미네랄이란 활성미네랄(activ mineral: 이온상태)이라고도 하며 식물이나 동물, 어류에 함유된 미네랄이 사람이 소화 흡수할 수 있는 무기질을 말하며 무기미네랄이란 공기, 흙, 물속에 함유된 미네랄을 말한다.

이 요소들은 산성-알칼리성 균형(pH)을 유지하기 위해, 수분 균형의 유지를 위한 생화학적 반응의 촉매제로써, 신경 충동들의 전달, 근육의 수축, 체조직의 성장에 있어서 필수적인 몸의 구성 물질로써 그리고 골격계의 주요 구성분으로써 기능한다.

세포들 사이에서 일어나는 수많은 생물학적 반응들은 매우 특별한 환경에서만 발생한다. 소화액의 효소들은 특별한 pH를 필요로 하고, 세포액은 중성이어야 한다. 세포 환경의 pH를 변화시키는 어떤 것도 세포의 효소 활동 정도를 비활성화시키거나 변화시킬 수 있다. 이것은 세포의 아사와 죽음으로 나타난다. 미네랄은 많은 생물학적 반응들을 위한 촉매제이다. 이 경우, 미네랄은 초기 구성물이나 최종 물질의 일부가 아니지만 이 반응이 일어나기 위해 반드시 있어야 한다. 미네랄 불균형은 확산성 탈모를 일으킬 수 있고 이 문제가 나타날 때 모발두피관리사는 일반적으로 미네랄 요법을 사용한다.

(1) 칼슘(calcium/Ca)

몸에서 가장 풍부한 미네랄이다. 칼슘의 99%는 뼈와 치아에 있다. 뼈 구조와 견고성의 발달과 유지를 위한 필수성분이다. 다른 중요한 기능으로는 신경 전달, 혈액 응고와 근육 활성화, 세포막의 유지와 기능 등이 있다. 마그네슘과 인과 비슷하게 작용한다.

비타민 D 는 칼슘의 흡수를 돕는다. 옥살린산(초컬릿, 시금치, 대두, 아몬드, 캐슈에 있음)과 피틴산(이스트를 넣지 않은 곡류에 있음)은 다른 미네랄은 물론 칼슘의 흡수를 억제할 수 있다. 너무 많은 칼슘은 아연과 철의 흡수를 억제한다.

비타민 D는 혈액 속의 칼슘의 양을 조절하기 위해 부갑상선 호르몬(parathormone)과 함께 작용한다. 이것은 원형질의 인 수치를 낮추면서 원형질의 칼슘 철 농도를 높인다. 그러므로 너무 활발한 부갑상선은 칼슘의 높은 혈액 수치를 일으킬 수 있고 또 세포의 안과 밖으로 영양분의 통과를 조절한다.

좋은 식품원은 유제품, 두부, 생선, 아몬드, 양조용 효모, 견과류, 대두류, 콩류, 참깨씨 등이 있고 결핍되면 근육 염좌, 저림, 관절 통증, 심장 두근거림, 불면증으로 나타나기도 한다.

인산칼슘은 골격과 연결 조직의 기본 구조이다. 근육과 신경 기능과 세포 형성에 있어서 중요하고 상처 회복, 세포 결합, 그리고 연결 조직의 안정화를 위해서도 중요하다

칼슘 불화물은 콜라겐과 연결조직을 강화하고 탄력을 좋게 한다. 탈모 증상인 '성장기 유리 증후군'의 치료 시 이산화실리콘과 함께 사용된다.

(2) 염소(chlorine)

나트륨이나 칼륨과 함께 염류로써 나타난다. 염화나트륨은 혈액 속과 외세포 체액에 있다. (식탁용 소금은 수산화나트륨이다). 혈액의 pH와 삼투압을 유지시킨다. 위장에서 염산의 생성을 활성화시킨다.

좋은 식품원은 과일, 야채, 그리고 짠 음식이며 염화칼륨은 원형질과 신장의 pH 조절을 돕는다. 또한 위액의 생성에 있어서 중요하다.

(3) 마그네슘(magnessium/Mg)

70% 가 뼈 속에 있다. 뼈 밖에 있는 마그네슘 대부분은 세포 속에 있고 에너지 생성, 근육 충동 전달, 신경 전달, 세포 투과성, 티록신의 분비, 단백질 합성에 중요하다.

마그네슘의 골 절약 작용은 마그네슘에 의존하는 뼈 회전의 억제를 통해 조정되며 칼슘의 활성화 작용을 막는다. 또한 마그네슘과 칼슘은 같은 흡수 부위를 위해 경쟁하고 부갑상선호르몬은 마그네슘 철의 분비를 감소시킨다.

결핍되면 근육 경련, 쥐, 피로감, 과민성, 우울증과 불안으로 나타나며 결핍은 또한 고혈압과 심장관상동맥 질환과 관련이 있다.

좋은 식품원은 신선한 녹색 채소(엽록소는 마그네슘을 함유한다), 밀배아, 곡류, 견과류, 대두류, 생선 등이다. 인산 마그네슘은 에너지 생성, 신경 활동을 조절하며, 효과적인 제산제이며 칼슘 대사에 있어서 중요하다. 마그네슘 보조제는 변비를 극복해주고 당뇨로 인한 심장혈관 합병증을 어느 정도 예방해준다. 또한 어린이의 과다활동성에 효과적이다.

(4) 인(phosphorus/P)

전체 체중의 1%를 구성한다. 대부분은 골격계에 있으며 종종 인산칼슘으로 작용하고 뼈와 치아를 강화시켜준다. 또 핵단백질(RNA, DNA)의 필수 구성분이며 세포막의 기초부분이다.

레시틴과 같은 인지질은 지방과 지방산을 분해하고 전달하고 부갑상선호르몬은 원형질의 인산 수치를 낮춘다. 좋은 식품원으로는 우류, 육류, 생선, 가금류, 견과류, 씨앗, 과일, 야채 등이 있다.

인산나트륨은 산 중화제이며 소화계를 부드럽게 하고, 인산칼륨은 에너지 생성과 신경 기능을 위해 중요하며, 칼륨과 인산철은 가장 풍부한 세포 내부 철분이다. 그리고 인산칼슘은 제산제로써 작용하고 골격의 형성과 신경 기능에 있어서 필수 성분이다.

(5) 칼륨(potassium/K)

주로 양이온으로써 세포간액에 있으며 나트륨과 함께, 수분 균형, 산성-알칼리성 균형, 심작 박동을 돕고 칼륨과 나트륨은 반드시 균형을 이뤄야 한다.

전기화학 충동들을 전달해주고 신경근육 활동에 있어서 중요하다. 포도당으로부터 글리코겐의 형성을 돕고 에너지 생성에 관여하며 마그네슘과 함께, 근육의 이완제로 작용한다.

알도스테론(부신수질로부터)은 나트륨 수치에 작용하여 칼륨 분비를 조절하며 몸속의 과잉 칼륨은 신장의 문제를 나타낼 수 있고 칼륨 수치가 낮은 것은 고혈압과 관련이 있다.

알닥톤(스피로노락톤)과 같은 이뇨제는 칼륨 수치에 영향을 미칠 수 있으므로 칼륨 보조제를 줄 때는 주의해야 한다. 예를 들면, 의약품인 알닥톤과 모듀레틱은 칼륨 수치를 증가시키거나 코티손은 결핍을 일으킬 수 있다.

좋은 식품원은 야채, 바나나, 감자, 곡물, 양조용 효모 등이다. 결핍되면 허약해짐, 반응 둔화, 불규칙적인 심작박동, 신경질환, 변비, 불면증으로 나타난다.

인산칼륨은 에너지 생성과 신경 및 심장 기능과 세포의 구조적 본질, 에너지 생성, 뮤코다당류의 안정화를 위해 중요하다. 또한 염화칼륨은 위액의 생성에 원형질/신장의 pH 조절을 위해 필요하다.

(6) 나트륨(sodiiumn/Na)

나트륨의 약 40%는 뼈에 있고 50%는 세포외액-혈관과 내장액에 있으며 나트륨의 수치는 신장으로부터 나트륨 보유나 감소를 조절하는 알도스테론에 의해 조절되고 알도스테론이 증가하면 나트륨 보유량이 증가한다. 칼륨과 함께 나트륨의 기능은 산성-알칼리성 작용을 조절하고, 수분 균형을 조절하며, 근육 수축과 이완을 제어하고, 신경 자극을 제어한다. 나트륨은 대부분의 음식, 특히 염화 나트륨에 존재하며 결핍되면 저혈압, 피로감, 집중력 저하, 심장 두근거림으로 나타난다. 인산나트륨은 산 중화제이고 소화계를 부드럽게 하며 세포의 본질을 위해 중요하고, 과잉액을 제거하며, 지방 대사를 활성화시킨다.

(7) 황(sulfur/S)

황은 모발과 피부와 손톱에 있는 주요 미네랄이고 이황산염 결합의 형성을 통해 케라틴을 강화시키기 위한 필수성분이다. 이것은 아미노산 메치오닌, 시스틴, 시스테인의 일부이며, 킬레이트 시약으로써 사용될 수 있다. 또한 티아민과 비오틴에도 있다. 모황이영양증(trichothiodystrophy)의 경우, 모발은 비정상적으로 낮은 황 수치를 보인다. 황은 몸이 감염에 저항할 수 있도록 돕고 몸의 독소배출을 돕는다. 좋은 식품원은 양파, 마늘, 아스파라거스, 육류, 생선, 유제품 등이 있으며 지루성 피부염과 같은 증상을 위해 두피크림에 사용된다. 이것은 항균제이고 피지 생성을 감소시킨다.

(8) 붕산(boron)

에스트로겐 수치에 있어서 중요하다. 폐경 후 여성에 대한 한 연구에 의하면 하루 3mg의 붕산 보조제는 에스트로겐 요법을 받는 여성에게서 에스트라디올의 농도를 증가시킨 것으로 나타났다. 이것은 또한 칼슘의 흡수를 돕는다. 좋은 식품원은 과일, 야채, 견과류, 곡류이다.

(9) 크로뮴(chromium/Cr)

포도당 내성인자(니아신을 함유)의 일부로써, 인슐린의 효과를 높여주므로 혈당수치를 조절해주며 정제 식품에 의해 결핍이 일어날 수 있다. 결핍의 증상은 고혈당증이나 저혈당증과 관련된다. 크로뮴 보조제는 고혈당증과 저혈당증으로 고통 받는 사람들을 위해 효과적일 수 있다. 두 증상 모두 확산성 탈모을 일으킬 수 있다. 좋은 식품원으로는 양조용 효모, 간, 소고기, 통밀빵이 있으며 효모에 알러지가 있는 사람에게는 효모를 함유한 크로뮴 제재를 줄 때 주의해야 한다.

(10) 코발트(cobalt)

비타민 B12 (코발라민)의 일부이다. 적혈구의 정상 기능을 위해 필수적이다. 확산성 탈모를 일으킬 수 있는 악성 빈혈은 B12 결핍과 관련이 있으며, 일반적으로 B12의 흡수를 돕는 “내재성 인자” 부족으로 인해 나타난다. 좋은 식품원은 육류, 무화과, 시금치, 양배추 등이다.

(11) 구리(copper/Cu)

헤모글로빈의 합성, 콜라겐, 엘라스틴, 이황산염 결합, 그리고 티로신으로부터 노아드레날린과 멜라닌의 생성을 위해 중요하다.

좋은 식품원은 간, 통 곡류, 현미, 밀배아, 아몬드, 녹색 채소 등이 있고, 구리관을 통해 나오는 물을 마시는 것은 종종 구리의 과잉 자원이 될 수 있으며 구리 수치가 증가하면 아연 수치는 감소한다.

구리 수치가 높으면 학습장애, 메스꺼움, 구토, 피로감, 우울증, 관절 통증, 정신질환, 건조한 모발과 확산성 탈모 등을 유발할 수 있다. 구리 수도관과 구리로 된 주방용품은 구리의 과잉자원이 될 수 있다.

구리 수치가 낮으면 헤모글로빈의 합성을 저해하기 때문에 확산성 탈모를 일으킬 수 있으며 철은 흡수를 위해 구리를 필요로 한다. 황 음식은 아연과 망간이 그렇듯이 구리 수치를 감소시킨다.

10대 1로 구성된 이상적인 아연 대 구리 비율은 간에서 T3와 T4호르몬의 합성을 위해 필수적이다.

(12) 플루오르(fluorine)

플루오르 또는 플로라이드(활성 형태)는 생명을 위한 필수성분으로 여겨진다. 이것은 뼈 속의 칼슘 보유량을 증가시키고, 뼈를 강화시키며, 입 속의 산의 형성을 줄여주어 치아 마모를 줄여준다.

좋은 식품원은 생선, 육류, 유제품, 불화물 등이 있다.

칼슘 불화물은 연결조직을 강화시켜주고 아나겐 유리 신드롬의 치료에 사용된다.

(13) 요오드(iodine/I)

몸 속에서 요오드화물로 바뀌며 갑상선에서 나오는 티록신의 일부이다. 좋은 식품원으로는 생선, 씨앗, 해조류, 마늘 등이 있고, 새싹 채소, 시금치, 꽃양배추, 순무, 양배추에 들어있는 고이트로겐(갑상선종 유발 물질)은 티록신 생성을 차단함으로써 갑상선기능항진증을 일으킨다. 요오드는 이 작용을 막지 못한다. 요오드 결핍은 갑상선기능저하증을 일으키며, 확산성 탈모와 건조한 모발과 피부의 원인이 된다.

(14) 철(iron/ferrum/Fe)

적혈구 속의 헤모글로빈의 일부이며, 그러므로 에너지 생성에 있어서 없어서는 안되는 성분이고 몸속의 모든 철은 단백질과 결합한다. 또한 콜라겐 합성과 노아드레날린 같은 신경전달물질의 합성에 필요하다. 좋은 식품원은 간, 내장 고기, 계란, 생선, 가금류, 곡류, 녹색 잎채소 등이 있으며 동물 단백질에 있는 철분은 훨씬 빨리 흡수된다. 비타민 C는 제2철을 훨신 효과적으로 사용되는 제1철로 환원시킴으로써 철분의 흡수를 도우며 과잉 아연과 비타민 E 는 철분 흡수를 방해한다.

철 결핍은 빈혈과 관련이 있다. 여성에게서 철 결핍은 빈혈이 있든 없든 확산성 탈모의 흔한 원인이 된다. 숟가락 모양의 무른 손톱과 건조한 모발, 피로감, 찬 손발은 철 결핍과 관련이 있다. 혈액 검사에서, 페리틴(ferritin, 철 보유) 수치는 50μg/리터 이상이어야 한다.

너무 많은 철분은 간과 비장의 기능을 상하게 하므로 위험하다. 유전질환인 혈색소증은 피부와 간, 췌장, 비장 같은 장기들에 축적되면서 그 기능에 영향을 미치는 몸속의 철분형성을 일으킨다. 징후와 증상은 피로감, 복부 불편감, 통증, 관절염, 당뇨, 부어오른 간, 심장 두근거림, 성욕 감퇴, 부자연스럽게 구리빛으로 된 피부 등이 있다.

(15) 망간(manganese/Mn)

항산화제이고, 단백질, 탄수화물 지방 생성의 일부로써 작용하며, 혈당 조절을 위해 필수적인 성분이다. 망간은 또한 티록신의 형성에 있어서 필수적이며, 다시 말해 포도당의 흡수를 조절한다. 망간은 부신선과 시장의 정상적인 기능을 위해 필요하며 연결조직과 연골의 성장과 수선을 위해 중요하다.

'망간 의존성 수퍼옥사이드 디스뮤타제' 효소는 조직 손상을 일으킬 수 있는 수퍼옥사이드 프리 라디칼(SOD)을 감소시킨다. 좋은 식품원은 곡류 시리얼, 계란, 아보카도, 견과류, 씨앗, 대두, 콩류, 생선, 육류, 가금류 등이다. 망간의 수를 위해 단백질을 필요로 한다. 모발의 붉어짐과 모발과 손톱 성장이 느려지는 것은 망간 결핍과 관련이 있다.

(16) 몰리브덴(molybdenum/Mo)

간으로부터 철분을 움직이게 하는 크산틴 옥시다제(Xanthincoxidasc)의 중요한 부분이고, 지방을 산화시키는 알데하이드 옥시다제의 중요한 부분이다. 이것은 항산화제이며 과잉 몰리브덴은 구리 결핍을 가져온다. 좋은 식품원으로는 육류, 콩류, 대두, 통 곡류 시리얼, 암녹색 잎채소들이 있다.

(17) 셀레늄(selenium/Se)

유기 셀레늄 또는 소디움 셀레나이트 또는 소디움 셀레네이트로써 존재한다. 이것은 항산화제이고, 비타민 E와 함께 작용하며, 조직의 탄력도를 유지해준다. 셀레늄은 항체 형성과 아미노산 대사활동에 있어서 비타민 E와 함께 작용한다. 또한 프로스타글란딘의 생성에 있어서도 필수적이다. 너무 많은 양은 독성이 될 수 있으며, 피부염과 탈모, 손톱과 치아 빠짐을 유발할 수 있다. 치아는 탈색되고 부식되며 피부는 누런색으로 바뀔 수 있다. 좋은 식품원은 양조용 효모, 육류, 생선, 곡류, 시리얼 등이다.

(18) 실리콘(silicon/Si)

실리콘은 지구에서 가장 풍부한 미네랄이다. 이것은 모발, 피부, 손톱, 혈관, 건, 연골과 같은 연결조직의 힘과 보전에 있어서 필수적인 성분이며, 아나겐 유리 증후군(Loose Anagen Syndrome)의 치료에 있어서 칼슘 불화물과 함께 효과적인 성분이다. 뼈의 강도는 실리콘과 칼슘에 달려있다.

좋은 식품원은 해산물, 쌀, 대수, 식물성 식이섬유와 허브 '호스테일'이 있다.

(19) 아연(zinc/Zn)

모든 조직에서 철을 제외한 다른 미량 원소들 보다 많은 양이 존재한다. 이것은 소화와 대사에 관여하는 수많은 효소들 중 일부이며, 인슐린의 일부이며, 크렙 주기와 에너지 생성에 관여하며, 테스토스테론으로부터 디하이드로테스토스테론(DHT)의 대사에 있어서도 중요하다; 아연의 결핍은 DHT를 증가시키고, 다시 말해, 피지의 생성과 유전적인 탈모를 증가시킨다.

아연은 DNA의 합성, 면역계와 정상적인 T 세포 기능(아연 결핍은 CD4 T 세포들을 감소시키고 CD8 T 세포들을 증가시킴)의 유지에 있어서 중요한 성분이다. 많은 경우들에서, 아연은 비타민A와 함께 작용하기도 하고 우리의 미각에 있어서 중요한 금속-단백질 복합체인 "풍미"의 일부이다.

어린이에게서, 아연 결핍은 몸의 성장을 감소시키고 성적 성숙을 늦춘다(아연은 성장호르몬의 일부이다). 결핍은 또한 확산성 탈모, 건성 모발, 지성 피부, 쉽게 멍듬, 느린 상처 회복, 손톱에 생기는 흰점, 저항력 감소와 피로감과 관련이 있다. 때때로 아연 결핍은 구리관을 따라 나오는 물을 마심으로써 구리 과잉이 될 때 생길 수 있다. 구리 수치가 증가하면, 아연 수치는 감소하고 아연 보조제는 철분의 흡수를 막을 수 있다. 좋은 식품원은 단백질, 시금치, 해바라기씨, 버섯, 통밀 제품, 밀 배아, 양조용 효모 등이다.

3.2.2 독성 미네랄

모든 미네랄들이 필수적인 것은 아니다. 납, 비소, 카드뮴, 수은과 같은 많은 원소들이 외부 환경에 나쁜 영향을 미쳤으며, 결국 몸에서도 그렇다. 이들은 많은 부작용을 갖고 있다. 모발의 미네랄 분석은 독성 미네랄의 수치를 결정하는 훌륭한 방법이다.

어떠한 독성이든 높은 수치일 때 확산성 탈모와 건조하고 부서지는 모발을 유발할 수 있다.

독성 미네랄들은 페니실라민과 같은 킬레이트 시약으로 몸에서 제거될 수 있고 황 아미노산, 메치오닌, 시스틴, 시스테인 등도 좋은 킬레이트 시약이다. 비타민C를 다량 섭취하는 것은 독성 미네랄의 흡수를 감소시켜준다.

(1) 알루미늄(aluminium/Al)

조리도구, 알루미늄 호일, 탈취제, 베이킹파우더, 식탁용 소금 및 일부 제산제에 사용된다.

독성 증상으로는 변비, 식욕 저하, 에너지 저하, 근육 경련, 기타 신경학적 변화 등이 포함된다.

(2) 비소(arsenic)

살충제, 살균제, 일부 의약품에 사용된다. 독상 증상은 피부 어두워짐, 피부의 검은 점과 붉은 발진, 근육 쇠약, 설사, 전반적인 에너지 부족 등으로 나타난다.

(3) 카드뮴(cadmium/Cd)

담배와 담배연기, 살충제, 카드뮴을 함유한 수도관을 따라 흐르는 연수에 포함되는 성분이다.

카드뮴의 수치가 높으면 신장 손상, 폐 문제, 고혈압, 피로감, 체중감소 등을 일으킬 수 있다.

(4) 납(lead/Pb)

테트라에칠 납을 포함하는 납의 원료로는 석유, 납 파이프, 페이트, 도기, 일부 머리 염색제 등이 있다. 쓰레기장에서 일하는 사람들이 위험에 노출되어 있다.

독성 증상으로는 두통, 학습과 행동의 문제, 근육의 문제, 기억력 저하, 피로감, 복부 불편감, 신장의 문제 등이 있고 아이들의 과다활동성과 학습 장애는 높은 납 수치와 관련이 있다.

다른 중금속과 마찬가지로, 아연은 특히 모발에 있는 시스테인과 같은 황을 가진 그룹들에 쉽게 반응하여 이로 인해 납은 케라틴 분자 속에 남아있게 된다.

(5) 수은(mecury)

자원으로는 살균제, 치아 충전재, 농약, 참치와 같은 큰 물고기 등이 포함된다. 수은 중독의 증상으로는 감각 손상, 식욕과 체중 저하, 듣기 문제, 불면증, 어지럼증, 두통, 감정적인 장애 등이 있다.

일본에서는 1953년부터 1970년 사이에 공장에서 흘러나온 수은으로 물이 오염된 뒤 120명 이상이 메칠 수은으로 인해 사망한 것으로 보고 되었다. 수은의 무기성 형태가 유기성 메칠 수은으로 바뀌는 것은 강바닥의 진흙 속에 살고 있는 세균들에 의해 이루어진다. 무기성 수은과 상호작용하는 이 세균들은 물고기가 먹는 플랑크톤에 의해 소화된다. 메칠 수은은 독성이 오래 지속되기 때문에 위험하며 인간에게서, 이것은 헤모글로빈에 결합하여 수 개월간 몸속을 순환한다.

제 4 장

아미노산

4.1 아미노산

4.1 아미노산

4.1.1 아미노산이란?

아미노산이란, 단백질을 이루는 화학적 구성요소들이며, 이들 아미노산들이 적절한 비율로 알맞게 존재하지 않으면 단백질이 합성되지 않는다. 아미노산이란 것이 얼마나 중요한지 알기 위해선 단백질의 중요성을 설명하는 것이, 더 이해가 빠를 것이다. 단백질은 모든 살아있는 생물의 기본골격을 이루는 매우 중요한 물질이다. 단백질은 생명의 유지에 없어서는 안 될 성분중 하나이다. 단백질은 물 다음으로 체내에 많은 성분으로서, 근육, 인대, 손톱, 머리카락, 담즙과 소변을 제외한 체액, 선 등의 구성성분이며 뼈의 성장에 필수적이다. 효소, 호르몬, 유전자는 여러 종류의 단백질로 이루어진다. 특정 단백질이 합성되기 위해선 그 구성 아미노산이 모두 적절한 비율로 존재해야만 한다. 아미노산이 결합되어 5만 가지가 넘는 특정단백질과 알려진 것만도 2만 가지가 넘는 효소를 만들어내고 있다. 각각의 단백질은 그 구성아미노산이 모두 틀리기 때문에, 서로 호환성이 없다. 아미노산은 16% 정도의 질소를 포함하고 있다는 것에서 탄수화물이나 지방과 구별된다. 중추신경계의 기능 유지에 필수적(신경 전달 물질 또는 그의 전구체가 된다.)으로 대략 29가지의 아미노산이 체내의 수많은 단백질을 구성하게 된다. 우리가 필요로 하는 아미노산의 약 80%정도는 간에서 합성되며, 나머지 20% 정도는 반드시 음식으로서 섭취되어야 한다. 이를 필수 아미노산이라 부르는데, Tryptophan, Valine, Threonine, Isoleucine, Leucine, Lysine, Phenylalanine, Methionine 등이 있다. Alanine, arginine, asparagine, aspartic acid, citrulline, cystein, cystine, gamma-aminobutyric acid, glutamic acid, glutamine, glycine, ornithine, proline, serine, taurine, tyrosine 등은 체내에서 합성 가능한 비필수 아미노산이다.

4.1.2 아미노산의 기능

아미노산으로 단백질을 합성하고, 단백질을 아미노산으로 분해하는 과정은 체내에서 끊임 없이 일어난다. 효소나 세포합성이 필요 할 때 필요량만큼 아미노산을 이용하여 합성한다. 필수아미노산이 부족 할 때는 원활한 단백질합성이 이루어지지 않고, 각종 장애를 일으킨다. 필수아미노산의 부족현상은 매우 쉽고 다양한 요소에 의해 일어난다. 소화양분의 흡수 부족, 감염, 외상, 스트레스, 약물, 노화, 불균형한 영양 등에 의해 필수아미노산 결핍에 영향을 미친다.

많은 양의 단백질 섭취가 최선의 방법은 아니다. 과다한 단백질섭취는 단백질 대사에 의한 노폐물(암모니아)을 만들어 간과 신장에 부담을 주게 된다. 암모니아는 인체에 유해하므로, 유해하지 않은 요소로 전환되어야 한다. 이 전환 과정은 간과 신장에서 일어난다.

체내에 암모니아가 축적되면 뇌염이나 간 기능 상실 등을 초래하고, 요소가 축적되면 신장염과 허리의 통증을 유발한다.

4.1.3 아미노산제의 선택

아미노산제는 캡슐, 정제, 파우더의 형태로 시판되며, 대부분 계란 노른자, 콩, 효모 등이 그 원료가 된다. Glycine을 제외한 대부분의 아미노산은 D-form, L-form의 두 가지 형태 (한 형태를 다른 형태의 거울에 비친 상의 형태)로 존재한다. L-form이 생물의 조직 내에서 발견되는 아미노산의 형태이다.

단백질을 구성하는 아미노산의 형태는 phenylalanine을 제외하고는 모두 L-form이다. 만약 우리가 섭취하는 음식 중에 필수 아미노산이 균형 있게 들어있지 않거나, 소화기능에 이상이 생기면 반드시 우리 몸은 이상을 일으키게 된다. 그러므로 우리는 균형잡힌 식생활을 하거나 또는 필수아미노산이 골고루 든 영양보조제를 복용해야 한다. 또한 아미노산은 이러한 필수기능 외에도 vitamin과 mineral이 그 기능을 다 할 수 있도록 돕는 역할을 한다. Vitamin과 mineral이 흡수되어 우리 몸에서 작용을 발현하는 데는 아미노산이 꼭 존재해야 한다.

결정형 free form amino acid(유리형 아미노산)는 주로 곡류(현미가 가장 좋은 원료이지만 냉동 압착한 효모나 우유 단백질도 쓰임)에서 추출되며 체내 흡수 속도가 빠르다. 실온에서는 안정하지만 180-350°F 사이에서 변성하는 특징이 있다. 단일 아미노산을 복용할 때는, 공복에 복용해야 하며 다른 아미노산과 흡수 시에 경쟁하므로 두 가지를 같이 복용하는 것은 좋지 않다.

아미노산을 따로 복용할 때 장기간 복용하는 것은 좋지 않다. 필요에 따라 복용 시에도 두 달간 복용하면 2주간은 휴지기를 두는 것이 좋다. 일부 아미노산(asparatic acid, homocystiene, serine, tryotopan)은 과다 복용(하루에 6000 mg 이상)시 신경계통에 독성을 준다. Cystenine은 하루 1000 mg 이상 복용 시 독성을 갖는다. 어린이에게는 아미노산 공급제를 삼가며, 전문가와의 상담 없이 어떠한 아미노산도 권장량이상을 섭취해서는 안 된다.

4.1.4 아미노산의 종류

(1) 알라닌(Alanine)

인체의 에너지를 생산하는 glucose의 대사를 돕는다. 근육의 무기호흡 시 만들어지는 근육내의 독성물질의 배출을 돕는다. Epstein-Barr virus 와 만성피로는 alanime의 과다섭취와 tyrosine과 pheltlalanine의 결핍과 관련이 있다. Beta-alanine은 pantothenic acid(Vitamin B5)과 Coenzyme A와 같은 필수 효소의 구성 물질이다. 연구결과 인슐린의존성 당뇨환자에게 L-alanine은 효과가 있으며 저혈당증을 막아주는 것으로 알려졌다.

(2) 아르기닌(Arginine)

*면역계를 강화시켜 종양과 암세포의 성장, 전이 등을 지연시킨다. T 세포를 만드는 흉선의 크기와 기능을 강화시킨다. 이러한 이유로 arginine은 암환자나 AIDS환자에 등과 같이 면역기능이 약화된 환자에게 효과적이다.

*간의 해독 작용 보조, 암모니아를 무독화 시킨다.

*간 경화, 지방간 같은 간 질환에 좋은 효과를 발휘한다.

*성장 호르몬 분비

*남자의 정자 생성을 왕성하게 한다.

*피부나 결합조직에서 많이 발견되며, 손상된 조직의 재생이나 치료에 효과적이다.

*근육대사에 중요한 물질이다. 질소를 저장하거나 수송하여, 체내의 적절한 질소 농도를 유지해준다. 근육을 강화하고 지방조직을 분해시키는 기능이 있어 체중 감량에 효과적이다.

*다양한 효소와 호르몬을 활성화한다.(Insuline, basopressin 등)

*콜라겐 합성에 관여하여, 뼈의 생성이나 인대 생성에 도움을 준다. 따라서 운동선수나 결합조직에 질병이 있는 환자에게 좋다.

*체내에서 합성 가능하다.

*초콜렛, 코코넛, 견과류, 젤라틴, 육류, 밀, 땅콩, 등에 풍부하다.

*임산부나 수유부엔 금기

*정신분열증환자는 하루 30mg 이상의 복용을 피해야 한다.

(3) 아스파라긴(Asparagine)

중추신경계가 항상 균형 있는 상태로 유지되도록 한다. 즉 너무 긴장하거나, 너무 이완되지 않도록 한다. Asparatic acids로 전환될 때 에너지를 방출하여 이는 뇌와 신경계의 물질대사에 사용된다. 간에서 아미노산의 전환을 촉진한다.

(4) 아스파라트산(Asparatic acid)

*피로 회복에 좋다. (만성적인 피로는 이것의 부족으로 인한 것일 수도 있다.)

*적당한 양을 조절하면 뇌나 신경계의 치료에 좋다. 간질환자의 경우 asparatic acid의 양이 많고, 우울증환자의 경우 asparatic acid의 양이 적다.

*간에서 과잉의 암모니아를 제거하는 것을 도움으로써 간을 보호한다.

*DNA나 RNA 합성에 관여.

*다른 아미노산과 결합하여 체내에서 생성된 여러 독소를 흡수, 제거한다.

*면역 단백질인 immuoglobulins과 항체의 생산을 촉진한다.

*식물단백질 특히 발아중인 종자에 풍부하다.

*인공감미료인 aspartame은 asparatic acid와 phenylalanine으로 구성되어 있다.

(5) 카르니틴(Carnitine)

Carnitine은 엄격한 의미에서 아미노산이 아니다. 화학구조가 아미노산과 유사하여 보통 함께 다루어진다.

아미노산이 아니기 때문에 단백질 합성이나 신경 전달물질로 쓰이지는 않는다. 이들의 체내에서의 기능은 근육의 에너지 대사를 위해 지방산을 수송한다. 따라서 carnitine은 체내 지방산화를 촉진하므로 심장, 간, 골격근의 지방축적을 방지한다. 심장수술에 의한 심장손상을 경감시켜준다. 체중 조절, 근육강화 등에 도움을 주며, 항산화제인 비타민 C와 E의 기능을 상승시킨다.

충분량의 lysine, methionine, 비타민 B1, B6 철분이 존재할 때 체내에서 만들어진다.

대부분의 carnitine 결핍은 carnitine 합성에 유전적 결함으로 기인한다. 증상으로는 심장 통증, 근육 약화, 비만 등이 있다. 채식주의자들은 그 식이 내의 lysine 부족으로 인해 carnitine이 부족 되기 쉽다. 이를 방지하기 위해서는 옥수수와 같은 곡류를 많이 섭취해야 한다.

(6) 시트룰린(Cirtuline)

*체내에서 L-arginine으로 대사된다.
*암모니아를 무독화 한다.
*에너지 생산, 면역능력을 향상시킨다.

(7) Cysteine과 Cystine

두 개의 아미노산은 밀접한 관련이 있다. Cysteine 두 분자가 결합하여 cystine 한 분자를 구성하여, 필요에 따라서 전환된다. Cysteine은 매우 불안정하여 쉽게 L-cystine으로 전환되나 그 효과는 같다. 두 아미노산은 모두 황의 함량이 많으며, 피부의 구성성분이고 항산화작용을 한다.

Cystein은 손톱, 피부, 머리카락의 주요 구성성분인 alpha-keratin에 존재한다. 콜라겐의 구성성분이며, 피부의 탄력을 유지시켜준다.

독성물질을 무독화하며, 방사선에 의한 피부손상을 막는다. 뛰어난 유리기 제거제이며, selenium과 비타민 E와 상승효과가 있다.

간에서 해독작용을 하는 glutathione의 전구체이다.

알콜, 약물, 흡연으로 인한 독성물질로부터 간과 뇌를 보호한다.

Cysteine은 cystine 보다 용해성이 좋아 체내에서 흡수가 잘되어 질병치료에 매우 효과적이다. L-methionine으로부터 생성되며 이 과정에서 비타민 B6가 꼭 필요하다.

류머티스 관절염 치료에 효과적이며, Chelating 효과가 있어 체내에서 과량의 구리 제거, 지방 분해와 근육 생성에 관여한다.

호흡기에서 점액을 효과적으로 분해하므로 결핵, 기관지염, 폐기종 치료에 효과적이다.

Cystine은 피부의 형성, 해독 작용에 쓰이며 화상과 수술 후의 상처회복에 도움을 준다.

인슐린의 저해작용이 있으므로 당뇨병환자는 cystine 섭취에 주의를 기울여야한다.

(8) Dimethylglycine(DMG)

Glycine의 유도체이며 가장 간단한 아미노산이다. Methionine, choline, 호르몬, 신경전달물질, DNA 등의 구성성분이다.

혈중 콜레스테롤 수치를 낮추며 면역기능을 강화한다.

(9) GABA(Gamma-Aminobutyric Acid)

중추 신경계에서의 neurotransmitter의 하나로서 valium이나 librium과 같은 진정 효과가 있으며, 탐닉성이 없다. 진정 효과를 위해선 750mg을 복용한다.

Niacinamide, inositol과 같이 쓰이면 걱정, 불안감을 없애준다.

(10) 글루타민산(Glutamic acid)

*Glucose 외에 "brain fuel"로 쓰이는 물질, 당분과 지방 대사에 관여

*Glutamine과 같이 쓰여 암모니아를 무독화 한다.

*인격장애 교정, 정신지체, 근육위축, 궤양 등에 도움을 준다.

(11) 글루타민(Glutamine)

인체에 가장 많이 분포하는 아미노산이다. 뇌에 가장 쉽게 통과하며 brain fuel로 쓰인다. 뇌에서 glutamin acid로 전환되며 이는 뇌기능에 필수적이다. 적절한 뇌 기능과 두뇌활동을 위하여 GABA를 증가시킨다. 인체의 산-알칼리 균형을 유지시키며, DNA와 RNA 합성에 사용된다. 두뇌활동과 소화기관을 건강하게 유지시킨다.

아미노산이 분해될 때 질소가 유리되며, 이는 암모니아가 되어 독성을 나타내고 특히 뇌 조직에 유해하다. 암모니아는 간에서 요소로 합성되거나, glutamic acid와 결합하여 glutamine이 된다. 이 과정은 근육이나 뇌에서 암모니아 제거한다.

Glutamine은 근육에서 많이 분포하며, 골격근 형성 시 구성성분이 된다. 스트레스나 질병이 있으면 근육의 glutamine은 3배 이상 혈액으로 빠져나간다. 따라서 glutamine은 근육형성에 도움을 주며 근육 내 노폐물을 제거하여, 질병을 예방 해준다.

자가면역질환, 알코올 중독 치료, 당분에 대한 탐닉성, 정신 분열증, 임포텐스, 피로, 전간, 소화성 궤양치료 매우 중요하며, 알코올 중독 치료 시엔 glutamin acid 보다 glutamine이 훨씬 효과적이다.

많은 동, 식물은 glutamine을 함유하고 있으나 음식의 조리를 통해 쉽게 파괴된다. 시금치나 파슬리를 날로 먹으면 좋은 glutamine 공급원이 된다. Glutamine은 분말 상태와 완전 경조시켜 보관해야 하며, 그렇지 않으면 암모니아나 pyroglutamic acid로 분해된다. 간경변증과 신장질환과 같이 혈액에 암모니아의 농도를 높이는 질환을 가진 사람은 glutamine의 섭취를 피해야 한다. Glutamine, glutamic acid(glutamate), glutathione, gluten, monosodium glutamate 등은 이름은 비슷해 보이나 서로 다른 물질들이다.

(12) 글루타티온(Glutathione)

Garnitine과 마찬가지로 glutathion은 아미노산이 아니며, cystein, glutamic acid, glycine 으로 구성된 tripeptide이다.

강력한 항산화제로서 간에서 생성되어 담즙과 함께 분비되어 유리기 생성을 막는다. 혈액에 직접 분비되어 적혈구와 백혈구의 기능을 유지해준다. 탄수화물 대사에 필요하며, 노화방지나 지방을 산화시키는 작용이 있다.

Glutathione이 부족하면 신경계통에 영향을 미쳐, 정신질환, 경련, 평형감각의 상실 등을 일으킨다.

이러한 현상은 뇌에 장애를 일으켜 생기는 것으로 추정된다. 노화가 진행됨에 따라 glutathione의 결핍은 가속되다. Glutathione 제재는 값이 비싸므로, cystein, glutamic acid, glycine 과 같은 glutathione의 구성성분은 날로 섭취하는 것이 좋다.

(13) 글리이신(Glycine)

Creatine을 공급함으로써 근육의 퇴화를 지연시킨다. 핵산, 담즙, 다른 비필수 아미노산의 합성에 필수적이다. 피부와 결합조직에 높은 농도를 존재하며, 조직의 재생과 복구에 유용하다. 중추신경계와 전립선의 기능 유지에 필수적이며, 간질 예방에 쓰인다.

(14) 히스티딘(Histidine)

성장(특히 아동기), 조직의 수복과 생성에 필수적이다. Myelind를 생성하여 신경세포를 보호하며, 적혈구와 백혈구의 생성에 필요하다.

체내 histidine 농도가 높으면 스트레스나 정신질환을 일으킨다.(정신분열증환자는 histidine 농도가 높다.) 알레르기와 류머티스 관절염, 빈혈 치료에 필수적이다. Methionine은 histidine의 농도를 낮추는데 효과적이다.

Histamine은 histadine으로부터 생성되며 면역체계에 필수적이며, 발기에 도움을 준다. 비타민B6(pyridoxin)와 B3(niacin)을 같이 복용하면 histadine으로부터 histamine의 전환이 활성화되어 성생활에 많은 도움을 준다. 조울증 환자는 histidine의 복용을 피해야한다.

(15) Homocysteine

Homocysteine은 methionine 대사과정에서 생성되는 아미노산이다. 혈액의 homocysteine의 농도가 높아지면 심혈관계 질환의 위험성이 높아진다는 사실이 밝혀져 최근에 관심이 집중되고 있다. Homocysteine은 혈관내의 혈액의 응고를 일으키고, low-density lipoprotein(LDS, 소위 “bad-cholesterol”)의 산화를 일으켜 동맥에

침전되게 한다.

다른 아미노산과 마찬가지로 homocysteine은 체내에서 필요한 기능을 수행한다. Cysteine과 같은 아미노산을 분해하고, adenosine triphosphate (ATP)와 S-adenosylmethionine (SAMe)과 같은 물질을 분해한다. 유전적 결함이나 vitamin B6와 vitamin B12, folic aciditamin B6와 vitamin B12, folic acid는 homocysteine을 분해하여 심장질환을 예방한다.

(16) 이소류신(Isoleucine)

Hemoglobin을 생성하며, 혈당을 조절한다. BCAA(Branched-chain Amino Acid)의 하나로서 근육 조직에서 대사되어 에너지를 생성하며, 결핍 시에는 저혈당과 비슷한 증세를 유발한다. 정신질환 치료에 효과적이다. 아몬드, 닭고기, 콩, 달걀, 새선, 육류 등에 풍부하다.

(17) 류신(Leucine)

*증가된 혈당을 낮춘다.
*BCAA의 하나이다.
*뼈조직, 피부조직, 근육조직의 재생과 수술 후의 빠른 회복에 기여한다.
*너무 많은 양을 복용하면 저혈당증이 올 수도 있다.

(18) 라이신(Lycine)

필수아미노산이며 아동기에 적절한 성장과 뼈의 발달을 돕는다. 칼슘 흡수와 질소 균형을 유지시킨다. 항체, 호르몬, 효소, 콜라겐 생성과 조직형성과 복구에 도움을 준다. 감기, 고열 등에 의한 입가의 발진과 herpesberuses(포진)의 치료에 효과적이다. 비타민 C와 bioflabonoids와 함께 복용하면 상승효과가 있다.

빈혈, 눈의 충혈, 탈모, 집중력 장애, 식용부진, 생식기능이상, 성장저하, 체중감소 등은 lysine 결핍증상이다. 치즈, 달걀, 생선, 리마콩, 우유, 감자, 육류 등에 풍부하다.

(19) 메티오닌(Methionine)

필수아미노산이며, 지방을 분해하여 지방간을 예방한다. 체내에서 cysteine, taurine이 생성되려면 methionine이 필요하며 "brain food"(두뇌를 위한 음식)인 choline 합성에도 methionine이 필요하다. Rheumatic fever, 임신중독증 치료에 매우 중요하며 간장과 동맥 내의 지방 축적을 방지한다.

Gilbert's syndrome(간기능의 이상), 핵산과 체내의 모든 단백질 합성에 필요하다. 구강 피임약을 복용하는 여성에게도 필요하며, 체내의 histamine 농도를 낮추므로 정신분열증환자에게 필요하다.

콩, 달걀, 생선, 마늘, 렌즈콩, 육류, 양파, 요구르트 등에 풍부하다.

(20) 오르니틴(Ornithine)

Arginine, carnitine과 협동하여 체내 과잉의 지방을 분해하는 성장 호르몬을 분비하도록 한다. 면역계, 간 기능에 필수적이며 암모니아를 무독화 한다.

Ornithine은 arginine으로부터 생합성 되며, citrulline, proline, glutamic acid의 전구체 역할을 한다. 성정기의 아동, 임산부, 수유부, 정신질환자 등에게 투여하지 않는다.

(21) 페닐알라닌(Phenylalanine)

필수 아미노산으로 우울증을 치료하고, 뇌에서 dopamine과 norepinephrine을 합성하는데 쓰여져 기억력, 학습능력 향상, 비만 치료에 쓰인다.

중추신경계에서의 이와 같은 작용으로, 기분을 상승시키며, 우울증 치료에도 쓰인다. 편두통, 생리통, 관절염에 수반되는 통증을 경감시킨다. 임산부, 고혈압환자, PKU 환자(phenylktouria), Pigmented melanoma(암의 일종)환자는 복용해선 안 된다.

(22) D,L-Phenylalanine

통증 조절, 특히 관절염 통증에 매우 효과적이다. 식욕을 억제한다. Parkinson's disease의 치료를 보조하고, 임산부이거나 당뇨, 고혈압 환자는 사용에 신중을 기하여야 한다.

(23) 롤린(Proline)

Collagen(교원질) 생성을 도움으로써 피부를 좀 더 건강하게 한다. 연골의 재생 촉진과 관절, 심근을 건강하게 한다.

(24) 세린(Serine)

지방, 지방산의 대사에 필요하며, 면역계를 강화한다. 항체, immunoglobulens의 생성을 도와준다.

(25) 타우린(Taurine)

심근, 백혈구, 골격근, 중추신경계에 다량이 함유되어 있다. 심장을 튼튼하게 한다.

저혈당, 동맥경화증, 고혈압, 부종치료에 효과적이며, 담즙의 필수 요소로서 지용성 비타민의 흡수에 꼭 필요하고, 혈중 콜레스테롤을 조절한다. 지방의 소화를 돕는다. 체내 비타민 B6가 풍부할 때 cysteine으로부터 합성된다.

뇌의 보호기능이 있어 간질, 신경과민, 졸중풍(卒中風) 등을 치료하는데 쓰인다. 성인의 뇌에서 보다 어린이의 뇌에서 4배가량의 타우린이 있다. 아연과 타우린의 결핍이 중풍환자에서 흔하게 발견된다. 다운증후군과 근육장애 아동에게 사용하면 효과적이며, 유방암 치료제로 쓰인다.

물질대사의 이상으로 소변을 통한 과량의 타우린 유출로 타우린결핍이 일어난다. 심부정맥, 효소판결핍, 소화장애, 아구창균의 번식, 육체 정신적 스트레스, 아연결핍, 과도한 음주 등에 의해 소변을 통한 타우린 결핍을 초래한다.

계란, 생선, 육류, 우유 등에 풍부하며, 야채에는 없다.

(26) 트레오닌(Threonine)

Collagen(교원질), elastin과 같은 결합 조직 합성에 중요하며, Aspartic acid, methionine과 결합하여 간의 지방을 제거한다. 심장의 중추신경계, 골격근에 주로 존재하고 전간(간질, 지랄병)환자의 발작을 조절하는데 중요하다.

(27) 트립토판(Tryptophan)

체내에서 niacin을 합성하며, 정상적인 수면을 유도하는 neurotransmitter (신경전달물질)인 serotonin의 합성원료가 되어(비타민 B6 관여)불면증 치료에도 쓰인다.

아동에게서의 신경과민 (hyperactibity)을 치료하며, 스트레스를 완화하고, 비타민 B6의 합성에 필수적인 성장 호르몬을 분비 촉진한다. 1989년에 CDC(The Cinter for Disease Control)에 의해 tryptophan제제와 EMS(Eosino Philiamyaglia Syndrome)와의 연관성이 발표되었으며, 복용에 신중을 요한다. (EMS : 혈중 백혈구의 수가 증가하는 것이 특징인 혈액 질환으로 공통적인 증상은 피로, 근육통, 호흡곤란, 기침 등이다.) CDC가 이를 발표한 후, FDA는 즉각 tryptophan제제를 회수한 바 있다. 그러나 아직까지도 EMS의 정확한 원인은 밝혀진 바 없다.

(28) 타이로신(Tyrosine)

우울증, 알레르기, 두통 치료에 좋다.

Melanin 색소를 합성하며, 부신, 갑상선, 뇌하수체의 기능을 활성화한다. 갑상선 기능저하증을 tyrosine의 낮은 혈중 농도와 연관이 있다. 기분 전환제로 작용하며, 기분을 좋게 하고 식욕을 억제시킨다. 체내의 지방을 분해한다. Phenylalanine으로부터 합성되며, 또 이것은 체내에서 norepinephrine으로 합성되기 때문에 tyrosine 부족은 결국 뇌의 특정 부위에 norepinephrine을 결핍시켜 우울증을 야기 시킨다.

Tyrosine은 또한 epinephrine과 dopamine의 원료가 되기도 한다.

아몬드, 악어배, 바나나, 리마콩, 호박종자, 참깨종자 등에 풍부하다.

(29) 발린(Valine)

필수아미노산으로 흥분제 기능이 있다. Leucine, isoleucine과 함께 BCAA로 분류된다. 3종의 아미노산이 같이 쓰일 때 가장 효과가 좋으며, 근육 내에서의 물질 대사, 조직 수복, 질소 균형에 관여한다.

제 5 장

부록

부록 1)

女性脫毛와 關聯된 女性호르몬에 觀한 硏究

차 례

女性i脫毛와 關聯된 女性호르몬에 觀한 研究

A Study on the Female Hormone Related to the Problem of Female Depilation

장 수 만

Soo Man Jang

(Abstract)

In recent years the anxiety about loss of hair is no more the men's own. Those who are distressed by loss of hair come to 6 millions. And the proportion of the female population among them is up to 50%. The increasement of women who follow occupations and various stresses and the other factors accelerate famale depilation.

The scale of the market for the loss of hair is about 1 trillion won and the scale of the market of shampoos for loss of hair is about 150~200 billion won.

The problem of loss of hair cannot be solved only by using without purpose the shampoo or other product for it. And the cases of spending time and momey with no effects in a way or the other ways, are frequent. As for loss of hair, it is important to investigate its causes. The loss of hair is affected by the internal causes like the factors of hormone disturbances, overwhelming stresses, and excessive diets. Or there are external factors like perming products, decolorizing products, coloring products.

This paper is to examine various causes of female depilation and the kinds of female hormone; and is to argue on the alternative therapeutic

Ⅰ.서 론

최근 탈모의 문제는 더 이상 남자만의 고민이 아니다. 현재 탈모문제로 고민하는 이는 6백 만 명 정도에 이르며 여자가 차지하는 비율은 50%정도라 한다. 여성의 사회진출의 증가와 스트레스 등 여러 가지요인이 여성 탈모를 가중시키는 요인이 된다.

탈모와 관련된 시장도 1조 억대를 형성하며 탈모관련샴푸시장만도 150억-200억대를 넘는다고 한다.

탈모라 하여 무조건 탈모관련 샴푸 및 제품을 사용한다고 해결되는 것이 아니며 또 이런 방법 저런 방법으로 시간과 돈을 낭비하는 경우를 흔히 접하게 되는데 무엇보다 탈모는 그 원인을 파악하는 것이 가장 중요하다 하겠다.

여성의 탈모는 주로 내적인 요인인 유전적(호르몬), 스트레스, 다이어트, 외부적요인인 펌, 염색, 탈색제품에 의한 탈모 등을 들수 있다

본 논문에서는 여성탈모의 원인들을 살펴보고 원인 중 호르몬과 관련된 여성호르몬의 종류와 천연 여성호르몬 대체요법에 대해 논하고자 한다.

Ⅱ.본 론

여성들의 탈모현상은 남성들과는 다르다. 남성의 탈모현상은 헤어라인(머리가난 부분의 경계선)이 후퇴하거나 속알머리가 없는 양상을 보이지만 여성탈모현상은 대부분 윗 윗부분의 모발이 얇아지고 숱이 적어지는 양상을 보인다. 여성의 탈모를 유발시키는 남성호르몬인 안드로겐보다 여성 호르몬인 에스트로겐을 훨씬 더 많이 갖고 있기 때문에 남성처럼 완전한 대머리는 되지 않는다. 머리카락이 다량 빠져 숱 자체가 없어질 뿐이다. 또한 여성은 굵은 머리털이 연모화 상태에서 진행을 멈추는 것이 특징이다.

남성탈모는 정수리나 관자놀이 부근에서 나타나지만 여성탈모는 정수리 부근에서 탈모된다. 앞머리가 둥글게 연모화하면서 머리 밑이 드러나기는 하되 헤어라인 경계를 벗어

나지 않는다. 그러나 심하면 여성도 남성처럼 M자형 탈모를 동반하기도 하고 탈모시 남성 여성 모두 모발이 가늘어 진다. 또한 남성형 탈모증과 비슷하게 유전하며 나이가 들수록 점진적인 탈모가 일어나며 남성과 달리 일정한 형태가 없다.

1. 여성탈모의 원인

여성탈모의 원인으로는 유전적인 요인과 후천적인 요인 등을 합해 약 46가지 정도로 구분된다. 이들 대부분은 관리에 의해 상태가 호전 될 수 있다. 두피에 지방질이 과다하거나 건조하고 윤기 없는 모질, 비듬 및 부분탈모, 원형탈모 증세 등이 나타나는 초기에 바로 대처 하는 것이 심해지는 것에 대한 좋은 방법이다.

동양인들은 서양인에 비해 상대적으로 탈모현상이 덜한 경향이 있지만 최근 아시아 지역에서 꾸준히 증가 하고 있는 추세이다. 탈모현상은 어느 특정집단에서만 나타나는 현상이 아니라 성별 관계없이 나타난다. 최근 20년간 여성탈모가 급증하는 추세에 있다. 전문가들은 이러한 현상에 대해 호르몬의 불균형, 생리불순, 빈혈, 다이어트, 갱년기 증상 등 좀 더 복잡하고 다양한 원인에서 기인 한다고 한다. 여성 탈모의 대부분은 머리의 앞부분과 정수리 머리가 가늘어지면서 발전하며 여성탈모에서는 완전탈모는 아주 드물게 나타난다.

① 스트레스

현대사회에서 여성이 차지하는 비중이 점점 늘어나고 있는 추세다. 보다 적극적인 참여와 생활과의 끊임없이 반복되는 가사일, 여러 가지 역할을 동시에 다 해내야 한다는 사회적인 중압감등이 스트레스를 갈수록 가중시켜 급기야 여성탈모를 유발시키는 중요한 원인이 된다.

② 지나친 스타일링 제품사용

잦은 염색과 탈색, 펌가 스타일링 제품을 지나치게 사용한다거나 머리를 지나치게 잡아당기거나 드라이를 너무 뜨겁게 하는 것은 탈모증상을 더욱 가중시킨다. 손상된 두피는 오랫동안 증상이 잠복되어 있다가 서서히 그 손상 정도가 나타나게 된다. 전문적인 두피측정기를 통해서 모낭의 손상정도를 파악함으로써 더 이상 모낭이 파괴되는 것을 막고 탈모를 방지 할 수 있다.

③ 다이어트

외모를 중시하는 풍조로 인하여 다이어트를 하는 여성들의 수가 갈수록 늘어나고 있다. 무조건 굶는 방법으로 다이어트를 하게 되면 인체의 즉, 모발에 필요한 영양분이 부족으로 탈모에 영향을 주게 된다. 식욕부진 등의 병적인 상태가 아니더라도 영양을 제대로 섭취하지 않으면 필수 영양소 부족 등으로 인하여 생리가 중단되고 체내대사가 이루어지지 않아 탈모의 원인이 된다.

④ 임신, 출산과 폐경

임신, 출산, 폐경 등 체내 호르몬 분비에 변화가 있을 때, 환경공해나 식습관 변화, 스트레스 등이 탈모를 유발하게 된다. 그 중 가장 대표적인 현상 중의 하나가 호르몬의 변화로 인한 탈모 현상이다.

2. 호르몬의 종류

내분비계(호르몬계)는 생체의 항상성 유지, 생식, 발생, 행동 등에 관여하는 각종 호르몬을 표적세포(target)로 구성되어 있다. 내분비선에서 생산된 호르몬은 혈액을 통해 체내를 순환하며 표적이 되는 각 세포 및 조직에 관여한다.

1) 에스트로겐(estrogen)

여성의 2차 성징을 나타내는 대표적인 여성호르몬으로서 여성의 생식기와 유방의 성장에 관여하고 셀룰라이트의 형성에도 관여하여 여성의 인체에 여성스러움을 만들어주는 역할을 한다.

① 생성기관

난소의 난포, 황체, 플라센타에서 주로 분비되며 남성의 고환에서도 소량 분비 된다. 그리고 부신에서 분비되는 androstnedion이 지방조직들, 간, 그리고 피부 등에서 에스트로겐으로 전환되기도 한다.

② 에스트로겐의 종류

인체에서 만들어지는 여성 호르몬은 3종류가 있다.

*E2(estradiol) - 에스트라디올

*E1(esterone) - 에스테론

*E3(estriol) - 에스트라이올

(a) E2(estradiol) – 에스트라디올

사춘기의 난소성숙과 더불어 난소에서 주로 생성되며 난소기능이 퇴화되는 폐경기에 급속히 감소되어 난소의 난포가 고갈되면 사라진다. 전체 에스트로겐 중 10-20% 정도를 차지하지만 세 가지 에스토로겐 중 가장 중요한 작용을 하며 가장 강력하다.

또한 에스트로겐 수용기에 생물학적으로 가장 활발한 작용을 하며 여성 인체에 400가지 이상의 기능에 관계하고 폐경기로 인해 에스트라디올이 소실되면 피부, 뼈, 모발, 혈관, 뇌 등 여러 기관들이 급격하게 변화되어 퇴화하기 시작 한다.

(b) E1(esterone) – 에스테론

전체 에스트로겐 중 10-20% 정도를 차지하며 난소와 부신에서 그리고 폐경기 후에는 인체의 지방에서 만들어져 폐경기 이후에 보다 높은 양이 발견된다. 에스트라디올과 같은 장소에서 만들어지며 폐경기 이전에는 난소가 보다 강력한 에스트라디올을 만들게 하기위해 일종의 에스트로겐의 한 저장고로서 작용한다. 그리고 에스트론은 인체의 지방이나 몸무게를 건강한 상태로 유지 하도록 도와주는 작용을 한다.

(c) E3(estriol) – 에스트라이올

에스트로겐 중 60-80%,정도를 차지하지만 인체의 에스트로겐 중 가장 약한 호르몬이다. 임신 중에는 플라센타에서 다량 생산되며 임신되지 않은 여성의 신체에서는 거의 감지되지 않을 정도로 소량으로 존재한다.

(d) 에스트로겐이 피부에서 하는 작용

에스트로겐은 피부에서 테스토스테론을 견제하는 작용을 한다. 테스토스테론은 피부의 피지선을 발달시켜 피지(sebum)의 분비를 왕성케 하고 모발의 성장을 촉진하는 작용 한다. 피지선을 통해 피부에 테스토스테론의 레벨이 높아지면 과도한 기름 생산으로 모공이 넓어지고 번들거리며 여드름도 악화되며 안색도 탁해지는 즉, 피부의 남성화를 이루게 된다. 에스트로겐이 피부에 하는 첫 번째 작용은 바로 테스토스테론의 작용을 견제하여 피지분비를 감소시키면서 피부를 여성스럽게 만들어주는데 있다.

ⓐ 외피에서의 유사분열 증가작용
ⓑ 피지선의 크기와 활동의 감소
ⓒ 헤어성장률을 둔화
ⓓ 콜라겐의 합성과 교체를 촉진
ⓔ 하이루로닉산의 생산을 증가

2) 프로게스테론(Progesteron)

프로게스테론의 의미는 임신을 촉진, 장려 하는 것이다. 황체라고도 불리며 1934년 콩에 있는 이 호르몬의 전구체인 stigmasterol에서 부터 처음으로 순수 황체 호르몬을 얻어낼 수 있었다.

① 생성기관

황체와 플라센타에서 분비되고 부신피질과 고환에서도 소량 생산된다.

② 프로게스테론이 피부에서 하는 작용

프로게스테론의 피부에 대한 작용으로는 에스트로겐 수용기들의 작용을 차단한다는 보고가 있다. 프로게스테론과 에스트로겐은 서로 경쟁 관계에 있어 여성들의 신체에 프로게스테론의 레벨이 높아있을 때는 대부분 피부가 불안정하고 안 좋은 상태에 있는 것을 볼 수 있다.

여성의 피부상태는 생리주기에 따라 미묘하게 변화되는 것을 느낄 수 있는데 배란 직후, 즉 프로게스테론의 레벨은 절정이고 에스트로겐은 최고로 차단되는 시기에 피부는 가장 불안한 상태에 있게 되고, 평소 여드름이 잘 나는 피부는 이때에 여드름이 악화 되거나 새로 돋는 것을 경험 할 수 있다. 또한 임신초기에 여성들의 피부가 흔히 불안한 수 있는데 이 시기에는 역시 프로게스테론의 레벨이 최고조로 높아있는 상태이며 이후 태반이 완성되는 3개월 후부터는 에스트로겐의 레벨이 다시 상승 하면서 피부가 안정을 되찾게 된다.

3) 테스토스테론(Testosteron)

남성의 생식기관 발달을 조절하고 남성의 2차성징을 나타낸다. 뇌하수체의 생식선 자극 호르몬 중 LH에 의해 테스토스테론의 생산이 조절되고, FSH에 의해 고환에 정자형성이 촉진 된다. 테스토스테론은 고환에서 대부분 분비되고 부신피질, 여성의 난소 그리고 플라센타에서도 소량 만들어진다.

① 남성호르몬과 피부

남성호르몬은 피부를 남성화 시킨다. 테스토스테론이 혈액을 따라 흐르다가 피부에 도달하면 5알파 reducstase라는 효소에 의해 DHT(dehydrotestosteron)로 전환된다.

ⓐ DHT의 작용

DHT의 작용은 피지선을 자극하여 기름을 생산하고 모근을 성장하도록 하며 여드름과 대머리를 촉진 시킨다. 지성피부, 칙칙한 피부, 피부톤을 어둡게 한다. 근육형성에 중요한 역할을 한다.

4) 여성에서 테스토스테론 생성

폐경 전 여성은 하루에 0.3mg의 테스토스테론을 생산하는데 이는 난소와 부신에서 동량으로 생성된다. 혈중 테스토스테론 중 25%는 난소에서 androstenedione으로부터 생산된 것이며, 25%는 부신피질에서 직접 생산된 것이며 50%는 주로 간, 피부, 뇌와 같은 말초조직에서 DHEA와 같은 부신 및 난소로부터의 전구물질로부터 생산된 것이다. 대략 98%의 테스토스테론은 단백질에 결합되어 있는데 이중 1/3은 알부민에 약하게 결합되어 있고 나머지 SHBG(sex hormone binding globulin:성호르몬 결합단백질)에 강하게 결합되어 있다. 따라서 SHBG의 농도에 따라 테스토스테론의 생체이용율(bioavailability)이 달라지게 된다.

예를 들어 에스트로겐 투여 시 SHBG가 증가하여 유리(free)테스토스테론은 감소한다.

5) DHEA, DHEAS

DHEA(dehydroepiandrosterone)는 150여 가지 호르몬을 만들어내는 부신피질에서 생산되는 스테로이드호르몬의 하나다. DHEA는 여느 다른 스테로이드 호르몬에 비해 양이 많으며 대부분(95%)은 유황(DHEA-S)화합물로 혈청에 녹아있다. DHEA가 건강유지에 중요하다는 것은 잘 알지만 어떤 작용을 하는지는 아직도 완벽하게 밝혀지진 않았다.

DHEA 생산량은 20-25살 때 절정을 이르며 남성의 생산량이 여성보다 많지만 25살이 지나면 남녀 모두 매년 2%씩 감소한다. 그러다 50대 이르면 더욱 낮아진다.

DHEA수치의 장기간 쇠퇴는 노화와 평행을 이룬다. 그래서 어떤 사람들은 DHEA쇠퇴가 노화원인이라고 주장하는 반면 다른 연구가들은 노화의 원인이 아닌 노화의 표지로도 본다. DHEA는 적긴 하지만 안드로겐 특질을 지녔고 단백질 강화를 돕는 것으로 생각된다. 경구용 DHEA를 투여한 대상의 반응은 항상 똑 같지 않다. 에너지 상승효과나 스트레스 적응력, 행복감, 성충동을 보이기도 한다.

DHEA는 여성보다 남성에게 더 많은 혜택을 주면서 위험성도 더 적은 것으로 보인다. 이것은 배설되기 전 테스토스테론이나 에스트로겐으로 바뀌기 때문일 수 있다. 이 과정 속에 가장 저항이 적은 경로를 따른다. 즉, 테스토스테론양이 적은 사람에게는 테스토스테론으로, 에스트로겐 수치가 적은 사람에게는 에스트로겐이 되어준다. 그러나 DHEA 보충제의 궁극적인 효과는 아직 확신 할 수 없다.

3. 스테로이드 호르몬의 생성과정

인체 내에서의 천연 호르몬들은 우리가 섭취하는 영양분들로부터 효소들의 도움을 받아 만들어진다. 스테로이드 계통의 모든 호르몬들은 콜레스테롤에서 만들어진다. 콜레스테롤은 우리가 섭취하는 지방영양분들을 이용하여 인체의 필요에 따라 간에서 생성되기 때문에 극심한 저지방 저 콜레스테롤의 음식만 섭취하면 인체는 호르몬 균형에 문제가 발생 하게 된다.

성호르몬 전환과정과 연결 효소들

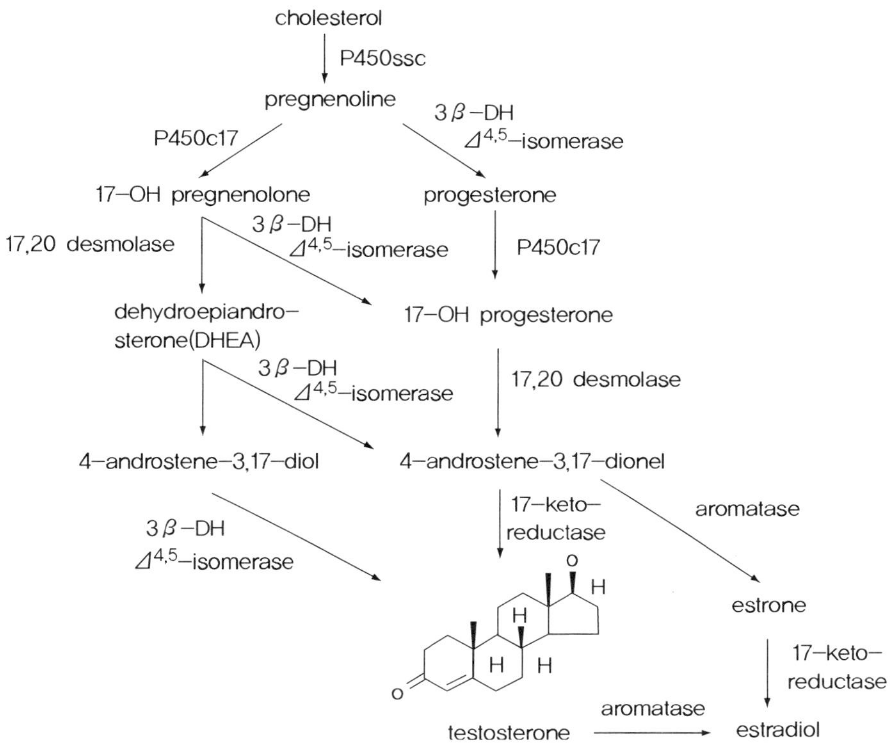

① DHEA(dehydroepiandrosterone)의 전환과정

DHEA는 최초의 남성호르몬(Androgens)으로 그 다음 단계로 안드로스테네디온 이라는 또 다른 남성호르몬으로 전환 되는데 이것은 모든 생식호르몬의 전구물질로 테스토스테론과 에스트로겐 모두가 여기에서부터 파생되어 만들어진다. 안드로스테네디온이 형성되는 과정까지는 생식기관인 고환과 난소 그리고 부신피질에서도 동일하게 진행되는데 고환에서는 대부분이 테스토스테론으로 전환되고 난소에서는 테스토스테론과정을 거쳐 에스트로겐의 종류인 에스트라디올과 에스트론으로 최종적으로 전환된다.

부신에서는 주로 안드로스테네디온까지 진행되고 이 남성호르몬이 혈관을 타고 신체의 각 부분을 돌다가 피부의 피지선 쪽으로 오게 되면 테스토스테론과 디하이드로테스토스테론으로 전환되어 피지선의 발달을 촉진하여 피지의 생산을 증폭시키고 또 한편으로 인체의 지방조직이 많은 곳에 도달 하게 되면 주로 에스테론으로 많이 전환 된다.

② 프로게스테론의 전환 과정

프로게스테론은 두 가지의 전환 경로를 가지는데 하나는 안드로스테네디온이라는 남성호르몬으로 전환 되는 경로이고 또 하나는 부신 피질의 당질 코르티코이드와 무기질 코르티코이드로 전환되는 경로이다. 코티졸, 코르티코스테론 등이 당질 코르티코이드 호르몬들이며 여기에서 다시 파생되는 알도스테론은 무기질 코르티코이드 호르몬이다.

4. 호르몬 대체요법

호르몬 대체요법으로는 크게 인공약제와 식물성 호르몬제로 구분할 수 있다. 호르몬은 약제의 사용에 대해서는 그 위험성으로 인해 많은 논란이 있어왔지만 골다공증의 치료를 위해 FDA에서는 폐경기 여성을 대상으로 그 사용을 허가 해 왔다. 그리고 여러 폐경기 증후군의 치료를 위해서도 호르몬 대체요법은 반드시 필요하다 최근에는 인공 호르몬제의 부작용과 위험을 대체하기위해 여러 식물성 호르몬제재가 많이 개발 되고 있다. 각각이 장점과 단점들을 살펴보아 서로 병합치료를 하는 것이 바람직하다.

1) 호르몬 약제 대체요법(HRTL hormone replacement therapy)

① 에스트로겐 대체요법(ERT: estrogen replacement therapy)

자궁이나 난소가 없는 여성들에게 사용된다. 이런 여성의 경우에는 자궁내막암이나 유방암 등에 대한 위험이 없기 때문에 프로게스테론과 병합 치료할 필요는 없다.

② 호르몬 대체요법(HRT: hormone replacement therapy)

자궁과 난소는 있지만 폐경기가 가까워 오거나 폐경기에 이른 여성들에게 처방된다. 에스트로겐 약제만 복용할 경우에는 자궁내막암에 대한 위험이 높아지기 때문에 프로게스테론과 병합치료를 한다.

③ ERT+TRT(testosterone replacement therapy)

에스트로겐과 테스토스테론을 병합 치료하는 방법. 혈중 호르몬 테스트를 하여 에스트로겐과 프로게스테론의 수준이 너무 낮으면 이들 호르몬들은 복합된 퍼퓰러로 사용 가능하다.

(1) 에스트로겐 약제들

인공적으로 합성된 에스트로겐들은 인체에서 에스트로겐과 같은 효능을 가지고 있지만 인체자신의 에스트로겐과는 유사성이 적다. 가장 강력한 강도를 가진 에스트라디올이 많이 이용되고 에스트라디올과 에스트론도 호르몬대체요법에 사용된다.

① 결합형 에스트로겐(CEE: Conjugsted equine estrogens)

10여 가지의 에스트로겐이 복합된 가장 대표적인 약제이다.

천연에서 얻어진 에스트로겐 복합체로서 임신한 암말의 뇨에서 추출했다. 인공합성한 에스트로겐보다 선호되고 있지만 말의 에스트로겐 종류와 인체의 에스트로겐 종류가 다른 부분이 있어서 인체에 적용할 때 부작용을 일으킬 수 있다.

② 에스트라디올(estradiol, 17-estradiol)

인체에서 가장 강력한 호르몬을 인공 합성한 것으로 경구용과 주사용도 있지만 주로 팻치형으로 많이 사용된다.

ⓐ 경구용 : estrofem, eveepia

ⓑ 주사용 : deslegrogen(estradiol valerate)

ⓒ 팻치형 : alora, climara, estrace, estraderm, fempatch, vivelle

ⓓ 크림, 젤 : 에스트로도즈, 에스트라바겔

③ 에스테르화된 에스트로겐(esterified estrogens)

식물에서 합성된 에스트로겐으로 대두(soy), 참마(yam)등에서 얻어진다. 인체의 에스트론(E1)에 해당되는 에스테론이 황과 결합(esterone sulfate)되어 75-85% 가량 함유되어 있고 인체에는 없지만 에스트로겐 수용체에 작용하는 equilin sulfate가 6-15% 가량 함유되어 있다.

④ 에치닐 에스트라디올(ethiny estradiol)

에스트라디올의 17번 탄소에 에칠기를 첨가한 형태로 간에서 1차 대사 되지 않게 하여 매우 강력한 효과를 가지고 있다. 일반 경구용 에스트라디올은 간의 효소에 의해 이화학적으로 변형되어 1차 대사되기 때문에 혈중 농도를 높이기 위해서는 많은 양이 필요하다. 최근에 가장 많이 사용되는 에스트로겐의 형태로 대부분 프로게스테론과 결합되어 경구용 피임약으로 많이 사용된다.

⑤ 에스트로피페이트(estropipate)

에스트론의 유도체로 황에 의해서 가용화되고 피페라진(piperazine)에 의해 안정화된 결정형 에스트론(estrone)이다.

2) 프로게스테론 약제들(프로게스틴)

인체에 있는 여성호르몬인 프로게스테론과 동일한 화학구조로 인공 합성된 약제를 프로게스틴(progestin)이라고 한다. 프로게스틴은 프로게스테론수용체에 친화력을 갖는 스테로이드 호르몬을 총칭하는 용어이다. 이것은 뇌하수체의 고나도트로핀 분비를 억제함으로서 배란을 억제해 주는 약이며 두꺼운 자궁 경관의 점액을 형성 시켜준다 또한 생리불순과 비정상적인 자궁출혈을 치료하기 위해 사용된다.

(1) 합성프로게스틴의 종류

프로게스틴의 종류는 자연 및 합성화합물이 있으며 합성 progestin은 화학구조에 따라 프로게스테론계와 테스토스테론계로 나눌 수 있다.

① 프로게스테론계(C-21 steroid)

프로게스테론의 분자구조로 합성되어 프로게스테론계 약제이며 호르몬 대체요법으로 선호되는 프로게스틴의 종류로는 medroxyprogesterone acetate(MPA), cyproterone acetate(CPA), medrogeston, dydro-gestone등이 있다

ⓐ medroxyprogesterone acetate(MPA)

어느 정도 남성호르몬 작용을 갖고, 특히 높은 용량에서는 지질 및 단백질에 영향을 미칠 수 있다.

ⓑ cyproterone acetate(CPA)

항남성호르몬 효과가 크다. 시중의 피임제 중에서 흔히 사용되는 호르몬제는 대부분

에스트로겐과 프로게스테론이 병합되어 있는데 에스트로겐제로는 에치닐에스트라디올이 많이 사용되고 프로게스테론으로는 MPA나 CPA가 많이 사용된다.

여드름치료를 위해 경구용 피임제를 사용할 경우에는 다이안(diane)이나 다이아네뜨(diane-tte)가 효과가 높은데 이 약제에는 에치닐에스트라디올 50mg에 CPA 2mg이 결합되어있다. CPA, medroxyprogesterone 및 dydrogesterone등은 지질 및 지단백대사에 큰 영향을 주지 않는다.

② 테스토스테론계(C-19 steroid)

테스토스테론의 분자구조를 변형시키면 남성호르몬 작용이 강한 테스토스테론계 프로게스틴이 되는데 노르에씬드론(norethindrone)유도체와 레보노게스트렉(levonogestrel)유도체가 있다.

ⓐ 노르에씬드론(norethindrone)유도체

이 유도체는 남성 호르몬적 특성이 강하여 액와모와 음모를 비롯해 전신에 털의 성장이 눈에 띄게 나타나며 피임제나 호르몬약제를 복용한 후 피부가 지루해지면서 여드름이 악화되는 경우들이 많이 있다.

ⓑ 레보노게스트렉(levonogestrel)유도

이 유도체들은 비교적 남성 호르몬적 특징을 완화 시켰지만 테스토스테론계에서 파생된 대부분의 프로게스틴은 여드름유발이나 털의 성장 촉진이 되는 경향을 가지고 있다.

3) 경구용 피임제

모든 호르몬 치료에 대한 작용원리가 명확하게 발표되어 있지는 않지만 이들 치료제들은 전신효과가 있으며 혈중 테스토스테론과 DHEA의 양을 감소시키고 다른 호르몬들에게 영향을 준다. 이것은 또한 국소 효과도 가능하다. 대체적인 결과는 피지생산 비율의 감소이다. 아직 각각의 약제에 대한 피지분비의 감소에 대한 임상적인 효능이 연구되어 있진 않지만 다이안(Diane)과 다이아네뜨(Dianette)를 복용한 환자들에게서 30% 가량의 감소가 이들 효능에 대한 전반적인 설명이다. 이외에 에스트로겐은 림프구의 작용을 조절한다는 증거가 있어서 호르몬은 중등증 여드름 염증을 조절할 수 있다고 한다.

호르몬 치료는 6-12개월 정도 행해야 하며 환자는 국소 치료를 함께 지속적으로 해야 한다. 경구용 항생제도 함께 치료되어야 한다.

경구용 항생제를 사용했을 때 반응 비율이 더딘 경우에는 첫달 안에 반응을 보이지는 않고 때로는 6주까지도 거의 반응이 없지만 그 이후부터는 상당한 개선이 보인다. 피임제에 사용되는 호르몬을 살펴보면

① 에스트로겐+프레드니졸론 (estrogen+prednisolone)
② 에스트로겐+싸이프로테론 아세테이트(estrogen+cyproterone acetate/다이안, 다이아네뜨)
③ 스피노락톤(spironolactone) 등이 있다.

(1) 에스트로겐+프레드니졸론 (estrogen+prednisolone)

다이안(diane)과 이소트레티노인(isotretinoin)이 사용되기 까지는 50mg의 에스트로겐 피임제와 프레드니졸론5mg이 같이 복합된 것을 밤에 복용 시켰다.

밤에 사용된 프레드니졸론은 부신남성호르몬을 억제해 준다. 그러나 다이안이 출시되면서 고객의 복용이 더욱 편리하기 때문에 영국을 비롯한 다른 나라에서는 다이안이 여드름 및 탈모를 위한 잘 확립되어 있는 상태다.

(2) 다이안(Diane), 다이아네뜨(Dianette)

다이안(Diane)은 50mg의 에티닐로에스트라디올(ethinyloestradiol)과 2mg 싸이프로아세테이트(cyproterone acetate)의 결합제이다. 다이안의 개선 효과는 하루에 테트라싸이클린 1g을 복용하는 것과 유사하다.

여드름이나 탈모 치료를 위해 이 약을 우선적으로 처방 할 수는 없지만 기존의 여드름 치료제에 잘 반응을 보이지 않는 여성들에게 사용할 수 있다. 대부분의 고객들이 다이안에 잘 반응하기는 하지만 8%정도는 그렇지 않으며 이유는 명확치 않다.

1987년에 다이아네뜨(Dianette)(30mg ethinyloestradiol+2mg cyproterone acetate)가 영국에 도입되어 사용되었다. 이것은 다이안만큼 효과적이기도 하다.

(3) 스피로노락톤(spironolactone)

안드로겐 수용체에 결합하여 안드로겐의 작용을 방해하고 안드로겐의 생합성을 저해시키는 비교적 약한 항안드로겐의 작용도 보인다. 여드름과 다모증 및 안드로겐성 탈모증에 사용하여 효과적이었다는 보고가 있다.

피임제에 여러 부작용들을 가지고 있는 30세 이상의 나이든 여성들에게는 스피로노락톤을 사용하는 것이 좋지만 남성에게 있어 이것은 유방의 확대와 성적욕구의 소실과 같은 항안드로겐 효과를 가져올 수도 있다.

여성에게100-200mg은 지루염을 감소시켜 여드름 치료를 위한 적당한 효능을 갖는다. 모든 여드름, 탈모 치료에서처럼 이것은 6-12개월 동안 행해져야 하는데 국소여드름 치료를 같이 병행해야 한다. 부작용은 정맥류, 유방 응어리 등이다.

4) 식물성 호르몬 대체요법

골다공증이나 병의 상태가 위급할 경우에는 인공호르몬 약제의 복용이 필수적이지만 여성의 인체에서 더 이상 분비되지 않는 호르몬을 인공약제로 장기간 대체해 주는 데는 한계가 있으며 당연히 부작용이라는 위험이 동반될 수밖엔 없다. 인공약제의 복용과 더불어 식물성 호르몬을 일상생활에 음식을 통해 공급해 주면, 인공약제에의 의존도를 줄일수 있고 이에 대한 위험도 자연히 감소시킬 수 있다.

인 공 호 르 몬	천 연 호 르 몬
*눈에 띄는 강력한 효과 *부작용이 매우 높아 장기간 사용 시 문제 *인공적으로 합성한 호르몬제는 인체에 천연적으로 존재해 있는 에스트로겐들과는 약간의 차이가 있기 때문이다.	*강도와 효과가 약하다 *부작용이 없어 오랜 기간 식이요법으로 가능 *인체와 동일한 호르몬들로 전환되기 때문에 인체 적용에 무리가 없다.

(1) 식물성 에스트로겐(phytoestrogens)

식물성 에스트로겐은 식물에서 발견되는 복합체들의 한 그룹으로서 인체의 에스트로겐 작용에 영향을 준다. 이것들은 약한 에스트로겐들로서 작용을 하거나 혹은 에스트로겐 작용에 영향을 주는 물질들의 전구체들을 공급하기도 한다.

식물성 에스트로겐들은 인체의 에스트로겐 수용기들에 결합되어 에스트로겐을 촉진하는 작용을 하거나 혹은 에스트로겐의 과다로 인해 이상이 생기는 피부조직들에 대해서는 항안드로겐 작용을 해준다.

① 식물성에스트로겐의 작용

ⓐ 여러 호르몬들이 균형을 조절해 준다.

여성호르몬의 대체 역활을 하기도 하고 인체 호르몬들의 균형을 맞춰주는 작용을 한다.

ⓑ 항암작용

에스트로겐의 지나친 작용으로 인한 자궁암, 유방암 등의 진행을 억제시켜주고 전립선암을 비롯해 여러 암들로부터 보호해 준다.

ⓒ 콜레스테롤 감소작용

식물에서 발견되는 에스트로겐이나 다른 스테롤들은 식물성오일에 속하는 지용성 물질들로 혈장에서의 나쁜 콜레스테롤(LDL)을 낮춰주는 작용을 한다.

ⓓ 월경 전 증후군(PMS: Pre Menstual Syndrome)감소

ⓔ 폐경기 증상들을 완화시켜주고 폐경기를 늦춘다.

난소기능의 퇴화로 인해 부족해진 에스트로겐의 역활을 대신하고 프로게스테론 과의 균형을 조절하여 폐경기 증세들을 완화시켜준다.

ⓕ골다공증을 예방하거나 완화시켜준다.

ⓖ항염효과

ⓗ면역작용조절(자가복구 시스템 강화)

(2) 식물성 스테롤

식물에서 천연적으로 발견되는 식물성에스트로겐은 3그룹으로 구분한다,.

*이소플라본 그룹

*리그난 그룹

*쿠메스테론그룹

이들 그룹에 속하는 성분들은 인체의 에스트로겐과 유사한 화학구조를 가지고 있어, 인체의 에스트로겐 수용기에 작용하여 에스트로겐의 역활을 대행하거나 혹은 에스트로겐의 발란스를 조절해주는 작용을 한다.

(3) 식물성 에스트로겐과 스테롤의 종류

① 플라보노이드 그룹(flavonoid group)

이소플라본(isoflavone) 그룹에서는 제니스타인과 다이드자인이 주요 식물성에스트로겐 물질에 속하며 바이오캐닌과 포모노네틴에서 전환된다. 리퀴리틴과 이소리퀴리틴은 감초에 풍부하게 함유되어있는 이소플라본들이다.

② 리그난 그룹(lignan group)

아마씨(flax seeds)들과 곡류들, 특히 오일로 이루어진 씨앗들에 풍부하게 함유 되어 있다.

에스트로겐의 작용을 활발하게 하는 리그난들이 가장 많이 농축 되어 있는 부분은 아마씨에서 오일이 제거된 부분으로, 인체 내로 들어오면 장내박테리아에 의해 포유류 리그난들, 즉 첫 번째 전환물질인 엔터롤락톤과 엔터로디올이 된다. 이것들은 에스트로겐과 유사한 분자구조를 가지고 있어서, 약하게나마 에스트로겐 수용기에 결합되는 작용을 하며 성호르몬을 결합시키는 단백질을 증가시키기도 한다.

③ 쿠메스탄그룹(Coumestan)

식물의 씨앗이 발아할 때 눈에 띄게 가장 많이 발생 한다. 다른 그룹의 식물성 에스트로겐들 보다 더욱 강력한 효과를 가지고 있다. 인체 에스트로겐 수용기에의 결합력이 보다 우세하며 천연식품으로 섭취했을 때 자궁의 성장을 촉진 시키며 뇌하수체의 FSH와 LH의 레벨을 감소시킬 수 있다는 연구 자료들이 보고되고 있다.

④ 천연스테롤

phytosterol, beta-sitosterol, stigmasterol, campesterol

밤, 참깨, 해바라기씨앗, 호박씨앗, 콩류, 곡류, 견과류 등에 흔히 발견된다. 이들 식물성 스테롤들은 식물성 에스트로겐의 작용을 할 뿐 아니라 항염작용과 해열작용까지 가지고 있다.

⑤ 사포닌그룹(Sponin group)

스테로이달 사포닌

트리테르펜 사포닌

(4) 식물성 에스트로겐이 풍부한 식물들

① 콩류의 이소플라본들(soybean isoflavones)

플라보노이드(flavonoid)그룹 중 가장 많이 알려져 있는 이소플라본들이 콩류에 다량 함유 되어있다. 콩에서 발견되고 있는 2가지 중요한 이소플라본들은 제니스타인(genistein)과 다이드자인(daidzein)이다.

제니스타인(genistein)은 에스트로겐과 유사한 생물학적 작용을 하며 현재는 암 예방과 치료제로서 연구 중에 있다.

다이드자인(daidzein)은 제니스타인과 매우 유사한데 에스트로겐과 같은 작용을 하는데 있어서 그 특성과 강도가 약간 다르다

② 아마(플랙스: Flax)

아마씨라고 알려진 곡류로서 높은 농도의 식물성 에스트로겐이 풍부하게 함유되어 있다. 플랙스가 함유하고 있는 리그난(lignans)이라 불리는 물질이 에스트로겐과 같은 효능을 가지고 있는 것으로 보여 진다. 리그난은 거의 모든 종양을 억제하는 기능이 있다. 이외에도 여러 종류의 식물성 화학물질들이 함유 되어있다.

아마씨 오일(flax oil)은 식물성 불포화 지방이며 인간에게 절대적으로 필요한 필수지방산 오메가6보다 오메가3를 지구상에서 가장 많이 포함하고 있어(대두의 1400배, 석류의 2700배)감소된 여성호르몬(Estrogen)을 부작용 없이 대체 할 수 있다. 이들 필수 지방산들은 염증 치료제들로도 사용되며, 혈액의 지방을 낮춰주는 작용을 하여 심장병의 위험도 감소시킨다.

또한 여성호르몬과 관련된 자궁암과 유방암의 예방효과가 크다고 한다. 식물성 여성호르몬의 작용을 하는 리그난((lignans)은 인체의 호르몬 기능을 강화 시켜주면서 여성호르몬의 불균형으로 인해 유발될 수 있는 자궁암과 유방암으로의 발전을 차단해 주는 작용을 하여, 폐경기 이후 호르몬의 추가공급이 필요한 여성들에게 부작용에 대한 부담을 주지 않으면서 호르몬 기능을 강화 시켜줄 수 있다.

아마씨에 함유된 리그난은 인체에서 여성호르몬과 같은 작용을 한다. 인체의 3가지 형태의 여성 호르몬 중 가장 강력한 작용을 하는 에스트라디올(estradiol)이 호르몬의 불균형으로 인해 지나치게 작용하는 것을 견제 하여 암으로의 진행을 방어하고 또 지나치게

작용하는 다른 여성 호르몬들이 장내로 재 흡수 되는 것을 방지하여 여성호르몬의 이상 작용과 관련된 자궁암과 유방암의 발생을 차단해주는 작용을 한다.

③ 블랙코호쉬(Black cohosh: cimicifuga racemosa)

식물성 에스트로겐이 함유되어 있는 식물로서 마나리아제비과(buttercup family)에 속하는 식물로 크고 털이 많고 사찰식물로써 4-8 피트 정도의 길이이며 미국의 인디안 원주민들에 의해 오래전부터 생리통 완화를 위하여 그리고 여러 치료 용도로 사용되어 왔다. 블랙코호쉬에 함유된 식물성 화학물질들은 LH를 감소시켜 에스트로겐으로의 전환을 높이고 에스트라디올의 리셉터를 활성화 시킨다.

④ 레드클로버(Red clover; Trifolium pratense)

이 식물은 아메리칸 인디안들에 의해 오랫동안 암 예방을 위한 치료제로 사용되었다. 또한 염증으로 인한 통증 치료와 거담제로도 사용되었다. 레드클로버는 여성호르몬 작용이 있음을 보여주고 있으며 성욕을 촉진하는 최음제로서도 높은 평판을 가지고 있다. 사랑하는 마음을 상승 시키는 이 작용은 여성호르몬의 효과 때문인 것으로 알려져 있으며 질의 윤활유 분비도 상승 시킨다. 박테리아를 살균할 수 있는 항생효과도 있음이 확증 되었고 다른 효능으로 골밀도를 높여주고 HDL콜레스테롤의 수준을 높이는 것으로 밝혀져 있다. 또한 인체 내 여성호르몬(에스트로겐)의 수준이 저하되었을 때 이를 보완해주는 작용을 하여 여성호르몬의 부족에서 오는 여러 증세들을 감소시켜 준다. 여성 호르몬의 부족으로 인한 심장의 약화 현상, 혈액순환 장애 현상, 자궁벽의 기능 약화 등에 대항하여 보호 작용을 해주며 호르몬 불균형으로 인한 유방암의 발생도 예방해준다.

⑤ 체이스트 베리(Chastetree berry)

승려의 후추(monk's pepper)라고도 알려진 체이스트 베리는 뇌에 작용하여 뇌하수체 호르몬들을 조절하는 작용을 하며 황체자극호르몬을 증가시키고 FSH를 감소시킨다. 이 두 가지 호르몬의 작용으로 프로게스테론과 에스트로겐의 비율에 있어 프로게스테론 비율은 높아지고 에스트로겐의 비율은 감소된다. 즉, 호르몬 균형을 이루게 하는 요인인 프로게스테론 수용체의 상향조절(upregulation)을 강화한다. 또한 체이스트 베리는 생리전의 통증을 감소시킬 수 있고 생리중이거나 폐경기 전후의 증세와 관련된 정신적인 면에도 효과가 있다.

⑥ 인삼과 감초(Ginseng & Licorice)

인삼과 감초는 매우 강력한 adaptogens 들을 함유하고 있는데 이 물질들은 호르몬의 발란스를 회복시키는 작용을 한다. 감초의 경우에는 인체에 에스트로겐의 레벨이 떨어졌을 때 이를 회복시켜주는 작용을 하며 반대로 에스트로겐의 레벨이 높아지면 억제하는 작용을 하여 인체의 에스트로겐레벨을 정상적으로 유지하도록 도와주는 작용을 한다. 감초와 인삼은 둘 다 아드레날린에 영향을 주어 스트레스를 방어하는 효과를 준다. 인삼은 스트레스를 조절하는 능력을 증가시키기 위한 효능으로 전통적안 약초 치료제로 유명하며 또한 자궁 질벽에 에스트로겐 증가효과를 가지고 있음을 보여주고 있다.

⑦ 돈콰이(dong quai:당귀)

당귀는 한국, 일본, 중국, 유럽 등지에서 두루 자생하며 혈액순환, 대장운동촉진, 변비개선, 어혈제거, 혈압 강하 등의 효과가 있다. 생리우울증이나 육체적 정신적 증상에 부작용없이 완화시키는 작용도 한다.

항응고제인 와파린(warfarin)을 복용중인 여성은 금지한다.

⑧ 홍경천(rhodiola rosea)

바위돌꽃이라고도 불리며 자음강장약으로 노쇠를 막고 피로를 풀어주며 병후 육체와 정신능력을 향상시키는 효과가 있고 특히 스트레스로 부신피질 호르몬 때문에 크게 떨어져있는 생리활성 능력을 정상화 시키며 피로와 권태를 막아준다. 스트레스로 인체의 면역력이 떨어지는 것을 막아줌으로써 스트레스로 인한 성인병이 억제된다.

⑨ L 티로신(L-tyrosin)

L-tyrosin은 필수아미노산의 하나이며 물에 잘 녹지 않는다. 티로신의 산화적 분해에는 두 가지 경로가 있다. 하나는 푸마르산 및 아세토아세트산으로 분해하는 경로이고 또 하나는 티로시나아제에 의해서 3, 4-디옥시페닐알라닌이 되고 다시 변화를 받아 멜라닌, 부신수질호르몬, 아드레날린을 생성하는 경로이다.

뇌활동의 자극과 조절에도 중요하다. 우울증이 될 수 있는 nor epinephrin의 생성을 저지해주며 금연과 금연하는데도 도움이 되고 스트레스 완화에 도움이 된다.

⑩ 우엉(burdock)

우엉은 동서양을 막론하고 해독작용이 있어서 자장 강력한 식물로 꼽히고 있다. 이것은 인후 (목)과 다른 염증들, 종기, 발진, 만성적인 피부질환들처럼 독소의 과잉적재로 인해 발생되는 피부상태들을 치료하기 위해 사용된다. 뿌리와 씨앗은 인체의 부산물들을 제거하여 정화 시켜주는 작용을 하며 뿌리는 특히 중금속을 제거 하는데 도움을 준다. 식물성 에스트로겐, 스테롤을 함유하고 있다.

⑪ 부쳐스 브롬(butcher's broom)

야생참마(yild yam)에서 발견되는 스테로이드 사포닌인 디오스게닌(diosgenin)성분과 유사한 화학구조를 가지고 있어 여성 호르몬인 프로게스테론과 코티존과 같은 약리작용을 가지고 있다.
부쳐스 브룸은 고대시대에 많이 사용되어 AD 1세기 그리스 내과의사 Dioscorides에 의해 그의 약학서에 요도의 흐름을 촉진하고 생리불순을 바로 잡아주는 약초로 묘사되어 있다. 앵글로 아메리카의 약용 의약품으로는 거의 사용되지 않았지만 현재에는 정맥류 치료제로 가장 많이 사용되고 있다.

⑫ 금달맞이꽃(primrose)

최근 많은 연구실적에서 이 식물의 의학적인 효능들이 밝혀지고 있는데 항 응고작용으로 심장병을 예방시켜주고 아토피 습진을 비롯해 여러 피부 습진에 좋은 효과를 주고, 또한 여성호르몬의 생산을 장려하여 폐경기의 일과성 열감(hot flash)을 비롯해 여러 불편한 증세들을 완화 시키고 월경 시 발생하는 몸의 긴장상태나 위장장애 등에 도움을 주기위해 월경 전에 복용하기도 한다.

⑬ 야생참마(wild yam)

야생참마는 스테로이드와 같은 물질인 디오스게닌(diosgenin)의 천연출처 식물이다. 디오스게닌의 발견으로 인해 최초의 경구 피임약의 개발이 시작될 수 있었다. 과거에 이 식물이 피임제로 사용되었다는 문헌이나 사례는 없지만 이 식물은 전통적으로 중앙 아메리카에서 월경, 배란 그리고 분만과 관련된 통증들을 완화 시키려는 용도에서 많이 사용되었다. 이 식물은 또한 소화계질환, 관절염, 근육의 경련 등에 매우 유용한 효과를 주고 있다.

⑭ 세이지(sage)

salvia는 라틴어로 "치료"라는 의미를 가진 salvare라는 단어에서 유래했다. 후두염, 소화불량 그리고 월경불순에 매우 뛰어난 치료제이고 부드럽게 촉진효과를 주는 강장제로도 사용된다. 주요 작용으로는 수렴작용, 방부작용, 소화제작용, 탄력.강장작용, 여성호르몬 작용 등이 있으며 특히 여성호르몬 작용으로는 폐경기 증세들 일과성 열감(hot flash), 현기증을 감소시켜준다.

⑮ Saw Palmeto ((Sabal Serenoa repens Sabal serrulata) 소우팔메토

톱 야자라 불리우는 소우팔메토 추출물은 부작용이 없으면서도 DHT를 억제하는 효소를 활성화시키는 작용이 있다. 이추출물의 모아테르타제라는 성분은 전립선이 비대해지지 않게 할 뿐 아니라 대머리가 되지 않게 하는 작용도 하고 있음이 밝혀졌다.

마그네슘과 비타민 B6는 아연의 흡수를 도와주며 전립선이 건강하게 유지되도록 도와준다.

Ⅲ. 결 론

여성탈모로 인한 고민하는 분들은 여러 가지 방법으로 이를 극복하고자 많은 방법을 시도해 본다. 무엇보다 중요한 것은 자신의 탈모의 정확한 원인을 알아내는 것이다. 전문trichologist와의 상담을 통해 탈모요인을 알아내어 그에 맞는 관리법을 시행하는 것이 현명한 방법이다.

보여 지는 외부적 요인보다는 내부적 요인이 더 많기 때문이며 특히 호르몬의 불균형으로 인한 탈모가 의외로 많은 비율을 차지하고 있다.

더구나 여성의 경우 남자와는 달리 호르몬의 변동이 심하기 때문에 호르몬의 균형이 깨어지기 쉽다. 중요한 것은 인체생리적으로 부족한 호르몬을 보충해 줌에 있어 인공적인 약으로 만든 여성호르몬의 경우 효과는 빠르나 장기 복용 시 부작용을 감수해야 하는 문제가 있어 최근에는 강도나 효과는 약하지만 안전한 천연여성 호르몬이 각광을 받고 있다.

현재 여성호르몬성분과 분자구조가 비슷한 천연 호르몬 성분을 함유한 식물들이 임상

에서 좋은 효과를 보이고 있고, 천연여성호르몬은 인체와 동일한 호르몬으로 전환 되기 때문에 인체 적용에 무리 없이 장기간 식이요법으로 가능하다.

따라서 탈모와 관련한 천연호르몬요법은 확산될 것이며 많은 탈모로 고민하는 여성분들에게 미래의 큰 대안이 될 수 있을 것이다.

부록2)

脫毛와 關聯된 男性호르몬의 種類와 役割

目　　次

脫毛와 關聯된 男性호르몬의 種類와 役割

The Classification of male sex Hormones and its relations to the loss of hair

장수만

Jang Soo Man

(Abstract)

In marmmals hair has an important function of insulating against cold by conserving body heat and of keeping the life. But in the case of human beings, it functions as a part of expressing a social, sexual attractions in no relation with life. As animals differs between sexes on growth of hair between sexes, human beings' growth of hair is different from each sex. This point proves that the hormone participates in the growth of hairs. The hormones involved in the growth and loss of hairs are like these; estrogen hormones, a sex hormone, thyroid hormone, adrenocortical hormones, etc. Among these hormones, the male sex hormone is the most influential on the hair growth and the most numerously investigated.

Whereas the male sex hormone invoke beard in adolescence to change from soft hair to hard hair, in the case of the person who has a hereditary background, frontal and/or top hairs function as suppressing the growth of the hair by changing form complete hair to soft hair.

The studies on the relation between the hormone and loss of hair are mainly focused on the hereditary hair loss by androgen. And this study will try to discuss on the hormone related with hereditary loss of hair by androgen.

Ⅰ. 序 論

모발은 동물에서 체온을 보호하며 생명을 유지하는데 꼭 필요한 역할을 하지만 사람에 있어서는 생명과는 관련이 없는 사회적, 성적 매력을 표현하는 피부 부속기관이다.

동물에서도 수컷과 암컷, 털의 성장이 다르듯이 사람에서도 모발의 성장에 있어 남녀 차이가 있다. 이러한 점이 모발의 성장에 호르몬이 관여할 것이라는 사실을 반증한다. 모발의 성장과 탈락에 관여하는 호르몬으로는 에스트로겐, 갑상선호르몬, 부신피질호르몬, 성장호르몬, 남성호르몬 등이 있다. 이중에서도 모발의 성장에 가장 많은 영향을 주고 또한 많은 연구가 되고 있는 것은 남성호르몬이다. 남성호르몬은 사춘기가 되면 턱수염이 연모에서 경모로 변화시키는 모발성장을 자극하는 하는 반면, 유전적 배경이 있는 사람의 전두부 혹은 두정부 모발은 성모에서 솜털로 변화 시키는 모발의 성장을 억제하는 상반된 작용을 한다. 호르몬과 모발의 상관관계에 대한 연구는 주로 유전성 안드로겐 탈모증에 관련된 연구들이 주를 이루고 있으며 본 논문에서도 유전성 안드로겐 탈모증과 관련된 호르몬에 대해 논하고자 한다.

Ⅱ. 本 論

1. 남성호르몬의 역할과 종류

남성의 몸속에서 일어나고 있는 생화학활동은 생동적이면서도 섬세하다고 말 할 수 있다. 이는 남성들이 일생동안 지속적으로 정자를 생산할 능력을 유지하면서 아이의 아버지가 될 수 있다는 것을 의미하기도 한다.

정자는 고환 내의 유지(sertoli)세포에 의해 끊임없이 영영공급을 받는다. 이 정자의 생성은 두 개의 뇌하수체(pituitary)호르몬, 즉 여포자극호르몬(FSH; Follicle Stimulating Hormone)과 황체형성호르몬(LH;Luteinizing Hormone)에 의해 조절 받는다. 정자는 부고환(Epididymis)에 모여 성숙되고 정낭으로 운반되어 방출을 기다린다. 정낭으로 옮겨가는 정자의 움직임은 피동적인데 이는 각각의 정자를 운반할 때 사용되는 한정된 연료를 아끼기 위해서이다. 정관이라고 알려진 튜브 내에 미세한 섬모가 이들의 이동을 돕게 된다. 남녀가 결합하여 사정을 하고 난 후 난자는 정자를 빠르게 파괴하기 시작 하는데 정자가 가지고 있는 반수(n)염색체와 중심체를 제외하고는 모두 없애버린다. 정자의 염색체는 난자의 염색체와 일렬로 정열되어 보관된다. 이로써 수정된 난자 내부에 2배수(2n)염색체가 복원되는 것이다. 모든 난자들은 X염색체(chromosome)을 지니고 있다. 따라서 X염색체를 보유한 정자는 여성을 만들고 Y염색체를 보유한 정자는 남성을 만들어 낸다. 전립선의 작용과 활동은 대부분 호르몬에 의해 정해지는데 특히 고환에서 만들어진 에스트로겐, 프로게스테론 및 테스토스테론에 의해 확정된다. 이러한 활동은 여성에서 난소의 작용과 마찬가지로 뇌하수체호르몬, 특히 FSH과 LH에 의해 간접적으로 조절을 받는다. 전립선과 자궁은 둘 다 동일한 배아세포로부터 기원하며 둘 다 동일한 호르몬-에스트로겐, 프로게스테론 및 테스토스테론 등에 반응을 나타낸다. 이와 같은 방식으로 난소와 고환의 같은 태아세포에서 발달된다. XX염색체를 가진 수장된 난자는 자궁과 난소를 발달시키고, XY염색체를 가진 것은 고환과 전립선을 발달시키게 된다.

1) Testosterone

테스토스테론은 부신에서 만들어지는 소량을 빼고는 주로 고환에서 생산되며 테스토스테론은 남성의 상징인 체모, 근육발달, 저음들을 특징짓는 역할을 한다. 또한 이것의 수치는 10세 무렵부터 매년 1%씩 감소한다.

테스토스테론은 가장중요한 동화작용 호르몬이기도 하다. 우리가 먹는 음식물을 통한 세포들의 에너지 생성을 돕고 뼈와 근육을 튼튼하게 하며 정상적인 두뇌작용에도 필수적이다. 또한 이것은 남성의 성욕에 주도적인 역할을 하는 성호르몬이며 테스토스테론을 충분히 유지하자면 LDL콜레스테롤과 Triglyceride및 피브리노겐(fibrinogen/섬유소원) 저하, HDL 콜레스테롤과 인체 성장호르몬(HGH) 증가, 혈압저하, 불규칙한 심장박동과 협심증의 정상화, 인슐린내성 개선, 근육강화, 체지방 감소 등의 효과를 받는다. 반면 테스토스테론의 결핍은 심장질환, 조울증과 연결되기 쉽다. 심장 속에는 몸의 어떤 근육보다 테스토스테론 수용체가 많다. 또 뼈의 강화, 상처치유, 산소흡입, 면역체계

강화등을 돕는다.

테스토스테론 과다증세는 여드름, 두통, 초조, 과민성, 심지어 격노(성마름)등 을 불러온다. 과다한 테스토스테론은 에스트로겐이 되므로 페뇨, 가슴비대, 전립선비대, 음위(성기위축, 발기부전), 성욕감퇴, 암 들을 일으킨다. 고환절제는 남성의 몸에서 생산되는 테스트스테론 감량과 동시에 에스트로겐 생산력도 제거 한다. 문제는 이 두 호르몬의 균형이 가장 큰 문제이다. 즉, 동화작용(에너지공급)호르몬인 테스토스테론과 프로게스테론의 정상수치가 중요하다 하겠다. 테스토스테론은 에스트라디올의 숙적이다. 여성에서 에스트라디올의 영향이 테스토스테론보다 강하기 때문에 젖가슴이 발달한다. 남성에서도 에스트라디올을 생산 하지만 어릴 때부터 중년기 전반에 걸쳐 많은 양의 테스토스테론이 생산되기 때문에 가슴발달이 효과적으로 차단된다. 테스토스테론은 주요 남성화 호르몬, 에스트라디올은 주요 여성화 호르몬이다. 테스토스테론대 에스트라디올 비율은 호르몬 균형의 결정적인 요인이다.

에스트라디올과 테스토스테론의 관계는 마치 음양의 원리와도 같다. 둘은 서로 상반되는 특성이지만 균형을 이룸으로써 남녀의 몸에 최적의 호르몬 역할을 수행하도록 설계되어 있다. 남성에게서 테스토스테론 없이는 에스트라디올은 치명적이다. 프로게스테론은 에스트라디올의 불리한 잠재적 부작용을 막는데 필요하다 그래서 프로게스테론과 에스트라디올의 상호대비율도 매우 중요하다.

2) Estrogen

progesterone은 5알파 환원효소의 성장억제를 통해 전립선 세포증식을 자극하는 테스토스테론의 DHT전환을 막아준다. 프로게스테론은 암예방 유전자의 활동을 자극할뿐더러 에스트라디올의 서로 반대적인 작용을 하는 테스토스테론을 유지시킨다. 중노년 남성의 가슴이 이상 발육되는 경향은 에스트로겐 우세현상의 명확한 조짐이다. 그 남성은 프로게스테론과 테스토스테론 수치가 낮다는 표시이다. 에스트라디올은 남성이 나이를 먹음에 따라 점차적으로 증가한다는 것이 공통된 연구결과이다. 따라서 에스트라디올에 대한 프로게스테론/테스토스테론의 비율이 낮아지면서 에스트로겐 우세현상이 일어난다.

3) Androstenedione

이 스테로이드 호르몬은 테스토스테론과 에스트로겐의 선봉격이며 이론적으로는 DHEA 전구물질 역할을 할 수 있다. 부신과 고환에서도 분비되어 순환 하면서 간 속에서 호르몬으로 전환되기 앞서 고유한 역할을 한다.

androstenedione은 보디빌더들에게 인기 높은 보충호르몬제로 사용자들의 테스토스테론 수치를 올려 근육을 증대 시키고 중량 운동으로부터 회복되는 시간을 단축시킨다. 정력과 성욕, 의욕감과 같은 보충 테스토스테론의 긍정적인 효과들 역시 androstenedione 덕분으로 알려져 있다.

4) DHEA

DHEA(Dehydroepiandrosterone)는 150여 가지 호르몬을 만들어 내는 부신피질에서 생산되는 스테로이드 호르몬의 하나이다. DHEA는 여느 다른 스테로이드 호르몬에 비해 양이 많으며 대부분(95%)은 유황(DHEA-S)화합물로 혈청에 녹아있다. DHEA가 건강유지에 중요하다는 것은 잘 알지만 어떤 작용을 하는지는 아직도 완벽하게 밝혀지진 않았다. DHEA생산량은 20-25살 때 절정을 이루며 남성의 생산량이 여성보다 많지만 25살이 지나면 남녀 모두 매년 2%씩 감소한다가 50대에 이르면 더욱 낮아진다.

DHEA수치의 장기간 쇠퇴는 노화와 평행을 이룬다. 그래서 어떤 사람들은 DHEA 쇠퇴기가 노화의 원인이라고 주장하는 반면 다른 연구가들은 노화의 원인이 아닌 노화의 표지로도 본다. DHEA는 적긴 하지만 androgen특질을 지녔고 단백질 강화를 돕는 것으로 생각된다. 경구용 DHEA를 투여한 대상의 반응은 항상 똑 같지 않다. 에너지 상승효과나 스트레스 적응력, 행복감, 성충동을 보이기도 한다. DHEA는 여성보다 남성에게 더 많은 혜택을 주면서 위험성도 더 적은 것으로 보인다. 이것은 배설되기 전 테스토스테론이나 에스트로겐으로 바뀌기 때문일 수 있다. 이 과정 속에 가장 저항이 적은 경로를 따른다. 즉, 테스토스테론양이 적은 사람에게는 테스토스테론으로, 에스트로겐 수치가 적은 사람에게는 에스트로겐으로 되어준다. 그러나 DHEA 보충제의 궁극적인 효과는 아직 확신 할 수 없다.

5) 5a-reductase

5a-reductase는 testosterone을 더욱 강력한 형태인 DHT로 변화 시킨다. 5a-reductase는 type1과 type2 두 가지 형태가 발견되어 있는데 생화학적 약물학적 특성, 정기에 따른 분포 등이 다르다. 피부에서는 type1이 type2보다 많이 분포하고 있다. 모낭에서는 type1 5a-reductase는 모유두를 포함한 모낭에서 전반적으로 분포하지만 피지선에 주로 분포한다. type2 5a-reductase는 내외모근초, 모유두 등에서 발견되었다. 모유두에서 5a-reductase활성은 탈모가 일어나는 전두부에서 일어나지 않는 후두부에 비해 높게 나타난다. 두피조직 모발에서 조사한 연구도 탈모 부위에서 비탈모 부위보다 DHT생성이 많은 것으로 미루어 5a-reductase활성이 높은 것을 알 수 있다. 여자에서 발생한 유전성 안드로겐 탈모증에서도 탈모부위에서 남자와 비교해 낮지만 5a-reductase가 선천적으로 결핍되는 질환에서 염색체는 46XY이며 혈중 테스토스테론양은 정상이나 DHT의 양은 감소되어 있으며 소아에서는 여자로 성장하나 사춘기가 되면 남성화 되는 현상을 보인다. 이 질환을 갖는 환자에서 남성형 탈모가 발생하지 않으며 턱수염이 자라지 않는 점이 남성형 탈모에서 type2 5a-reductase의 중요성을 암시한다.

6) Androgen 수용체

안드로겐은 다른 스테로이드와 같이 세포막을 통과 후 세포질 혹은 핵내의 수용체와 결합한다. 안드로겐과 안드로겐 수용체의 결합은 DNA에 결합하여 DNA 전사및 단백질 형성에 변화를 초래한다. 남자포피(foreskin)에서 안드로겐 수용체는 나이에 따라 변화 하지 않고 그 수는 일정하지만 나이에 따라 세포질과 핵의 분포는 변화를 보인다.

안드로겐 수용체는 스테로이드 호르몬과의 결합능력은 DHT와 가장 강하게 결합하고 다음으로 testosterone-estrogen-progesterone순으로 결합한다. DHT와 안드로겐 수용체의 결합체는 testosterone과 안드로겐 수용체의 결합체보다 염색체와 친화력이 높으며 안정되어 있고 세포내에서 오래 유지된다. DHT는 testosterone보다 안드로겐 수용체를 더욱 증가시킨다. 안드로겐 수용체는 모발내 주로 모유두에 분포한다. 진피초세포에서도 발견되어 진피초세포가 모유두를 형성하는 사실을 뒷받침한다. 안드로겐 수용체는 탈모가 발생하는 남자 전두부의 두피조직에서 후두부와 비교하여 약 30% 정도 높게 발현되며 탈모부위에서 분리한 모유두에서도 비탈모 부위와 비교하여 높게 나타난다.

남성호르몬이 모발중 주로 모유두에 분포하는 수용체와 결합한 뒤 모발의 성장 혹은 탈모를 조절하는 기전은 다음과 같이 설명 할 수 있다.

여러 연구들은 종합 하여 보면 testosterone이 5a-reductase의 활성이 높은 부위의 모유두에서 DHT로 변화되며 탈모부위에 많이 분포하는 안드로겐 수용체와 결합되고 이는 모유두에서 생산되는 성장인자의 생성을 감소시키거나 성장을 억제하므로 모발의 성장을 조절한다.

2. 탈모와 남성호르몬

1) Adrogen과 모발

안드로겐이 모발성장에 영향을 주는 몇 가지 예를 들어보면 첫째, 동물들에게서 계절의 변화에 따라 털갈이를 조절하는 역할을 하고 둘째, 사람과 일부 포유류동물에서 특정 부위의 모발 혹은 성장을 자극 혹은 억제 한다. 셋째, 안드로겐에 의한 모발의 성장은 시각적으로 남성다움과 남성의 냄새를 분산 시키는 효과가 있다.

2) Adrogen에 의한 毛髮 成長

안드로겐에 의한 모발의 성장은 사춘기 이후에 나타난다. 사춘기가 되면 성기주위의 솜털이 성모로 변화되며 서서히 성장 하게 된다. 모발성장에서 안드로겐의 영향은 이와 관련 된 유전 질환의 증상을 관찰 하면 알 수 있다. 유전적으로 안드로겐 수용체가 결핍된 환자에서 혈중 안드로겐이 전혀 작용 할 수 없다. 이런 사람에게서는 음부, 겨드랑이, 몸통, 턱수염 등이 자라지 않는다. type2 5a-reductase가 결핍된 사람에게서는 testosrerone양은 정상이나 DHT가 감소되어 있으며 음모가 남자의 다이아몬드 형태로 보이지 않고 여자에서 보이는 형태의 모발 성장이 보인다. 이 두 사람에게서 알 수 있는 사실은 액모, 여성의 음모는 남성보다 낮은 여성의 안드로겐 양에 의해서 성장되나 남성의 음모, 수염, 귀의 털, 가슴의 털 등은 남성 안드로겐양이 필요하다.

3) Adrogen에 의한 脫毛

고대로부터 거세된 남자는 대머리가 되지 않는 것으로 알려져 있다. 안드로겐과 유전성 안드로겐 탈모증의 관련이 처음 밝혀진 것은 1942년 미국의 해부학자 Hamilton에 의해서 이다. 그의 연구에 따르면 사춘기 이전에 거세로 인하여 남성호르몬이 부족한 사람의 경우, 유전적인 배경이 있음에도 불구하고 탈모가 발생하지 않고 모발선 퇴축이 일어나지 않았으며 청년기에 거세된 사람은 약간의 탈모가 발생하며, 성인이 된 사람에게서의 거세는 탈모가 있어도 더 이상 진행이 되지 않는 사실을 관찰 하였다. 더욱이 이 사람들에게 안드로겐 투여 시 탈모가 발생하며 투여중지로 탈모가 중지되는 현상을 관찰하였다. 이 사실로 미루어 유전적인 배경이 있는 사람들에서 안드로겐에 의해 탈모가 발생하는 것을 확인 하였다.

4) Adrogen 血中濃度

안드로겐이 남성형 탈모를 발생시키는 사실이 알려진 이후 탈모증이 있는 환자에서 탈모가 없는 사람과 비교하여 남성호르몬의 혈중 농도에 대한 많은 연구가 이루어졌다. 일반적으로 testosretone, DHT, 소변 중 안드로겐 양은 탈모가 있는 사람과 없는 사람을 비교 했을 때 차이가 없는 것으로 알려져 있다. 그러나 연구자에 따라 탈모증이 있는 환자에서 특정 안드로겐이 높다는 연구들도 있다. 안드로겐의 영향을 받는 피지선의 분비, 체모의 수, 뼈, 피부, 근육의 두께 등도 탈모증이 있는 환자와 증상인 간에 차이가 없는 것으로 알려져 있다.

5) 전립선과 호르몬

전립선과 모낭 속에는 5알파 환원효소가 있어 테스토스테론을 DHT로 전환시킨다. 모낭 속 기준치 이상의 DHT수치는 남성형 탈모의 주원인이기도 하다. DHT는 전립선 세포의 증식을 부추겨 전립선비대, 요도협착증 등 배뇨장애를 일으킨다. 더 나아가 DHT증가는 전립선 암의 원인으로 추정된다. 따라서 테스토스테론이 DHT로 전환되는 것을 억제하는 것이 목표가 된다. 시중에는 5알파 환원 효소억제 용약제(finasteride, Prosca)가 있다. finasteride는 5알파환원효소를 억제해 테스토스테론의 DHT 화를 억제하는 종합

합성물이다. 남성용 탈모증으로는 “propecia(1일1mg), DHT수치를 억제시키는 전립선 비대증을 줄이는 용도로는 “prosca(1일5mg)”가 있다. 후자는 전립선크기와 폐뇨 증상에 효과가 있는 것으로 밝혀졌다.

전립선암이 발생하는 요인은 나이가 들수록 테스토스테론과 프로게스테론 수치가 낮아지는 반면 에스트라디올 수치는 높아지는데 있다. 따라서 에스트로겐 우세현상이 고령층에서 상대적으로 높게 나타나는 이유이기도 하다. 즉, 남성의 경우 나이를 먹을수록 에스트로겐 수치는 늘어 가는 반면 타액속의 프로게스테론과 테스토스테론 수치는 줄어든다. 그렇게 해서 노화와 함께 estrogen우세 현상이 나타난다. 특히 비만노령자 층에서 에스트로겐 수치가 높게 나타난다. 비만세포가 testosterone과 androstenedione을 에스트라디올로 변화시켜 전립선 비대화를 자극하기 때문이다. 따라서 비만 남성일수록 에스트라디올수치가 올라가기 마련이다. 테스토스테론 수치가 정상인 중년남성이라도 에스트라디올 수치가 높아지면 체중증가, 가슴이상발육, 쓸개이상, 초조감, 불면증, 전립선 비대증으로 인한 배뇨문제가 생길 수 있다.

6) 脫毛와 전립선을 위한 자연요법

연구가 현재도 진행 중이라 아직 구체적 효능은 계속 지켜봐야 되지만 일부 식물이 전립선 및 탈모에 효험이 있음이 입증됐다.

① 톱야자베리(saw palmetto)

이 식물은 5알파 환원효소를 억제하여 테스토스테론이 DHT로 진화되는 것을 막아주고 DHT가 전립선 안드로겐 수용체에 속박되는 것을 막아주는 효과를 지니고 있다. 또 모아테르타제라는 성분은 전립선이 비대해지지 않게 할 뿐 아니라 대머리가 되지 않게 하는 작용도 하고 있음이 밝혀졌다. 그리고 전립선이 붓는 증세를 줄이고 호르몬 불균형의 원인이 되는 에스트라디올을 억제하고 알파 부신피질 수용체를 중화시킨다. 마그네슘과 비타민 B6는 아연의 흡수를 도와주며 전립선이 건강하게 유지되도록 도와준다.

② 쐐기풀뿌리

뿌리에는 식물성 스테롤 성분들과 페놀이 고농도로 함유되어 아로마타제를 억제하고 안드로겐이 에스트로겐으로 전환 되는것을 억제한다. 미국, 독일, 일본에서는 전립선 비대증 치료제로 그 가치를 입증하였다.

③ 호박씨

호박씨는 이뇨제로 사용했으나 가벼운 전립선 치료를 위한 임상실험에서 펌프킨 씨앗을 톱야자 열매에 섞어 복용한 결과 요도의 흐름이 뚜렷하게 개선되고 배뇨작용의 횟수도 감소했다고 한다,

④ 산화방지제(antioxidants)

비타민E, 라이코펜(lycopene/조리한 토마토에 있음), 비타민C 등

⑤ 폴리페놀(polyphennols)

카테킨(catechins/녹차에있음)

⑥ 엘라직 산(Ellagic acid)

견과류와 나무딸기에 있음. 아포프토시스(정상세포사멸apoptosis)과정을 자극한다.

⑦ 아연(zn)

체내 아연성분 수치의 저하와 전립선 질환 발생률 상승 간에 상호관계가 있다. 단 수주 이상 아연을 섭취 할 경우 구리(copper)성분도 함께 섭취해야 한다.

Ⅲ. 結 論

Hamilton이 남성형 탈모증에서 안드로겐이 관여할 것이라는 사실을 밝혀낸 이후 약 60년이 경과 했지만 안드로겐이 탈모를 진행시키는 기전은 그 시간과 비교하여 밝혀진 것은 미미하기 짝이 없다. 이는 탈모가 모낭 하나하나의 아주 미세한 변화에 의해서 서서히 진행하는 과정을 밟기에 기술적으로 이를 확인 하기는 힘든 점이 있다. 그러나 최근 분자생물학적인 실험기법이 도입되어 유전자에 대한 많은 지식을 얻을 수 있고, 탈모를 일으키는 변화에 대한 연구가 활발히 진행되고 있어 정확한 기전이 밝혀질 것으로 생각된다. 뿐만 아니라 치료 면에서도 finastride가 개발되어 임상에 활발히 사용되고 있으며 이 외에도 수용체를 방해하는 물질, DHT에 의해 전달되는 신호를 억제하는 물질, 자연요법들이 연구되고 있어 탈모증에 대한 앞날은 밝을 것으로 기대된다.

부록3)

스트레스로 인한 원형탈모에 대한 미용학적 관리 측면에서의 NLP필요성

차 례

Ⅰ. 서 론

인간성이 점점 황폐화 되고 있는 현대사회에서는 사람은 과중한 스트레스를 받으며 살아가고 있다. 스트레스는 개인에 의해 지각되는 외적 내적 자극을 가리키며 마침내는 건강과 생존을 위협하는 생리적인 변화를 야기 시킨다. 이이와 같은 만성적인 정서적 긴장과 스트레스의 누적에 의해 장기의 조직학적 및 생리적 변화가 유발되어 나타나는 질환을 정신 신체장애(psychosomatic disorder)라고 한다.1 정신 신체장애에는 고혈압, 기관지천식, 소화성궤양, 궤장성대장염, 편두통과 류마티스관절염 등의 내과적 질환이 잘 알려져 있다. 2 피부과 영역에서는 아토피피부염, 원형탈모증, 건선, 만성두드러기 등이 스트레스에 의해 유발 또는 악화되는 것으로 알려져 있으며 이에 대한 연구가 활발히 진행되고 있는데 Colon3 등은 원형탈모증환자 31명을 대상으로 하여 74%에서 정신적 스트레스가 관여한다고 하였으며 Faulstich4는 아토피피부염과 정신적 스트레스와의 관계를 밝혔다. 한 의학 논문에서는 "스트레스가 원형탈모증의 발생에 유의하게 기여하고 있으며 소극적, 부정적 대처 방식을 적극적, 긍정적 대처 방식으로 대치시키는 프로그램을 내과적 치료와 함께 제공하다면 원형 탈모증 환자의 이환 기간을 단축시키는데 기여 할 것으로 생각된다"고 하였다.

이에 두피탈모 문제와 관련해서 원형탈모에 대한 정신적인 스트레스가 인체에 미치는 영향을 살펴보고 면역계의 변화로 발생되는 자가면역 질환중 하나인 원형탈모에 대해 알아보고 이에 대한 관리법 및 치료법 그리고 미용적 관리에서 선택의 폭을 넓힐수 있는 다른 대안으로 심리상담과 NLP에 대해서도 살펴보고자 한다.

Ⅱ. 본 론

1) 스트레스란

스트레스란 한 체계가 과부하(overloading)된 상태로 심한 정도에 따라서는 체계 전체가 붕괴될 수도 있는 내적인 또는 외적인 위협을 말한다. 병적 행동의 유발요인 내지는 원인이 되는 모든 내적인 외적인 요인들을 통틀어 스트레스라 정의할 수 있다. 좀더 정확하게 표현 한다면 스트레스를 초래하는 내. 외적인 모든 자극을 트렌스원(stressor)이라고 하고, 이로 인하여 초래되는 신체의 불균형상태(stste of bodyily disequilibrium)를 스트레스(stress)라고 하는 것이 옳다. 스트레스 받으면 개체는 심리적으로는 인지작용과 감정 작용이 활성화 되고, 그 결과 매우 고도로 분화된 합성적 행동(systhetic behavior)이 나타난다. 그리하여 스트레스라는 위협상황에 처하면 개인은 생리반응과 더불어 공포와 불안을 느낀다. 스트레스나 위협이 반복되면 불안이 학습(learned)또는 조건화(conditioned)되고 일반화(generalized)된다. 불안은 외적위협 뿐만 아니라 마음내부로부터 오는 위협(예; 본능적 충동, 억압된 갈등)에 의해서도 나타난다. 따라서 불안이란 잠재적 위협이 다가오는 데에 대한 일종의 경계 신호인 것이다. 스트레스와 그에 대한 반응으로 나타난 감정적인 흥분이 커지면 유전적으로 또는 체질적으로 취약하거나(vulnerable), 소인이 있거나(predissposed) 또는 위험성이 있는 개인은 고조된 감정을 통제하지 못해 와해되거나 조정능력을 잃게 될 위험에 빠지게 된다. 따라서 개체는 스스로 자신을 지키기 위해 심리적인 대응전략과 방어기제들을 동원하게 된다. 그 목적은 문제해결과 적응이며 궁극적으로는 생존을 위한 것이다. 구체적으로 말하면 사태에 적응하여 평형(equilibrium)을 유지하고자 하는 것이다.

2) 스트레스가 인체에 미치는 영향

인간은 심신이 건강한 상태에서는 자아의 원만한 방어기제의 기능으로 신체내외에서 발생하는 스트레스를 적절히 해결할 수 있으나 과도한 스트레스 상황에 직면하면 자아의 방어기제에 변화를 초래하여, 신경증적 또는 정신병적 경향이 유발되거나 또는 기존의 정신장애가 악화되기도 하며 생리적 변화를 초래하여 신체적 질병의 발병 및 경과에 중요한 기능을 한다고 알려져 있다.

스트레스는 직접적 또는 간접적으로 피부질환에 영향을 주며 이를 정신피부질환(psychosomatic disorder)이라 한다. 정신적 요인(psychogenic factor) 이 병인에 기여하는 정도에 따라 정신적 요인에 기인한 질환군(conditions strictly psychogenic in origin), (conditions whish strong psychogenic factors are imputed),정신적 요인이 강하게 작용한 질환군 스트레스가 질환의 경과에 영양을 주는 질환군(conditions course may be affected by emotional stress)으로 분류한다. 정신적인 요인에 기인하는 질환군에는 인공피부염, 피부와 관련된 망상, 발모벽등이 있으며 정신적인 요인이 강하게 작용한 질환군에는 만성두드러기, 다한증, 원형탈모증 등이 포함되고 스트레스가 질환경과에 영향을 주는 질환군에는 아토피피부염, 건선, 지루성피부염, 안드로겐성 탈모증 등이 있다.

스트레스에 의한 면역계의 변화는 여러 연구자에 의해 밝혀졌는데 Teshima등6은 동물실험에서 스트레스에 의해 세포독성 T세포(cytotoxic T cell)와 자연살해세포(NK cell)의 수가 감소되며, 대식세포에 의한 탐식작용이 감소되고 흉선의 무게가 감소된다. Madhulika17등은 원형탈모증 환자에게서 유의하게 스트레스와 관련이 있음을 보였으며, 특히 우울장애와 관련이 있다고 하였고 우울장애와 원형탈모증이 동반된 환자에서 자연살해세포의 활동이 감소된다고 하였다. 또한 신경계가 면역계에 영향을 미치는 주요인자는 일반적 면역억제 작용을 하는 코티졸이다. 코티졸은 다른 글루고코르티코이드(glucocorticoid)와 함께 폭넓은 면역기능 저하 작용을 하거나 심리적 교란 등의 부작용을 초래한다. 그러나 부신피질의 스트레스 호르몬들이 면역체계의 요소들에 영향을 주는 일은 어떤 네트워크에서 한 요소가 다른 요소에 곧바로 영향을 미치듯 단순한 일이 아니다. 스트레스 호르몬들이 면역체계의 요소들에 영향을 미치는 방식은 여러 요소들의 복잡한 짜임으로 되어있다. 즉, 다른 다양한 호르몬들(progesteron, estrogen, testosteron, growth hormone, prolactin 등)이 면역기능의 일부 측면들에 영향을 미치는 것으로 알려져 있다. 이처럼 호르몬과 신경전달물질은 면역반응에 영향을 미칠 수 있는 잠재적인 가능을 지닌 것으로 보이며, 이 같은 발견들은 마음이 몸에 영향을 미치는 방식에 대해 새로운 용어를 만들어냈다. 허버트 스펙터(Hubert Spector)박사는 이처럼 여러 호르몬들을 통해 마음이 몸에 영향을 미치는 방식에 '신경면역조절' 이라는 이름을 붙였다.

따라서 스트레스와 면역계 및 신경계의 상호작용 연구를 통해 신경계와 면역계간의 피드백에 의한 상호조절을 이해할 수 있고 나아가 마음과 몸의 연계(mind-body connection)에 관한 과학적 기본 개념을 정립할 수 있다. 여러 가지 질병들, 특히 스트레스와 관련된 질병들은 신체와 뇌 사이를 왕래하는 호르몬 혹은 이외의 신호들을 이해함으로서 그 치료 및 예방법의 개발이 가능 할 것이다. 또한 이 같은 신호들이 마음을 조절한다는 개념의 중심에는 사고 대상들이 뇌 안에 갇혀있는 것이 아니라 몸 전체에 펴져 있다는 인식이 있으며 이는 조절기능을 하는 다양한 신호들이 몸 전체에서 발견되기 때문이다. 그래서 마음은 뇌만의 현상이 아니라, 뇌와 면역체계와 내분비계의 협응에 의한 현상으로 이해되어야 한다.

3) 스트레스와 면역계 및 신경계

스트레스의 개념은 한스 셀리에가 1930년대에 만든 용어이다. 그는 생물학적인 스트레스에 대해서 정의하기를 '신체가 그것에 부과되는 어떤 요구에 대해 보이는 비특정적인 반응' 그리고 '스트레스는 일상생활을 하는 가운데 일어나는 마모를 통해 노화를 촉진하는 것'이라고 말했다.

스트레스 요인은 사람마다 다를 수 있기 때문에 그것이 무엇인지에 대해서 말하는 것은 어렵다. 어떤 사람에게는 스트레스를 유발하는 일이 다른 사람에게는 즐거운 일이 될 수도 있기 때문이다.

뇌와 면역체계를 연결시키려는 연구들은 주로 스트레스에 초점을 맞추어 왔다. 1920년대에 생리학자인 월터 케넌(Walter Kennon)박사는 어떤 유기체가 소스라치게 놀라거나 스트레스를 받으면 뇌가 교감신경계를 재빨리 활성화시킴으로써 반응하는 것을 발견했다.

스트레스 상황에서는 심장박동이 빨라지고, 호흡이 가빠지고, 피부에 있는 피가 아래의 근육으로 몰린다. 이렇게 피를 근육으로 몰리게 함으로써 산소공급이 증진되어 유기체가 나서서 '싸우거나' 물러서서 안전한 곳으로 '도주할 수 있게 해준다(fight or flight response).

스트레스가 계속되면 앞에서 말한 것보다 좀 더 복잡한 반응이 몸 안에서 일어난다. 계속되는 스트레스에 대한 복잡한 반응에 대해 캐나다 몬트리올 대학 한스 셀리에(Hans Selye)박사는 일반순응증후군(General Adaptation Syndrom)이라는 이름을 붙였다. 셀리에 박사는 계속되는 스트레스가 면역체계에 장애를 가져오는 이유는 주로 부신이 분비하는 아드레날린(adrenaline)과 코티코스테로이드(corticosteroid) 호르몬이 면역체계의 중요한 요소들을 억제하기 때문이라고 했다. 셀리에 박사의 스트레스 학설에 따르면, 스트레스(stressor), 즉 생체에 대하여 양적 및 질적으로 적합지 않은 모든 자극(한랭, 고온, 저혈압, 탈수, 저혈당, 중독, 피로, 외상, 방사선조사, 수술, 경악, 흥분, 공포, 불안, 초초 등)에 대해 생체는 비특이적 계통반응(stress)의 수렴 또는 발산의 누적을 가지고 일반순응증후군을 나타내나, 적응 반응의 과도 혹은 이상으로 인하여 도리어 질병이 일어나는 것이다.

4) 자가면역 문제

① 면역계와 외부 방어

면역계는 외부에서 세균이나 바이러스가 인체에 침투하면 자동적으로 움직이기 시작한다. 세균이나 바이러스처럼 면역반응을 일으키는 물질들을 항원(antigen)이라고 하며 이것은 항원의 종류에 따라 다르게 나타난다. 예를 들면, 세균이 침입하면 혈액 속을 돌아다니는 수백만 종류의 항체들 중 하나에 의해 감지되어 B세포에 의해 만들어진 항체(antibody)가 그 표면으로 이동한다. 이렇게 침범한 항원에 대해서 특별한 분자들의 형태로 특정 항원을 인식하여 항체는 항원에 결합한 뒤 면역계의 세포들에 의해 피괴되도록 표시되어진다. 항원은 그 표면에 특별한 아미노산의 연결고리를 만든다, 수백만 개의 다양한 항체들 중 하나가 그 항원에 알맞은 아미노산으로 만들어진 수용체 분자를 생성시키는 것이다. 이 상황에서 항원들을 죽이기 위해 면역반응이 활성화 된다. 세포 바깥에서 일어나는 이러한 일련의 반응을 체액성면역(humoral immunity)이라고 한다. 그러나 불행히도, 항체들은 감염성 공격에 대해서 완전히 보호하지는 못한다. 예를 들어, 몸에 침투하는 바이러스들은 재빨리 세포 속으로 숨어들어가 항체들을 피할 수 있다. 이런 경우, 다양한 형태의 면역반응이 일어나는데 이것을 T세포가 활성화되는 세포성 면역(cell-mediated immunity)이라 한다.

세포성 면역은 짧은 아미노산 고리(펩타이드)를 사용하여 직접 세포 속에서 바이러스를 죽인다. 이 고리들은 세포 사이에서 분자들과 결합하는 주요조직 적합 유전자 복합체(MHC, major histocompatibility complex)라고 하며, 이것으로 항원을 인식한다. T세포는 펩타이드(MHC)를 인식하기 위해 이들을 받아들이는 각각의 다른 수용체를 가지고 있다. MHC와 결합된 펩타이드가 T세포에 의해 인식되면, T세포는 세포 전체를 파괴하는 화학물질을 분비할 것인지를 질문하면서 해당 세포에 대한 면역반응을 준비한다. 이러한 방식으로 활동하는 T세포는 그 표면에 CD8 단백질들을 갖고 있다. 이것은 감염된 세포를 파괴하도록 프로그램 되어있기 때문에, 킬러T세포라고 한다.

② 자가면역의 문제

자가면역질환은 자신의 면역계가 자기를 공격하여 외부침입자를 파괴하는 대신에 자기의 조직을 파괴시키는 병이다. 즉, 몸의 정상적인 기능을 위해, 림프구가 우리 체세포들을 공격하지 않아야 하는 것이 기본이다. 예를 들어, 간의 세포들을 T세포가 공격하면 사망에 이를 수도 있다. 하지만 불행히도, 유전적인 영향과 환경적 문제들(바이러스 등)은 때로는 B세포, T세포, 또는, 두 세포 모두에게 스스로 항원을 만들어 체세포를 공격하게 하는 자가면역 질환(autoimmune disease)을 일으킨다.

이 질환의 예로는 갑상선이 공격을 받는 하시모토 갑상선염, 췌장의 베타세포들이 공격을 받는 인슐린 의존성 당뇨병, 결합조직이 공격 받는 류마티스 관절염, 뇌와 척수가 공격받는 다발성 경화증이 있다.

두피에 영향을 미치는 자율신경 문제로는 원형탈모증, 건선, 그리고 위축성탈모증의 일부가 해당된다. 왜 림프구는 일반적으로 우리 체세포들을 공격하지 않는가 하면 골수에서 B세포와 흉선에서 T세포가 성장하는 동안 이들은 모두 우리 몸에 있는 자체세포들의 항원들에 노출되어 있다. 어떤 림프구든지 우리 몸의 자체 항원에 대해 반응할 수도, 파괴될 수도 있다. 그러나 성장을 마친 B세포와 T세포는 자체 항원에 대해 반응하지 않으며 우리 체세포들은 공격하지 않는다.

또한 무엇이 T세포로 하여금 스스로 대적하도록 하는가하면 감염은 종종 자가면역 질환을 일으키기 때문에, 과학자들은 T세포를 교묘히 피하기 위해 병원체들이 흔히 이용하는 배열들을 정밀하게 분석하였다. 해답은 분자모방(molecular mimicry)에 있었으며, 이것은 바이러스와 세균이 자유롭게 드나들 수 있도록 몸을 속이는, 진화에 의한 적응이다. 이러한 모방은 자기 항원처럼 보이도록 면역계가 아미노산을 연장하는 것처럼 보인다. T세포가 외부 항원 펩타이드를 공격하면 몸에 있는 것과 같거나 비슷한 자기 항원 펩타이드들도 공격한다.

③ 자가면역 문제를 악화시키는 인자들

자가면역 질환(autoimmune disease)은 일단 시작되면 방해 받지 않고 진행될 것이다. 다발성 경화증, 류마티스 관절염, 전신성 홍반성 낭창 및 기타 자가면역 질환들의 경우, 악화기는 일반적으로 병의 완화기로 대체되기도 한다. 이런 질병들에 있어서 악화되는 형태는 3가지 인자 (여성 호르몬, 감염, 스트레스)와 밀접한 관련이 있는 것으로 나타났다. 유럽과 북미 전체 인구의 약 5%가 자가면역질환으로 고생하며 이들 중 2/3는 여성이다.

여성 호르몬인 에스트로겐은 유전자들을 활성시키는 감마 인터페론을 촉진시키는

DNA 배열에 관여한다. 즉, 감마 인터페론은 자가면역 과정(autoimmune process)을 촉진시켜준다.

병 또는 외상과 같은 스트레스는 시상하부와 뇌하수체에 영향을 미침으로써 자가면역 질환을 악화시킬 수 있다. 이후 이들은 염증반응을 촉진시키는 호르몬들을 분비한다. 염증반응은 뇌에서 부신피질자극호르몬 유리호르몬(CRH, Corticotropin releasing hormone)을 분비하도록 하는 사이토카인(cytokine)의 배출을 활성화시킨다. 이러한 신경펩타이드는 2가지 반대 작용을 갖고 있다. 염증 부위에 있는 면역세포들의 활동을 증가시키고, 부신(adrenal gland)으로 하여금 염증을 차단하는 당류코티코이드(glucocorticoid)를 만들어내도록 자극한다. 신경(nerve)은 피부에서 특정 신경펩타이드를 배출할 수 있으며, 그로 인해 국소적인 면역반응에 영향을 미친다. 이것은 스트레스로 인한 건선과 원형탈모증을 악화시키는 역할을 한다. 스트레스는 교감신경계와 면역반응에 영향을 미친다.

5) 원형탈모(Alopecia areata)

원형탈모증의 원인은 아직 확실치 않으나 스트레스, 자가면역, 국소감염, 유전적소인, 내분비 장애 등으로 광범위 하다. 이는 반상, 융합성 탈모가 주피나 몸에 발생하며, 전체 인구의 약 1.5-1.7%에서 발생된다고 보도 되었다. 증상은 자가증상 없이 직경 1-1.5Cm의 원형 또는 타원형의 탈모반이 생기며 드물게 탈모부위의 감각이상이 있을 수 있다.

원형탈모증의 경과는 일정하지 않으므로 예측하기가 불가능하다. 흔히 두피에서 관찰되지만 수염, 눈썹, 속눈썹 부위에 한 개 또는 여러 개 발생하며 진행되면 더욱 큰 탈모반을 형성한다. 특징적인 것은 감탄부호 모양의 모발((곤봉모; exclamation mark hair)이 있는데, 이는 탈모반의 가장자리에서 주로 발견이 된다. 이것은 3-10mm 크기의 모발을 췌취해 보면 모근부위가 퇴색되고 위축되어 이런 현상이 일어난다. 또한 병변에 염증이 없으면 진단할 수 있다. 병변부위에서 관찰되는 모발은 대부분 성장기의 모발이며, 이때 모낭은 위축되어 작고 미숙한 경향을 보인다. 모발의 재생은 먼저 미세하고 솜털 같은 연모나 나기 시작하다가 점차 정상적인 모발로 대체된다. 이때 새로 재생된 모발은 광택이 없기도 하고 쉽게 부스러지며 본래의 색상보다 희어지기도 한다. 한 개 또는 여러 개의 작은 탈모반은 보통 4-12개월에 모발이 재생되지만, 재발항 확률도 높다. 발병율에 있어서 성별의 차는 없으며 주로 소아나 젊은 성인에게서 호발 된다. 연령이 낮은 층에서 발병 할수록 예후는 좋지 않은 편이며 사춘기 이후에 발생하는 환자는 자연회복 되는 경향이 있다.

대부분 건강한 사람에게서 발생하지만, 일반적인 기본검사와 갑상선 기능검사, 혈청내 B12수치 등 각종 항체 검사를 시행 하는 것이 좋다. 스트레스가 원인인 경우 필요하면 정신과적 상담을 실시하도록 한다.

현재까지 원형탈모증의 치료법은 상당수 소개 되었으나 특별히 뛰어난 효과를 보이는 방법은 없는 실정이다. 치료에 있어서는 먼저 자발적으로 치유될 가능서이 있는지 고려해야 한다. 왜냐하면 일반적으로는 치료에 잘 반응 하지 않으며 경우에 따라서는 아무런 치료 없이도 수주 이내에 모발이 재생되기 때문이다. Shapiro 등에 따르면 환자의 나이를 고려하여 10세 미만의 환자의 경우 5%미녹시딜용액, 국소 스테로이드 제제, 안트랄린(anthralin) 단기 접촉요법 등을 사용하는 것을 권장 하고 있다. 10세 이상의 환자인 경우 두피 침범 범위를 기준으로 하여 50% 미만 침범의 경우 병변 내 스테로이드 주사, 5% minoxidil용액, 국소스테로이드제제, 안트랄린 단기 접촉요법을 권장하고 있으며, 50%이상 침범의 경우 CPCP(dphencyprone), SADBA(squaric acid dibutylester), DNCB(dinitrochlorobenzene)등을 사용한 국소 면역요법이 추천되고 있다. 이외에도 retnoic acid의 국소 도포, 싸이클로스포린(cyclosporine)의 경구 및 국소도포, 미녹시딜의 경구 투여, nitrogen mustard도포, 아로마테라피, 전신 스테로이드투여, PUVA(국소 광화학요법) 등의 치료법이 있으나 모낭염, 모세혈관 확장, 당뇨나 고혈압과 같은 전신 부작용, 피부암의 위험성 등으로 인해 한계가 있는 실정이다. 특히 재발이 빈번하거나 치료에 잘 반응하지 않는 난치성 원형탈모증의 경우 선택의 폭을 넓힐 수 있는 새로운 치료법이 필요한 상황이다. 특히 이들은 거의 의료용이므로 일반관리실에서는 취급할 수 없다. 미용적 관리에서는 아미노산인 티로신, 아마요법, 로게인 등 사용할 수 있는 관리법의 제한 때문에 더더욱 새로운 관리법이 절실하다.

6) 상담과 심리치료 그리고 NLP

① 상담

상담(counseling)이란 도움을 필요로 하는 자(client)와 도와주려는 전문가(counselor)간에 성립된 인간관계와 활동 및 과정을 의미한다. 그 같은 활동과 과정 속에는 당면문제를 해결하도록 도와준다든지 정보를 제공하고 성격상의 문제, 적응상의 문제들을 풀어나가는데 도와주는 것 등이 포함된다.

상담은 그것의 형식에 있어서 상담기술이 사용되는 상호작용에 따라 다르다. 상담은 일반적으로 윤리적인 요인, 보호된 시간, 지정된 목적을 가지고 어떠한 사적인 공간에서 합의된 시간에 비밀성의 훈련된 조건 아래 만나는 상담자와 내담자간의 드러나는 합의가 그 특징이다. 또한 상담은 다양한 개인의 문제나 근심, 가장 흔한 존재의 무기력, 불안, 상실, 관계곤란, 삶의 위기, 정신적 충격, 중독, 자멸적 행동, 야망, 좌절 등을 도와주는데 알맞은 형태라는 사실은 널리 받아들여지고 있다. 상담은 상실, 혼란, 그 외의 부정적 상황에 있는 문제들을 도울 수 있으며 또한 긴장을 푸는 방법, 좀 더 자신을 갖는 방법, 스트레스를 처리하는 방법, 좀 더 성취적인 삶을 이끌어가는 방법들을 배우는데 있어 좀 더 순향적이며 교육적으로 사용 될 수 있다.

② 심리치료

심리치료는 본래 정신분석학의 덜 강렬한 형태를 지칭하는 것이고 여전히 일부 전문가들에게는 정확히 얘기해서 오직 정신분석학적 심리치료만이 있는 것으로 이해되고 있다. 내담자 중심 혹은 개인중심 접근법은 보통 구분 없이 둘 다 상담과 심리치료를 지칭한다.

상담과 마찬가지로 대부분의 심리치료는 심리학적 접촉, 이론, 기법에 의지하고 있는 근본적으로 대화에 바탕을 둔 치료이다. 또 심리치료란 내담자들의 당면문제에 초점을 맞추고 표면적으로 해결하는 것보다는 내담자심연의 무의식적인 오래 계속되는 성격, 행동문제와 행동양식의 해결을 다루는 것을 지칭한다. 심리치료는 상담에 영향을 받아 증상적이고 일시적으로 변화 되는 것보다 훨씬 더 강건한 근본적이고 광범위한 성격변화에 관한 것이다.

심리치료는 때로 환자들로 하여금 수년 동안 일주일에 여러 번씩 참여하도록 요구하기도 하는 의무적인 시간 참여를 필요로 한다. 이와 대조적으로 상담은 거의 매우 단기간이며 대개 일주일에 한 번 한다. 심리치료를 명확히 정의 하기란 어렵지만 대략 다음과 같이 할 수 있을 것이다. 심리치료는 양자 이에서 이루어지는 공식적인 상호작용과정으로 보통 한 편에 한사람으로 구성되지만 두 사람 이상이 있는 경우도 있으며 둘 중 한 쪽의 인지적 기능(사고의 장애), 감정적 기능(정서적 장애)또는 행동적 기능(행동의 부적절성)중 일부 영역이나 전체 영역에서생기는 고통을 개선할 목적을 갖는다. 치료자는 성격의 기원, 발달, 유지 및 변화에 대한 이론과 함께 그 이론에 논리적으로 관계되는 치료방법을 가지고 있으며 치료자로 활동할 수 있는 전문적이고 법적인 인가를 받는다.

따라서 심리치료는 비교적 지속적인 정상생활영위가 어려운 사람들이 정신적인 전문의에 의해 "치료"를 받는 "정신적 치료"에 속한다고 한다면 상담이란 그야말로 일반적인 문제를 혼자만의 힘으로 해결이 어려울 때 상담전문가와의 대화를 통해 해결해 나가는 비의료적인 정신적 상담을 의미한다 하겠다. 그런 측면에서 미용학적인 접근법으로는 "상담"을 통해 고객에 대한 도움을 줄 수 있는 방법이 옳을 것이다.

③ NLP

스트레스와 면역체계 및 신경계의 상관관계가 점차 밝혀지면서 호르몬의 농도나 이외의 다양한 생체신호들을 변화시킴으로써 면역체계를 강화 시키는 것이 가능 하게 될 것으로 기대된다. 뿐만 아니라 좋은 인간관계나 적절한 음식, 운동, 휴식 등을 통해 스트레스를 피하는 것이 질병에 대한 저항력을 향상시킨다고 사회적으로 권고 되고 있다. 그러나 실제 일상생활에서 불가피하게 마주치는 다양한 정신적, 육체적 스트레스로부터 완전히 자유로울 수 없는 것이 현실임을 고려할 때, 스트레스와 관련된 여러 질환에서 스트레스와 면역계간의 연관성 및 상호조절 기전을 정확히 이해하려는 연구 및 시도가 필요하고 이를 바탕으로 관련 질환의 예방 및 치료법을 모색하는 것이 사회적 의료비를 절감을 위해 보다 현실적인 방법이 될 것이다. 이에 NLP(Neuro Linguistic Programming) 심리상담이 좋은 예방 및 치료법으로 제시 할 수 있는데 NL란 1970년대 중반 미국의 리챠드 밴들러(RicradBanbler)와 존 그린더(John Grinder)박사가 창시한 NLP는 신경-언어프로그래밍(Neuro Linguistic Programming)의 줄임말로서 오늘날 세계적으로 크게 보급되고 있는 인간변화와 성공을 위한 이론 및 기법의 체계이다.

NLP는 원래 심리학에서 심리치료의 한 방법으로서 출발하였으나 궁극적으로는 마음의 원리를 어떻게 활용할 것인지를 탁월한 디지털의 논리로 설명하고 보여주는 마음 다스리기의 원리와 방법이라고 할 수 있기에 오늘날 교육, 산업, 인간관계, 스포츠, 예술을 비롯한 거의 모든 분야에 활용되고 있다. 결국 NLP는 인간의 마음이 어떻게 작용하고 기능하는지, 어떻게 하여 마음의 병이 생기며 아울러 신체적인 질병조차도 어떻게 마음작용과 관련이 있는지, 그리고 어떻게 마음을 다스림으로써 그러한 것을 치료 할 수 있는지, 또한 어떻게 마음을 변화시켜서 바라는 바 최상의 결과를 얻을 수 있고 탁월성의 경지에 이르며 목표를 효과적으로 달성할 수 있으며 긍정적인 변화와 성취를 할 수 있는지에 관한 디지털적인 이론체계이다. 이 이론을 접목하여 상담으로 마음의 치유를 효과적으로 할 수 있다. 즉 NLP는 주관적 경험의 구조를 연구한다. NLP기법을 통하여 자신의 상태를 이해하고 모방할 수 있다. 자신의 상태, 정서, 사고는 직접적으로 육체적 건강에 영향을 미치며 자신이 마음속에서 만드는 다른 자신의 세계는 몸에는 상상이 아닌 사실로 작용한다. 자신은 마음속 내부에서 감각을 사용하는 방식을 바꿈으로써 경험 자체를 바꿀 수 있다. 그리고 표상체계와 하위양식을 통하여 원하는 내적 세계를 만들어 나갈 수 있다. 이렇게 함으로써 자신의 건강을 위하여 엄청난 선택권과 통제력을 갖고 원하는 대로 자신의 건강을 창조 할 수 있게 될 것이다. 그렇게 본다면 자신은 피해자가 될 수 없다. 자신은 외부에서 일어나는 사건들 자체를 변화시킬 수 없겠지만 그것에 어떻게 대응할 것이며, 그래서 어떻게 스트레스를 최소화할 것인지 그 방법을 바꿀 수 있다. 기본적으로 NLP의 이론과 기법은 무의식과 트랜스를 활용한다는 면에서 기존의 상담이론과는 다소 다른 면을 보여주고 있다. 무의식이라고 하면 프로이트의 정신분석학적 상담을 연상할 수 있지만 이 둘은 차이가 있다. 의식과는 다른 차원의 정신세계를 활용한다는 면에서는 공통점이 있다. 다만 NLP에서는 보다 긍정적인 차원에서 무의식의 자원에 초점을 두고 활용한다는 점에 특징이 있다. 트랜스는 치료최면의 핵심이 되는 것이기에 NLP의 상담에는 최면치료적인 면이 있다.

미국 'Journal of the American Academy of Dermatology, 8. 2006'호에 발표한 내용 중 "원형탈모는 심리적인 요인으로 인한 스트레스를 완화를 위해 hypnotherapy(최면요법)과 다른 치료와 겸했을 때 12명 치료자중 75%인 9명이 호전을 보였다"고 발표했다. NLP기법은 무의식에 접근을 하는 것에 미루어 최면 역시 무의식에 접근한다는 측면으로 본다면 결국 방법은 달라도 결과 치는 비슷하다고도 할 수 있다.

일찍이 WHO, 세계보건기구는 건강과 관련하여 몸과 마음의 온전한 건강을 강조한 바 있다. 그리고 최근에는 영적인 차원까지를 추가함으로써 문자 그대로 건강은 몸-마음-영의 온전성 차원에서 이해하게 되었다. NLP는 건강의 문제를 총체적이고 전체적으로 접근한다. 특히 마음의 작용이 생리적 기능에 직접적인 영향을 미친다는 전제하에 많은 신체적 질병조차도 마음의 작용, 특히 스트레스나 억압된 무의식적 갈등, 불안, 충격의 결과로 초래될 수 있음을 가르치고 있다. 두통, 위궤양, 심장질환, 고혈압, 호흡질환, 피부

질환(원형탈모, 건선), 당요, 척추 및 관절염, 암과 같은 각종 심인성 질병들이 심리적 작용에 의해서 유발되거나 악화될 수 있는 것이라면 이러한 병들을 치유하고 관리하는데 NLP의 역활은 지대하다 하겠다.

Ⅲ. 결 론

앞서 살펴본 바와 같이 마음의 작용이 생리적 기능에 직접적인 영향을 미친다. 따라서 많은 질병들이 마음의 작용, 특히 스트레스나 억압된 무의식의 갈등, 불안, 충격의 결과로 초래 될 수 있다. 그 결과 자가면역질환으로 나타나고 그 중 하나가 원형탈모며 치료법으로는 병원에서의 약물치료와 일반 두피관리실에서의 탈모관련제품이나 민간요법 등으로 관리하며, 발생 원인이 정확치 않은 만큼 치료나 관리측면에서의 효과도 확실하지 않고 더구나 미용학적인 접근법에서의 관리에는 제한적인 한계가 있다. 이에 심리상담이 좋은 또 다른 방법이 될 수 있는데, 미국 "National Alopecia Areata Foundation"재단에서는 원형탈모증으로 정서적 고통의 증상을 보이는 사람에게 때로는 전문 상담을 정신과 의사, 심리학자들을 자신감과 긍정적인 변화를 위해 지원하기도 한다고 한다.

이런 측면을 본다면 원형탈모를 치유함에 있어 미용관리 측면에서는 많은 한계가 있는 것이 사실이니 만큼 또 다른 대안을 찾는 것이 중요할 것이다. 그 대안 중 하나가 상담을 통한 정신적인 스트레스 감소인데 기존 "상담"은 의식적인 측면에만 치중하기에 마음 깊은 곳의 무의식에 접근 할 수 없고 "심리치료"는 의료영역이라서 누구나 할 수 없어 힘들기 때문에 미용인들이 공부하여 무의식에 접근하는 방법이 결국 NLP상담법이라 할 수 있다. 따라서 미용업계에서 좀 더 효과성에 있게 할 수 있는 방법이 상담, 즉 NLP라는 상담기법이라 할 수 있다. NLP기법으로 이미 다양한 분야에서 효과를 임증하는 논문이 있고, 미용과 관련해서는 "개인별치유사료에 적용된 NLP기법에 관한연구"(광운대 석사논문 2005, 심교준)에서 여드름과 아토피에 효과를 입증한바있고, "얼굴과 피부를 예쁘게 가꾸는 심리기술; NLP 마음다루기"(대한피부미용전문가협회 2006)등이 있다. 차 후 스트레스로 인한 원형탈모에 기존의 관리법에 더해서 NLP기법을 사용한다면, 정신과 마음의 상태를 편안하게 해주어 심리적인 스트레스로 인한 원형탈모 치유의 기간을 단축시키며 자연치유능력을 되찾아 원상태로 회복하는데 큰 도움이 될 것이다.

부록4)

멜라토닌의 역할과 모낭에 미치는 영향에 대한 고찰

차 례

I. 서 론

멜라토닌은 송과체에서 생산되는 호르몬으로 시신경이 어두움을 감지하게 될 때 두뇌의 한가운데 있는 콩알만 한 크기의 송과체에서 분비되는 일종의 호르몬(5-meyhoxy-N-acetyl tryptamin)으로 오래 전부터 숙면을 도와주는 호르몬으로 알려져 왔다. 즉, 멜라토닌은 우리 몸의 주요한 시간을 조절해 주는 시계와 달력의 역할을 하는 것으로 알려져 있다. 하루 중 시간의 변화와 계절의 변화, 나이가 들어가는 것 등을 뇌와 우리 몸 전반에 가르쳐 주는 역할을 하며 또한 멜라토닌은 우리 몸의 내부 생리기관들이 잘 작동되도록 조절하는 기능을 한다. 그런데 최근의 연구들에 의하면 이 호르몬이 건강과 모발에도 영향을 미치는 강력한 효과들이 있다는 것이 밝혀지고 있다. 동물과 인간의 피부, 말하자면 성장기에 있는 인간의 두피의 모낭은 여분의 송과선의 멜라토닌 합성의 중요한 부위라는 것이 최근에 알려졌다. 더구나 HF멜라토닌 생성은 카테콜아민(전통적으로 송과선에서 발생하는 경우)에 의해 향상 된다. 멜리토닌은 또한 모발주기 조절에 있어서도 역할을 수행한다. 프리라디칼 청소부로서 그리고 DNA회복 유도체로서의 멜라토닌의 힘 때문에 대사적으로 매우 활발하고 증식적으로 매우 활발한 성장기 모구는 자기-세포-보호 전략으로서 멜리토닌 합성을 개발 할 것이다. 또한 스트레스로 야기된 산화로 입은 손상에 대응하기 위해서 피부와 모낭은 멜라토닌을 분비하는데 이것은 아마도 가장 잠재적인 신경내분비적인 산화방지제 일 것이다. 멜라토닌의 생성은 스트레스의 영향을 받는 모낭을 보호하고 노르아드레날린은 멜라토닌의 합성을 자극한다. 멜라토닌 자체는 송과선에서 트립토판으로부터 만들어지는데 이것이 티로신을 섭취하는 것이 모발에 미치는 자율면역반응을 감소시키는 것의 또 다른 이유가 될 수 있다. 이렇게 멜라토닌 호르몬이 모발에도 영향을 미침에 있어 이에 멜라토닌에 대한 학문적 고찰을 해보고자 한다.

II. 본 론

1. 송과체란

송과체는 광자극에 반응하여 멜라토닌을 분비하는 기능을 가진 송과체세포를 주세포로 하여 구성된 내분비선으로, 태아간뇌 정중앙의 배벽을 구성하는 신경상피로부터 발생한다. 사람의 송과선은 제3뇌실의 천정에서 신장되어 그 끝부분이 뇌량팽대의 후반부와 경계를 이루면서 위치하는데 그 모양이 마치 솔방울과 같아서 송과체라 불린다. 프랑스 철학자 데카르트는 송과선을 통해 영혼이 작동한다고 말하였는데 이 말은 그 당시의 종교학자들을 격분시켰다. 힌두교 신비주의자들은 송과선을 "제3의 눈"이라 불렀으며 그 곳이 고도의 명상 상태일 때 영혼이 육체로부터 분리되는 위치라 믿었다.

1958년 아론 러너(Aaron Lerner)와 제 디 케이스라는 두 명의 과학자가 이 신비로운 물질을 분리하고 멜라토닌이라고 이름을 붙였는데, 그리스어로 멜라스(melas)는 검은색을 의미하며 토소스(tosos)는 노동을 의미한다. 멜라토닌은 간접적으로 작용하여 모든 기관에 영향을 준다. 그의 역할은 다른 호르몬의 농도를 조절하고 신체균형 또는 항상성을 유지하는데 있으며 그로 인해 다른 호르몬이 자신의 역할을 하도록 돕는다. 멜라토닌 농도가 올라가면 어떤 호르몬의 생산은 억제되고 농도가 떨어지면 다른 호르몬의 생산이 자극 된다. 멜라토닌은 신체가 너무 높거나 낮은 농도로 호르몬을 생산하지 못하도록 세밀히 조정한다.

2. 송과체와 멜라토닌 호르몬

송과선에는 멜라토닌 이외에도 체내어디에서나 볼 수 있는 갑상선 자극호르몬 유리호르몬(TRH; thyrotropin releasing hormone)을 포함하는 여러 다른 화합물들이 있다. 신체가 에너지를 필요로 하면 송과선은 뇌하수체를 자극하여 갑상선 자극호르몬(TSH)을 생산하도록 TRH에게 명령한다. TSH는 후두 바로 아래에 놓여 있는 나비모양의 분비선인 갑상선에 작용한다. 갑상선은 3개의 호르몬, 즉 칼시토닌, 트리요드티로닌(T3)과 티록신(T4)을 분비한다. 칼시토닌은 칼슘유지에 필수적이며 T3, T4는 다른 분비선과 기관들이 기능하는데 꼭 필요하다. 이들은 세포의 산소 소비를 증가 시켜 더 많은 에너지를 만들도록 대사를 조절한다. 둘 중에서 T3는 세포에 더 많은 에너지를 주기 때문에 더 강열한 호르몬이다. 멜라토닌은 T4가 T3로 분해되는 것을 도와준다. 에너지가 필요할수록 멜라토닌은 더 많은 T4를 T3로 분해하여 더 많은 열과 에너지를 만들어 낸다. 노인들의 경우 겨울에는 추위를 심하게 타고, 여름에는 더위를 심하게 타는 것은 갑상선과 송과선 기능의 상실 때문이다. 원래 늙는다는 것은 한 환경에 맞추는 능력이 상실되는 것이며 이것은 조절자 중의 조절자인 송과선이 고장났기 때문이다. 송과선에서 발견되는 여러 다른 화합물들은 생식과 행동에 밀접히 관련되어 있다. 이런 화합물 중 하나인 바소프레신(vasopressin)은 산모에게서 젖이 흘러나오게 하는 것과 관련되어 있다. 바조프레신과 유사한 효과를 내는 호르몬인 프로락틴도 송과선에 존재하며 둘 다 유대를 가져다주는 호르몬이다. 여러 다른 송과선 화합물과 같이 프로락틴 역시 우리를 건강 하고 강하게 유지시켜 주는 면역 기능을 증강시킬 수 있다.

멜라토닌은 송과선의 일차적인 전령이며 멜라토닌을 통해 송과선은 자신의 많은 일을 행한다. 그러나 멜라토닌만이 송과선에서 발견되는 유일한 화합물은 아니다. 실제로 멜라토닌은 아미노산인 트립토판(tryptophan)과 또 다른 신경전달물질인 세로토닌(serotonin)이라는 두 개의 다른 화합물로부터 생성 된다. 신체가 필요로 할 때 이들 화합물로부터 멜라토닌이 생성 되는 것이다. 세로토닌은 멜라토닌의 전구체일 뿐만 아니라 체내에서 수면, 평활근 수축, 혈장기능을 포함하는 다양한 활동의 주체이다. 과도한 세로토닌 그리고 멜라토닌 부족은 침울 및 우울증과 관련이 되어 있다.

1) 발생과 해부

모든 척추동물에서 송과체는 태아의 간뇌의 정중앙에서 배벽을 구성하는 신경상피세포가 위쪽으로 팽출되어 형성된다. 사람에서 송과체의 발생원기는 임신 2개월째에 최초로 나타난다. 평균무게는 170-175mg정도이고 크기는 길이 0.5-0.8Cm 폭 0.3-0.5Cm정도다.

송과체에는 혈관분포가 풍부하여 다량의 혈액을 공급하는데 실제로 단위 조직당 혈류량이 신체의 타 부위에 비해 최고치를 나타낸다. 더욱이 송과체세포의 세포질 돌기들은 모세혈관의 주위에 형성된 혈관주위 간격에 종지 할 뿐 아니라 송과체 자체도 뇌척수액속에 위치하고 있기 때문에 송과체에서 분비되는 호르몬이 혈액이나 뇌척수액으로 쉽게 방출될 수 있는 해부학적 구조를 갖추고 있다. 송과체는 교감신경의 효과기관일 뿐만 아니라 발생학적 견지에서 보면 뇌의 일부분이다.

2) 멜라토닌의 합성, 분비

송과체는 신체의 다른 부위에서 광자극을 받아 발생된 자극을 수용하여 분비기능을 발휘하는 내분비선으로의 기능을 영위한다. 또한 송과체에서 멜라토닌은 일주기리듬을 유지하면서 분비되는데 암조건하에서 다량의 멜라토닌이 방출되고 명조건하에서는 기저수준을 유지한다. 멜라토닌은 주로 간장에서 불활성화 되고, 대사산물은 오줌을 통하여 방출된다. 멜라토닌은 송과체의 송과선세포에서 아미노산인 트립토판을 원료로 하여 여러 단계의 합성과정을 거치면서 합성되는데 각 단계마다 별도의 효소가 반응을 촉매한다. 멜라토닌의 합성과 분비는 광주기의 변화에 동조되어 일어난다. 멜라토닌 합성과정에서 5-히드록시트립토판과 세로토닌의 합성은 밝은 조건에서 촉진되며 따라서 밝은 조건하에서 송과선세포에 세로토닌이 축적된다. 그러나 어두운 조건하에서는 송과선세포에 종지하는 교감신경의 절후섬유에서 다량의 노르에프린이 방출되고 이 노르에프린은 송과선세포에서 cAMP의 생산을 촉진하고 이에 따라 NAT의 합성량이 증가됨으로서 세로토닌이나 멜라토닌으로 전이되는 과정이 촉진된다. 따라서 어두운 조건하에서는 송과선세포의 멜라토닌 축척량이 감소되고 멜라토닌의 합성. 분비가 증가된다.

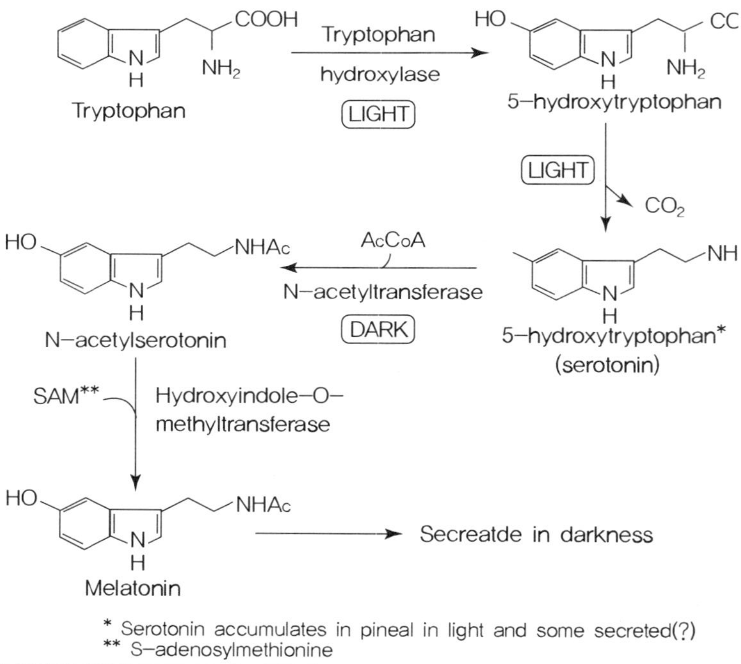

Fig. 1. 멜라토닌의 생물학적 합성

3. 멜라토닌의 생리작용

송과체는 외측 눈에서 받는 빛의 정보에 반응하여 멜라토닌을 합성한다. 포유동물에서 빛의 정보는 먼저 눈의 광수용체에 의하여 감지되고, 이 정보는 망막-시상하부 경로를 통하여 시상하부의 시교차상핵에 전달된다. 그러나 멜라토닌합성과정의 주요 효소인 N-아세틸전이효소의 활성은 눈이 먼 동물을 명조건 하에 두거나 정상동물을 암조건하에 두면 계속적으로 유지된다. 이 사실은 멜라토닌을 위한 신호발생기(signal generator)가 약 24시간을 주기로 하여 광주기에 동조화 된 신호를 오직 송과선으로만 전달하는 발진기(oscilator)라는 것을 시사하는데, 이 발진기를 생물시계(biological clock)이라 하며, 시상하부의 시교차상핵에 포함되어있다. 송과체의 분비리듬은 개일성(circadian rhythm:1일의 주기를 가지고 변동되는 생명현상)을 나타낸다. 개일성리듬은 동물체가 항상 조건하에 있으면 고유의 주기를 가지면서 계속되는데 이를 자유계속리듬(free running rhythm)이라 한다. 이와 같이 송과체에서는 생물시계의 지배하에 멜라토닌이 광주기의 변화에 따라 분비되고, 이 멜라토닌에 의하여 다양한 생리작용이 조절된다.

4. 멜라토닌의 항산화제 역할

우리 생체내에서는 세포의 mitocondria로 돌아온 요소의 약 5%가 free radical 형태로 방출되고 각종 면역세포들이 체내에 침입한 바이러스, 세균 및 암세포 등과 싸우기 위해서 많은 유해한 분자들을 생산 하는데 이런 때 즉시 우리 체내에서 엄청나게 많은 free radical이 생기며 또 각종의 유독성 물질에 노출 될 때도, 예컨대 자외선, 아황산가스, 술, 담배, 제초제, radiation, 전자장 등으로 생긴다. 이 free radical은 반응성이 매우 커서 10억분의 1초 내에 생성 되었다 없어지고 전자현미경으로 볼 수 없을 정도로 작으나 지난 10년 동안 생물학자들은 이 free radical에 의한 손상을 관찰 할 수 있는 정교한 방법을 개발 하였고 결과적으로 이들은 질병이나 노화에 대한 분자 차원의 관점을 제공한 셈이 된다. 멜라토닌이 송과선에서 분비되면 멜라토닌의 화학 구조상 쉽게 송과선 세포막을 통과하여 혈관으로 들어간다. 이렇게 온몸을 순환하면서 멜라토닌은 뇌세포를 비롯하여 모든 세포에 접근하여 free radical을 제거한다. 비타민C는 구조상 물에 녹는 구조를 가져 수용성 환경에서만, 비타민 E는 지용성 환경에서만 작용 할 수 있는 것이다. 우리 몸에서 특히 두뇌는 free radical의 공격에 취약한 부위로 알려져 있다. 그것은 첫째 유해산소 자체가 많이 발생한다는 것과 둘째 이를 제거하는 대부분의 항산화제가 뇌 속으로 들어가지 못한다는 사실이다. 우리두뇌는 매우 많은 에너지가 공급되어야 하는 기관으로써 산소 소모가 특히 많은 곳인데 이로 인하여 free radical 역시 많이 발생한다. 또한 두뇌는 철분과 불포화지방산이 많아서 산소대사의 부산물인 과산화수소를 가장 위험한 하이드록시 라디칼로 전환 시키며 이로 인해 쉽게 손상 받는다. free radical에 의한 신경세포의 손상은 매우 심각한 정도로써 두뇌기능의 혼돈을 유발 시켜 알츠하이머병 같은 정신질환의 원인의 하나로 지목되고 있다. 그런데 멜라토닌은 수용성이면서도 지용성이기도 하여(비타민 E는 지용성, 비타민 C는 수용성에 비하여) Blood-Brain 장벽과 placental 장벽을 자유롭게 통과 할 수 있어, 뇌혈관의 질환의 reperfusion(재관류) injury (상해) 치료에도 도움이 되고 일반적으로 glutathione(수용성·결정성의 펩티드)보다는 hydroxy radical의 제거에 강하고 비타민 E보다는 peroxy radical 의 제거에 강한 것으로 알려져 있다. 현재까지 알려진 어느 항산화제보다도 in vivo 와 in vitro에서 약리적 용량을 투여하면 뛰어난 효능이 있다.

5. 멜라토닌과 면역계

면역계는 우리 몸이 병에 대항하는 방어 기구이다. 우리에게 해를 줄 수 있는 바이러스, 박테리아, 암세포 그리고 다른 침입 미생물을 찾아서 파괴하는 전투원 세포가 대단히 복잡하게 연결되어 있다. 면역계는 또 싸우지 말아야 할 때를 알고 있다. 예를 들어 자기기관과 대항하여 싸우지 않도록 자신의 조직을 확인 하는 법을 안다. 그러나 나이가 들면 면역계 자체의 장애에 걸리기 쉽다. 자가면역질환이라 불리는 것에 걸리면 우리 면역 세포가 혼동을 하게 되어 자신의 조직을 공격하기 시작한다. 노인에게 흔히 나타나는 류마티스성 관절염이 대표적이다.

① 흉선은 태어났을 때 약 1/2온스 무게를 가지며 사춘기가 되면 두 배로 커진다. 그 이 후 줄어들기 시작하여 지방조직으로 대치되고 이렇게 되면 T세포는 점차적으로 줄어들어 면역력이 상실된다.

② 갑상선은 T세포의 생산을 증가 시킬 수 있는 호르몬을 생산한다. 따라서 갑상선은 강력한 면역계를 유지하는데 중요하다. 실제로 갑상선 기능이 저하된 사람들은 감염에

걸리기 쉽다.

③ 스트레스는 면역계를 파괴하는 결과를 낳을 수 있다. 따라서 육체적, 정신적으로 스트레스를 받는 사람은 병에 걸리기 쉽다. 스트레스시 코르티스테로이드가 대량 방출되어 병과 싸우는 항체의 생산을 막고 T세포의 생산을 방해하며 면역세포가 필요한 염증성 조직에 들어가는 것을 막아서 면역 반응의 기를 꺾을 수 있다.

멜리토닌은 흉선의 기능을 회복시키고, 갑상선의 기능을 도우며 스트레스에 의한 면역계의 손상을 막는 역할을 한다.

6. 멜라토닌과 스트레스

스트레스와 노화는 신체에 많은 유사한 효과를 낸다. 두 경우 모두 신체에 더 많은 스트레스 호르몬이 생산 되도록 하고 흉선이 줄어들거나 오그라들게 하며 면역세포의 수를 감소시킨다. 특히 나이 많은 사람들은 T세포라고 불리는 중요한 면역세포가 부족하여 이들이 생산하는 T세포도 자신의 일을 제대로 하기에는 역부족이다. (노인의 T세포가 생산하는 인터루킨-2의 양은 청년의 T세포가 만드는 인터루킨-2의 절반에 불과한데, 인터루킨-2는 다른 면역계의 자극에 필수적이다. 따라서 T세포의 부족은 면역계를 전체적으로 저하 시킨다. T세포는 면역계에서 가장 중요한 세포 중의 하나다. 골수로부터 생성되어 흉선으로 이동하며 특정 목표에 반응하도록 훈련된다. 어떤 T세포는 소아마비 바이러스에 반응을 나타내도록 변화하고, 다른 T세포 B형 간염 바이러스에, 또 다른 T세포는 에이즈바이러스에 반응을 나타내게 되는 것이다. 각 T세포는 각각의 고유한 목표물이 있다. T세포가 흉선을 나오면 적을 찾아다닌다. 지금 인체는 각각의 목표물을 찾고 있는 수억 개의 T세포를 갖고 있다. 한번 T세포가 그 적을 포착하면 복잡한 과정을 거쳐 수백 만개의 똑같은 T세포사 생긴다. 따라서 인체는 하나의 정찰병에서 수일 내에 잘 무장된 군대를 갖게 된다.

인체는 두 종류의 주된 T세포를 생산하는데 공격 T세포(T-killer cell)는 공격 팀이 일부분이고 보조 T세포(T-helper cell)는 전체 작전을 지휘한다. 보조 T세포는 생리활성물질 “싸이토카인”이라고 불리는 세포간의 신호전달물질을 생산하여 면역계에서 다른 세포들을 조정한다. 각각의 생리활성 물질은 세포에 따라 성장을 자극하고 억제하면서 서로 다른 세포를 조절한다. 면역계를 조정하는 보조 T세포가 없다면 전쟁에서 질것이다. 그것은 전체 통신 체계가 엉망으로 망가진 상태에서 전쟁에 나가 싸우는 것과 같다. 메에스트로니와 콘티의 눈부신 발견은 보조 T세포에 멜라토닌 수용체가 있다는 것이다. 한 세포가 어떤 호르몬에 대한 수용체를 가지고 있으면 그 호르몬은 이 세포를 조절하는 중요한 역할을 한다는 것을 의미한다. 위의 스위스 연구자들은 멜라토닌이 보조 T세포의 수용체에 결합하면 주요 생리 활성 물질중의 하나인 인터루킨-4와 비슷한 인자를 자극하는 것으로 시작하여 일련의 반응들이 작동한다.

① 멜라토닌은 NK세포를 자극한다

멜라토닌에 의해 자극받는 세포중의 한 종류는 NK 세포이다. 이 세포는 인체의 가장 은밀한 침입자, 즉 암세포나 바이러스에 감염된 세포만을 전문적으로 공격한다. 이러한 적들은 그들 자신들이 건강한 세포인 것처럼 위장하기 때문에 인체의 감시 체계가 이들을 발견하는 것은 어렵다. 바이러스는 세포 외부에 그들의 존재를 드러낼 수 있는 아무런 흔적도 남기지 않으면서 세포내로 잠입하여 그들 자신을 복제할 수 있는 내부 기관을 점령한다. 암세포들은 그들이 생겨날 때부터 건강한 세포와 외형상으로는 구분할 수 없다. 따라서 악성 암세포나 바이러스에 감염된 세포를 구분해 내는 것은 전쟁터에서 양쪽이 똑같은 전투복을 입고 있을 때 아군과 적군을 구분하려고 시도하는 것과 같다.

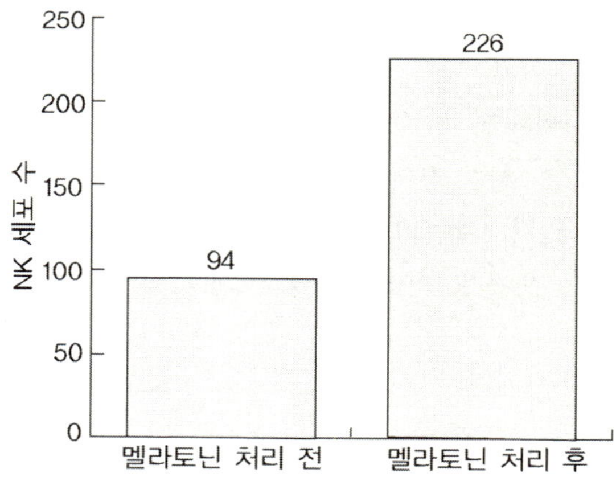

| NK 세포를 증가시키는 멜라토닌 |

다행히도 인체의 NK세포는 이러한 일을 할 수 있다. 소량의 멜라토닌을 섭취하는 것으로 이러한 NK 세포의 생산을 극적으로 증가시킬 수 있다. 1994년 발표된 연구에 의하면 6명의 건강한 젊은이가 두 달 동안 매일 밤 2mg의 멜라토닌을 복용한 후 전 후의 NK세포의 수를 측정 하였을 때 멜라토닌 복용 말기에 평균 240% 이상의 NK세포가 만들어졌다. 이것은 암이나 바이러스에 대항하여 그들의 무기고를 2배 이상 증가시킨 것에 해당한다.

② 멜라토닌은 식세포(phagocytes)를 자극한다.

멜라토닌에 의해 촉진되는 또 다른 현상은 식세포라고 불리는 식성 좋은 세포의 식성을 증가 시키는 것이다. 식세포란 '세포를 먹는 자'를 의미하며, 적을 섭취하여 소화 하는 것이 주된 역할인 이 굶주린 피조물에 대한 적절한 묘사이다. 전형적으로 식세포는 바이러스나 박테리아가 침입한 현장에 가장 먼저 나타나고 가장 늦게 떠난다. 목표물을 확인하면 식세포들은 침입자들을 함정에 빠뜨리기 위해 긴 돌출부를 이용해서 무정형의 침입자를 몸 안으로 끌어 들인다. 공격자들을 빨아들여서 액체로 가득 찬 소포낭이라고 하는 주머니에 고립시킨 다음 프리라디칼과 유해한 화학물질을 이용하여 파상 공격한다. 모든 적들이 파괴되면 식세포들은 다음 임무인 잔해 처리를 한다. 식세포들은 이 일에 매우 열성적이어서, 여건이 허락하면 가능한 한 많은 적들을 포식하기 때문에 그만 터지고 만다. 감염된 장소에는 자폭한 식세포의 시체가 노란 고름으로 쌓여 있다. 1994년 발표된 연구 결과에 의하면 멜라토닌은 단핵세포(monocyte)라 불리는 특정 식세포의 포식작용을 증가시킨다. 시카고의 노스위스턴 의과대학 연구원들은 지원자로부터 단핵세포를 얻어, 한밤중에 사람의 혈류에서 발견되는 멜라토닌의 농도와 대략 같은 농도에서 배양하였다. 이러한 적은 양의 멜라토닌은 단핵세포가 피부암 세포를 죽이는 능력을 약 73% 정도 증가시키는 것으로 알려졌다.

③멜라토닌은 조혈인자인 GM-CSF를 촉진한다.

수조(兆)나 되는 인체 내의 백혈구와 적혈구는 모두 동일한 모세포(stem cell)에서 유래하며, 모세포는 골수에서 만들어진다. 모세포를 제외하고 면역에 관련 된 모든 세포가 파괴 된다. 이론적으로는 모두 재공급이 가능하다. 마에스트로니 콘티는 1995년에 멜라토닌이 골수 세포의 성장을 증진시킨다고 밝혔다. 골수세포를 자극하는 능력이 매우 가치 있다는 것을 증명하는 많은 예가 있다. 한 가지 확실한 예는 화학요법이다. 암세포를 파괴시키는데 사용되는 많은 약들은 골수에 유독하여 매우 많은 백혈구가 손실된다. 노화, 스트레스, 혹은 만성 질병으로 인하여 면역계가 약해진 수만 명의 사람들은 골수세포를 자극하는 물질로부터 도움을 받을 수 있다. 멜라토닌이 골수세포를 어떻게 자극하는지 이해하기 위해서는 면역계의 복잡성과 상호 의존성에 대해 깊이 통찰해야 한다. 본래 멜라토닌은 잘 훈련된 이어달리기 팀의 첫 번째 주자의 구실을 한다. 경주를 시작하기위해 멜라토닌은 보조 T세포의 수용체와 결합한다. 보조 T세포는 다은주자로 인터루킨-4유사 인자를 더 많이 생성한다. 이 인자는 이어달리기의 바톤을 넘겨받아 다른 조혈인자인 GM-CSF의 생산을 자극한다. GM-CSF는 이 팀의 마지막 주자로 골수에 있는 모세포에 자극 신호를 보낸다. 이 상호 협력적인 모험의 총괄적인 효과는 인체를 질병으로부터 보호하는 백혈구를 많이 갖게 된다는 것이다. 또한 멜라토닌의 생성으로 스트레스의 영향을 받는 모낭을 보호한다. 노르아드레날린은 멜라토닌의 합성을 자극하며 멜라토닌 자체는 송과선에서 트립토판으로부터 만들어진다. 이것이 티로신을 섭취하는 것이 모발에 미치는 자율면역 반응들을 감소시키는 또 다른 이유가 될 수 있다. 또한 알파 MSH는 인터페론을 조절하고 모낭을 보호한다.

7. 멜라토닌과 모낭

송과선은 주요 분비물인 멜라토닌은 오랫동안 주요 신경내분비 조절제로써 많은 종들의 모발성장, 착색, 또는 탈피를 조절하기 위한 것으로 알려졌다. 그러나 성장조절과 착색과 관련하여 모낭(HF)에 미치는 멜라토닌의 세밀한 작용과 메커니즘은 아직 완전히 이해되지 못했다. 불특정 멜라닌 결합 부위들이 오래전에 증명된 반면(예; 염소와 쥐의 모낭), 특정 멜라토닌 막 MT2수용체 유전정보와, 특정 핵의 멜라토닌 결합 부위를 위한 단백질과 mRNA 표현은 최근에야 동물의 모낭들에서만 증명 되었다. 동물과 인간의 피부, 말하자면 성장기에 있는 인간의 두피의 모낭에서 여분의 송과선의 멜라토닌 합성의 중요한 부위라는 것이 최근에 알려졌다. 더구나 HF멜라토닌 생성은 카테콜아민(전통적으로 송과선에서 발생하는 경우)에 의해 향상 된다. 멜리토닌은 또한 모발주기 조절에 있어서도 역할을 수행한다. 프리라디칼 청소부로서 그리고 DNA회복 유도체로서의 멜라토닌의 힘 때문에 대사적으로 매우 활발하고 증식적으로 매우 활발한 성장기 모구는 자기-

세포-보호 전략으로서 멜라토닌 합성을 개발 할 것이다. 또한 스트레스로 야기된 산화로 입은 손상에 대응하기 위해서 피부와 모낭은 멜라토닌을 분비하는데 이것은 아마도 가장 잠재적인 신경내분비적인 산화방지제 일것이다. 멜라토닌의 생성은 스트레스의 영향을 받는 모낭을 보호한다. 노르아드레날린은 멜라토닌의 합성을 자극한다. 멜라토닌 자체는 송과선에서 트립토판으로부터 만들어지는데 이것이 티로신을 섭취하는 것이 모발에 미치는 자율면역반응을 감소시키는 것의 또 다른 이유가 될 수 있다.

8. 멜라토닌을 고갈시키는 약들

체내의 멜라토닌을 낮추는 약을 장기적으로 복용했을 때 미치는 영향은 무엇인가? 이론적으로 그것은 프리라디칼에 의한 해를 증가 시키고, 암에 더 잘 걸리게 하고, 면역계를 억제시키며 여러 퇴행성 질병의 위험성을 증가 시키고, 수명을 단축 할 수 있다. 체내의 멜라토닌 공급을 고갈 시키는 방법 중에는 아마도 가장 간단하고 효과적인 것은 어떤 잘 알려진 처방약이나 쉽게 구할 수 있는 약품을 복용하는 것이다.

① 아스피린(aspirin)

② 아이부프로펜(ibuprofen)

비스테로이드계 함염증약(nonsteroidal anti-inflammatory drugs; NSAIDs)계열의 진정제로 밤에 적정 양의 이스피린, 또는 아이부프로펜을 투여 받은 지원자들은 멜라토닌 수치가 75%감소하였다.

③ 베타 -차단제(beta-blockers)

베타차단제는 고혈압, 비정상적인 심장박동, 그리고 협심증과 같은 여러 가지 심장질환에 처방되는 약의 종류이다. 여기에는 프로프라놀롤(propranolol 또는 Inderal), 아테롤놀(atenolo 또는 Tenormin), 그리고 메토프로롤(metoprolol 또는 Lopressor, Toprol)등이 포함된다.

④ 칼슘통로차단제(calcium vhannel blockers)

칼슘길항제(calcium antagonist)들은 심장혈관계에 존재하는 여러 종류의 세포내로 칼슘이 들어가는 데 사용되는 특수한 통로를 저해한다. 이 같은 작용은 동맥을 이완시키고 심장에 요구되는 산소량을 감소시킨다. 심장질환에 사용되는 새로운 약물들오는 베프리딜(bepridil, Vascor), 딜티아젬(diltiazem, Cardizem), 펠로디핀(Felodipine, Plendil), 이스라디핀(isradipine, Dyna Circ), 니카디핀(nicardipine, Cardene), 니페디핀(nifedipine, Adalat, Procardia), 니모디핀(nimodipine, Nimotop), 그리고 베라파밀(verapamil, Calan, Isoprin)등이 있다.

⑤ 수면제, 진정제

적어도 폭 넓게 처방되는 두 가지 신경안정제인 디아제팜(diazepam, Valium)과 알프라졸람(alpraxolam, Xanax)은 멜라토닌 생산을 억제한다.

⑥ 항우울제

많은 우울제는 멜라토닌 생산을 억제한다. 예로는 플루복사민(fluvozamine, LUVOX0, 데시프라민(desipramine, Norpramin, Pertofrane), 그리고 MAO 저해제인 마플란(Marplan), 나르딜(Nardil), 파네이트(Parnate) 등이다.

⑦ 카페인, 담배, 알코올

9. 멜라토닌에 관한 연구현황

과거에 멜라토닌의 기능은 장거리 여행자들이나 불면증 환자들을 위한 수면 보조제이었기 때문에 이에 대한 연구들이 주로 이루어져 왔었다. 그런데 오늘날에는 그 연구가 훨씬 넓어지게 되었다.

① 뇌와 유방, 폐, 기타 암에 대한 화학치료제로서의 연구

이에 대한 연구가 뉴욕과 이태리, 프랑스, 스페인에서 이루어지고 있다.

② 우울증, 치매, 정신분열증, 양극성 장애(감정장애 일종, 조울증)등의 신경정신 질환과의 관계에 대한 연구

오레곤 건강과학대학과 텍사스대학 건강과학 센터에서 연구가 진행되고 있다.

③ 심장병, 관절염, 기타 퇴행성 질환에 대한 항산화제로서의 역할 연구

이태리와 미국의 텍사스대학에서 연구가 진행되고 있다.

④ 멜라토닌이 들어 있는 피임약(피임효과와 함께 유방암의 위험을 줄이는 효과에 대

한 연구)

미국과 네덜란드의 학자들은 멜라토닌이 들어 있는 피임약의 피임과 유방암에 대한 효과에 대한 임상시험을 하고 있다. 1996년 5월 보도에 따르면 미국에서 "비 오벌(B-Oval)"이라고 이름이 붙은 새로운 멜라토닌 피임약이 개발되어 곧 시험시판이 되고, 3-4년 뒤에는 일반시판이 될 것이라고 한다.

10. 한국에서의 멜라토닌 제조

한국에서는 S종합화학과 C제약 등의 회사가 아시아에서는 처음으로 "멜라토닌"의 제조기술을 개발했다. 러시아 의화학연구소로부터 도입한 기초기술을 활용하여 6개월 만에 멜라토닌 제조에 성공 했다고 알려지고 있다. 멜라토닌은 정제로서 뿐만 아니라 음료와 녹즙의 소재로서도 가능하다. 금세기 말 최대 호르몬으로 각광받으면서 노화 방지에 효과가 있다는 잇따른 연구발표가 나온 멜라토닌이 음료업계와 건강식품업계에 관심의 대상이 되고 있다. 이것은 또한 식물에 들어있기 때문에 멜라토닌이 많이 들어있는 소재를 사용한 식품들도 가능하다. 밤에 마시는 녹즙, 멜라토닌이 많이 들어 있는 소재를 포함한 녹즙이 나올 날도 멀리 않았으리라 생각된다.

*우리나라에는 멜라토닌에 관련 된 특허가 1996년 6월 현재 공개특허가 5개 나와 있고, 아직 특허권을 얻은 공고특허는 없다. 출원자는 미국회사가 4건이고 네덜란드에서 1건이다.

11. 멜라토닌의 사용법

1) 멜라토닌이 필요한 사람

① 항산화효과와 면역증진코자는 사람
② 25세 이상 성인
③ 노화억제
④ 불면증
⑤ 야간근무자
⑥ 시차극복

2) 멜라토닌 함량이 높은 식품

식 품	함량(피코그램/그램)
귀 리	1796
옥수수	1366
쌀	1006
생강	583
토마토	500
바나나	460
보리	378
무우	657
신선초	623
쑥갓	417

3) 멜라토닌 사용 주의를 요하는 사람들

주의를 요하는 사람들	이론적 위험
코티존이나 덱사메타존과 같은 스테로이드를 사용하는 사람	멜라토닌은 이런 약들의 효과를 상쇄 할 수 있다.
임산부	임산부에게는 멜라토닌이 투여된 바 없다. 알려지지 않은 위험
임신하기를 원하는 여성들	어떤 여성들에게는 10mg이상을 복용 할 때에 배란이 안될 수 있음
수유중인 여성들	얼마간의 멜라토닌이 모유를 통하여 아기에게 전달됨
심한 정신질환이 있는 사람들	과량의 멜라토닌을 낮 시간에 환자에게 투여할 경우 증상을 악화시킨다는 연구 결과 있음
심한 알러지 있는 사람들	멜라토닌은 면역계를 강화 시키므로 알러지가 더 심해질 수 있음
자가면역질환 있는 사람들	면역계를 강화시켜 자가면역질환을 더 악화 시킬 수 있음
림프암이나 백혈병과 같은 면역계와 관계된 암환자들	멜라토닌은 면역세포들을 더 자극시킬 가능성이 있다.

4) 현재 권장 복용량

현재 권장 복용량	
취침	취침전 0.2-10mg
시차적응	현지 취침 시간 직전 1-10mg
노화방지	취침전 0.1-3mg
야간 근무자	필요한 취침시간 전 1-5mg
면역 체계 자극	의사의 추천에 따른 2-20mg

5) 섭취방법

잠자리 들기 전 20~30분 전
낮에 복용하지 않는 것이 좋다.

Ⅲ. 결 론

송과체와 멜라토닌은 의학계에서도 비교적 미지의 분야였으나 더 많은 지식이 장래에 축적될 것이고 우리 체내에 존재 하는 호르몬은 그 중요성이 무시 될 수 없다. 이미 검정된 circadian effect나 hypnotic effect는 우리 현대인의 피할 수 없는 시차문제, 야간교대업무에서 오는 수면장애 또는 고령화에 따른 노인성 퇴행성 뇌질환과 관계되는 수면장애 등에 탁월한 효능이 증명되어 임상의학적 적용에 큰 기여를 할 것으로 기대되나 좀 더 상세한 적응증 중 용량 등의 확립이 필요하다. 멜라토닌의 효능으로서는 여러 가지 있으나 그 중에서도 심장보호, 고혈압의 치료분야, 혈액 응고와의 관계, 노쇠문제와의 상관관계, 모발과의 관계, 기타 여러 가지 정신질환의 치료효과에 대한 규명등 다양한 분야에서 그 효과가 검증될 부분이 많다는 것을 첨언 하고자 한다. 우리 나라 뿐만 아니라 전 세계적으로 약품으로 적용되지 못하고 몇 나라에서만 보조식품(기능성 식품과 유사)의 형태로 유통되고 있지만,7)이미 인류의 수천 만 명 이상이 매일 또는 간혈적으로 사용되고 있는 현실을 감안한다면 우리나라 의학계(특히 내분비학계)에서도 더 많은 관심과 기초 또는 임상(自願性)연구가 필요할 뿐만 아니라 미용계 에서도 특히, 자연치유학적인 두피탈모에 관련한 부분에서도 많은 관심과 임상및 연구가 필요하다 하겠다.

허브제품들

1) 쏘우팔메토

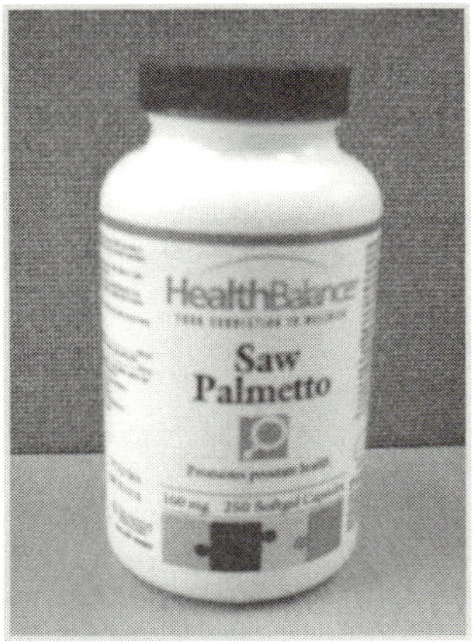

2) 아마씨

3) 당귀

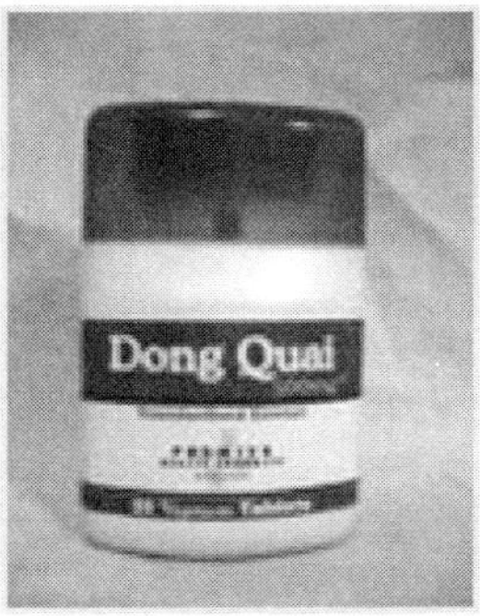

4) 멜라토닌

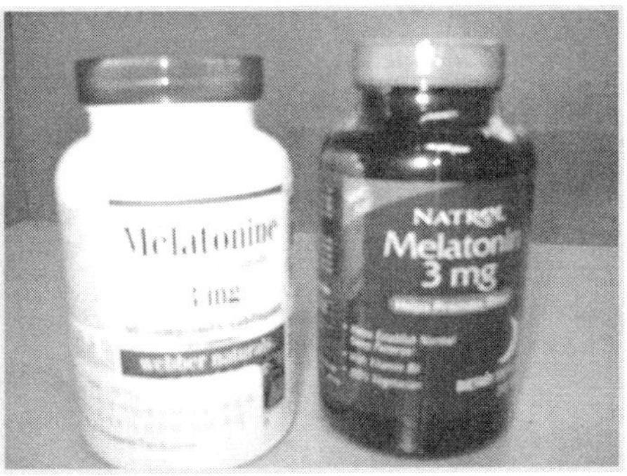

5) 블랙호쉬

6) 세인트존스워트

7) 실리카

8) 달맞이꽃

9) 레드클로바

10) 밀크시슬

11) 부처스 브룸

12) 베레리안

13) 석류

14) 세이지

15) 세파란친

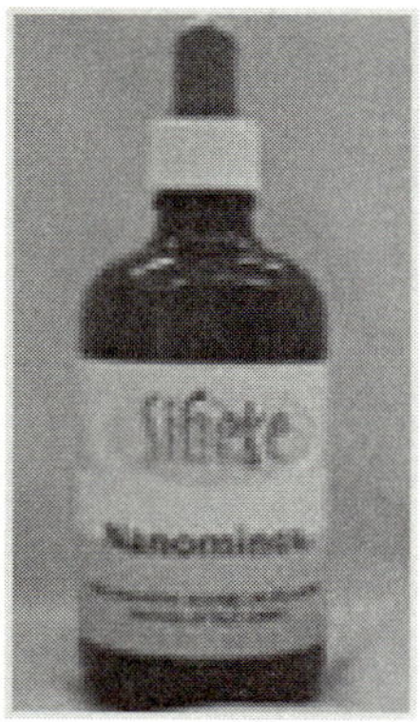

16) 율무

17) 이노시톨

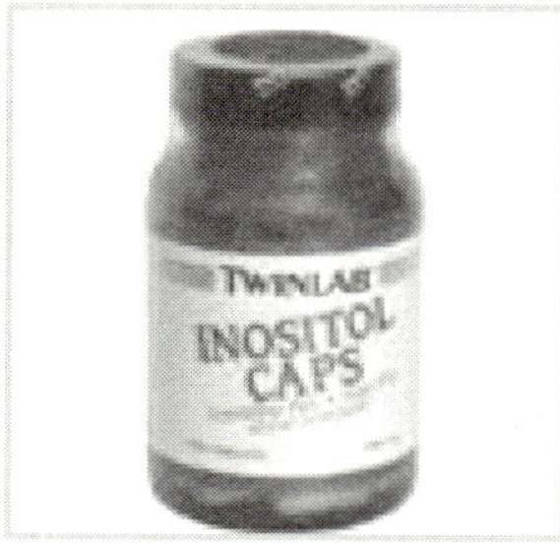

18) 인삼

19) 잇꽃(홍화)

20) 와일드얌

21) 체이스트베리

22) 칡

23) L-티로신

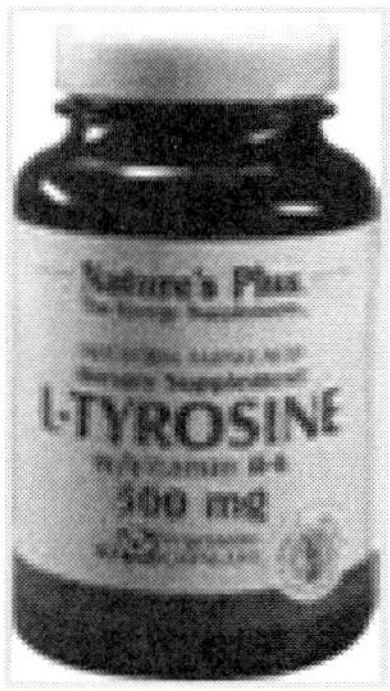

24) 푸레아리아

25) 호로파

26) 홍경천

27) 케츠크로우

기타 탈모예방 복합성분 제품들

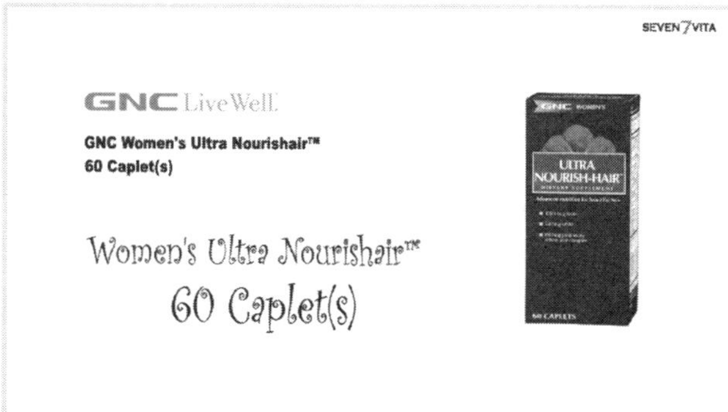

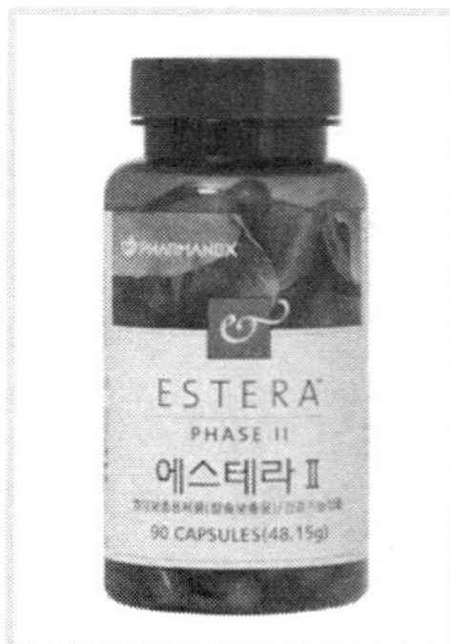

스트레스성 불면증 건강식품들

1. 피토에스트로겐에 대해

아름다운 피부와 모발은 여성 호르몬은 매우 밀접한 관계가 있다. 인체에서 여성호르몬의 레벨이 높아지면 피부와 모발은 여성스러워지는데 즉, 뽀얗고 촉촉해지면서 탄력을 되찾고 모발은 광택이 나며 반대로 남성호르몬이인 테스토스테론의 레벨이 높아지면 피부는 지루성이 되고 모공이 넓어지며 안색은 칙칙해지고 모발이 가늘어지고 빠지기도 하며 피부상태가 남성화 되는 것을 볼 수 있다. 같은 여성이라 할지라도 여성호르몬이 풍부할 경우에는 피부와 모발이 좋게 보여 지고 반대로 부족한 경우에는 피지분비의 증가로 안색이 고르지 못하며 칙칙해지고 여러 가지 뾰루지가 올라와 지저분해 보이는 경우가 많다.

여성 호르몬과 피부의 관계가 더욱 극명하게 보여 지는 때가 폐경기에서 인데 40대 중반에서 50대까지 진행되는 이 기간 중에 피부의 노화 과정은 급속하게 진행되고 주름살도 급격하게 증가 되며 두정부 모발이 빠지거나 가늘어 지는 것을 볼 수 있다.

여성 호르몬은 인체에서 여러 가지 작용에 관여하지만 피부와의 관계에서는 진피의 섬유아세포의 활동을 활발하게 유지하도록 해주어 콜라겐과 엘라스틴, 그리고 히아루론산과 무코다당류들의 생산을 증가시켜준다, 새로운 세포조직들의 재건과 더불어 피부의 수분 보유력을 높여주면서 남성호르몬인 테스토스테론의 활동을 약화시켜 피부가 이 남성호르몬에 의해 남성화 되는 것을 저지시켜주는 작용을 한다.

천연상태의 피토에스트로겐의 또 다른 장점은 부작용이 없다는 점이다. 천연식물에서 발견되는 제니스테인(genistein), 다이드자인(daidzein), 리그난(lignan) 그리고 다른 여러 식물성 스테롤들은 여성호르몬(estrogen)의 전구물질로서, 케라티노이드가 인체에 들어가면 비타민A로 전환하듯이 이들 전구물질들이 들어가면 인체의 여성호르몬들 즉, 애스트론(estorne), 에스트라디올(estradiol) 그리고 에스트라이올(estriol)등의 형태로 전환된다. 이들 천연성분들은 주로 인체 내의 호르몬 균형을 조절해주는 기능에 많이 관여한다. 인체 내의 어느 한 호르몬이 지나친 작용을 하면 이의 작용을 억제해주어 유방암이나 자궁암의 발생을 방어해주며 반대로 인체 내의 호르몬 수준이 저하되면 이들의 역할을 대신하여 인체 내의 호르몬 균형이 다시 회복되어 유지되도록 도와준다.

2. 건강기능식품시장 '미개척 황금밭'

최근 건강한 삶을 추구하려는 소비자의 요구가 건강식품의 개발로 이어지면서 건강기능식품이 미래식품산업의 돌파구로 부상하고 있다.

국민소득수준의 증가와 삶의 질 향상, 고령화 사회로의 진입에 따라 건강의 유지와 증진이 무엇보다 중요하다고 인식되고 있는 것. 이러한 사회적 트렌드가 웰빙 열풍으로 이어지고 있다. 특히 최근에는 LOHAS(Lifestyle Of Health And Sustainability) 개념이 도입돼 자연 친화제품이 식품산업을 비롯한 전체 산업군의 트렌드가 되면서 건강기능식품 산업은 지속적인 성장을 거듭하고 있다.

건강기능식품의 발전은 정체기에 들어선 식품산업의 새로운 발전의 계기가 돼 식품산업 전반에 걸쳐 지각변동을 일으킬 것이라고 전문가들의 예측하고 있다. 또 이러한 시장 변화는 많은 기업에게 새로운 기회로 인식, 대기업과 다국적 유통업체 및 제약업체도 시장참여의사를 밝히는 등 적극성을 보이고 있다.

3. 우리나라 건강기능식품현황

국내 10대 건강기능식품 제조업체들의 지난해 판매액은 4458억 원으로 전체 시장의 63.61%를 차지한 것으로 나타났다. 특히 제약사인 태평양제약과 종근당의 계열사인 종근당건강이 10위권에 포진해 눈길을 끌었다.

식약청이 최근 공개한 지난해 건강기능식품 매출액 상위 10개 업체 현황 자료에 따르면 이들 기업의 총 판매액은 내수 4367억7100만원, 수출 90억2800만 원 등 총 4457억9900만원으로 2006년도 건강기능식품 전체 판매액 7008억5900만원의 63.61%를 점유했다.

2006년 건강기능식품 매출액 상위 10개 업체현황

(단위 : 천원, %)

순위	업체명	국내판매액	수출액	총판매액	마켓쉐어
1	(주)한국인삼공사	182,142,114	5,104,282	187,246,396	26.72
2	(주)마임	87,352,505		87,352,505	12.46
3	(주)남양	38,543,258		38,543,258	5.50
4	대상(주)군산공장	23,646,050	2,294,243	25,940,293	3.70
5	풀무원건강생활(주)	22,867,519	3,495	22,871,014	3.26
6	(주)렉스진바이오텍	17,322,155	1,202,215	18,524,370	2.64
7	(주)태평양제약	18,326,769		18,326,769	2.61
8	(주)세모	17,356,900	328,296	17,685,196	2.52
9	종근당건강(주)	15,878,165		15,878,165	2.27
10	일진제약(주)	13,335,068	97,346	13,432,414	1.92
소계		436,770,503	9,029,877	445,800,380	63.61
총계		663,719,962	37,139,359	700,859,321	100.00

업체별로는 한국인삼공사가 1872억4600만원(국내 1821억4200만원, 국외 51억400만원)으로 전체 시장의 26.72%을 차지해 독보적인 시장점유율을 보였고, 마임이 873억5300만원으로 12.46%의 점유율을 기록하며 그 뒤를 이었다.

이어 남양 385억4300만원(시장점유율 5.50%), 대상 군산공장 259억4000만원(3.70%), 풀무원건강생활 228억7100만원(3.26%), 렉스진바이오텍 185억2400만원(2.64%) 등의 순이었다.

제약사나 제약사 계열사로는 태평양제약이 183억2700만원(2.61%) 어치의 건강기능식품을 판매하며 7위에 랭크돼 눈길을 끌었고, 종근당의 계열사인 종근당건강이 판매액 158억7800만원(2.27%)으로 9위를 기록했다.

이밖에 세모가 176억8500만원(2.52%)으로 8위, 올해 화장품 OEM · ODM업체인 코스맥스에 인수된 일진제약이 134억3200만원(1.92%)으로 10위에 이름을 올렸다.

한편 지난해 국내 건강기능식품 시장은 건강기능식품제조업소 337개소에서 45개 품목(고시형 37개, 개별인정형 8개)을 생산했으며, 생산량은 1만2269톤, 판매액은 7008억5900만원(내수 6637억2000만원, 수출 371억3900만원)이었다.

2006년 건식기 판매업소 현황

(단위 : 개, %)

지역	합계	약국	건기식일반판매업소	비중
서울	18,613	5,352	13,261	28.00
부산	5,167	1,531	3,636	7.77
대구	3,427	1,140	2,287	5.16
인천	2,849	950	1,899	4.29
광주	1,884	626	1,258	2.83
대전	2,158	672	1,486	3.25
울산	1,327	355	972	2.00
경기	13,039	4,102	8,937	19.62
강원	1,916	609	1,307	2.88
충북	1,730	601	1,129	2.60
충남	2,589	787	1,802	3.90
전북	2,230	834	1,396	3.36
전남	1,831	776	1,055	2.75
경북	3,026	1,014	2,012	4.55
경남	4,081	1,057	3,024	6.14
제주	599	227	372	0.90
총계	66,466	20,633	45,833	100

2006년 매출 7235억 원대를 형성한 건강기능식품 시장을 놓고, 건기식판매업소와 약국 등 6만6천 여 곳이 치열한 경쟁을 펼친 것으로 나타났다.

식약청의 2006년도 건강기능식품 판매업소 현황에 따르면 소비자에게 직접 제품을 판매하는 건강기능식품 일반판매업소는 4만5833곳. 여기에 별도의 허가를 받지 않아도 되는 약국 2만633곳(2006년 말 기준, 심평원)을 포함하면 6만6466곳이 관련시장에서 혼전양상을 벌이고 있는 셈이다.

지역별로는 서울시에 전체의 28%인 1만8613개소(약국 5352곳, 건기식판매업소 1만3261곳), 경기도에 19.62%인 1만3039개소(약국 4102, 건기식판매 8937) 등이었다. 여기에 인천(2849개소, 4.29%)을 포함할 경우 수도권에 전체의 50%가 넘는 3만4501곳이 집중돼 시장 경쟁이 치열한 것으로 드러났다.

또 부산시에 5167곳(약국 1531, 건기식판매 3636), 경남 4081곳(약국 1057, 건기식판매 3024), 대구 3427곳(약국 1140, 건기식판매 2287), 경북 3026곳(약국 1014, 건기식판매 2012) 등으로 이들 지역에서도 적지 않은 수의 업체들이 경쟁구도를 갖추고 있었다.

이밖에 충남 2589개소(약국 787, 건기식판매 1802), 전북 2230개소(약국 834, 건기식판매 1396), 대전 2158개소(약국 672, 건기식판매 1486), 강원 1916개소(약국 609, 건기식판매 1307), 광주 1884(약국 626, 건기식판매 1258), 전남 1831개소(약국 776, 건기식판매 1055), 충북 1730개소(약국 601, 건기식판매 1129), 울산 1327개소(약국 355, 건기식판매 972), 제주 599(약국 227, 건기식판매 372) 등이었다.

한편 식약청에 따르면 2006년 건강기능식품의 국내 판매액은 7235억 원이었고, 100억 원 이상 판매된 제품군은 홍삼을 비롯해 알로에, 영양보충제, 감마리놀렌산, 글루코사민, 클로렐라, 효모, 인삼, EPA·DHA, 유산균 등 10개 제품군이었다.

하지만 분업 이후 약국들이 처방조제에 집중하면서 건강기능식품 시장에서 차지하는 비중이 지속적으로 감소하고 있어 약국별 특화전략 등을 통해 관련시장 확대에 나서야 한다는 지적이 나오고 있다.

<출처; FORM name=frmMain>

4. 국내 건강기능식품 현황

최근 한국보건산업진흥원이 발간한 '보건산업기술동향'에 따르면 현재 국내 식품산업은 원재료의 70%를 수입 원료에 의존하고 있다. 그러나 건강기능식품산업은 선진 기술을 바탕으로 국내 자생원료만으로 개발 가능하므로 국내 식품산업 구조개선 전략분야로 인식, 관련제도와 국가적 지원규모가 크게 확대될 전망이다.

또한 건강기능식품으로 촉발된 식품과 의약품의 산업간, 학문간, 시장간 부분적 통합 움직임이 활발히 이뤄지고 있다. 이에 따라 잠재적 시장성은 더욱 확대될 것으로 예측되고 있다.

진흥원에 따르면 지난해까지 국내 건강기능식품 제조업소는 337개, 수입업소 1955개, 유통전문판매업 등 판매업소는 4만9203개인 것으로 집계됐다.

이는 제조업소의 경우 전년 대비 8.7% 증가한 수치며, 수입업소는 19.6%, 판매업소는 10.7% 증가한 수치다.

2005년에는 기준 규격형 다섯 품목(녹차추출물제품, 대두단백함유제품, 식물스테롤제품, 프락토올리고당제품, 홍국제품)의 추가 고시가 이뤄지면서 총 37개 품목으로 확대됐으며 지난해까지 6342개 제품이 시장에 출시됐다.

5. 세계 기능성 식품시장 동향

세계 식품산업 시장정보를 전문적으로 제공하는 기업인 Jusf-food.com의 조사결과에 따르면, 빠르게 성장하고 있는 세계 기능성식품 시장은 지역적으로 볼 때 그 규모 면에서 일본시장이 38%로 1위, 그 뒤를 이어 미국과 EU가 각각 31% 씩을 차지하고 있는 것으로 나타났다. 특히 EU와 일본에서는 기능성 유제품류가 매우 중요하게 인식되어 기능성 식품 전체 판매액 중 40% 이상의 비중을 차지하는 것으로 조사되었다. 기능성 식품은 전통적인 시장분석에서 통용되던 식품부문의 하위범주, 예를 들면 냉동식품류와 같은 하위범주로 다루어지지 않았던 분야이다. 기능성 식품이라는 용어는 급속하게 발전하는 식품산업 부문에서 새롭게 자리매김하고 있는 용어로써 전통적인 식료품 범주를 개편하도록 만들고 있다. 기능성 식품이라는 용어의 정의는 원래 건강에 유익한 것으로 인식되는 보통의 식료품들의 한 범주로 인식되어 왔다. 그러나 요즘에는 기능성 식품이라는 말은 건강에 유익한 특별한 성질을 지닌 무엇인가가 첨가되거나 그 기능이 향상된 식품으로 이해되고 있다. 기능성 식품은 현재 세계 식료시장에서 작은 틈새시장을 형성해가고 있는 분야이다. 하지만 그 성장 잠재력은 매우 크며, 이 분야의 종사자들은 거대한 이윤창출을 예상하고 있다. 기능성 식품 분야의 성장을 이끌고 있는 요인은 두 가지다. 첫째는 건강에 대한 소비자의 태도 변화와 그에 따른 식품에 대한 태도 변화이며, 둘째는 경쟁이 매우 격화되고 있는 식품시장에서 부가가치와 이윤을 성취하려는 공급자들의 노력이다. 기능성 식품이 정체되어 있는 식품산업 부문의 구세주라고까지 말할 수는 없지만, 오래 전부터 전체 식음료 시장에서 작은 틈새시장을 형성하고 있었다는 점은 기억해 둘 필요가 있다. 미국의 연구자들은 기능성 식품이 소비자들의 연간 식품비 지출 중 이미 5%를 차지하고 있으며 이 비율은 가까운 장래에 기하급수적으로 커질 것이라고 믿고 있다. 그러나 Just-food.com의 조사연구팀은 그러한 평가는 과장된 것이며 기능성 식품이 미국 소비자들의 연간 식품비 지출 중 차지하는 비중은 약 1-2% 정도가 될 것이라 보고 있다. 기능성 식품시장 동향에 대한 Just-food.com의 조사결과를 소개한다.

1. 여전히 추정이 어려운 기능성 식품 시장 규모 기능성 식품이라는 용어를 정의하는 것이 어렵거나 상품 범주가 아직 확립되지 못한 탓에 그 시장규모를 평가하는 것은 매우 복잡한 일이다. 기능성 식품의 범주를 크게 정하면, 건강에 유익하다는 주장이 늘 강조되지는 않더라도 때로는 기능성 식품으로 인식되기도 하는 광범위한 종류의 건강식품들을 포괄할 수 있게 된다. 한편, 보다 좁게 정의할 경우 기능성 식품 범주는 포장이나 광고에 건강에 유익하다는 주장을 구체적으로 담고 있는 식품이나 음료에만 한정된다. 정의를 좁게 내렸을 때 세계 기능성 식품 시장규모는 2000년도에 66억 $, 폭넓게 정의할 경우에는 340억 $에 달했던 것으로 추정된다. 1998년도의 시장규모가 각각 56억 $과 280억 $였던 것과 비교해보면 매우 빠른 성장세를 보이고 있음을 알 수 있다.

2. 식품종류별 시장규모 기능성 식품 분야에서 가장 큰 비중을 차지하는 것은 유제품류이다. 이는 일본과 유럽에서 기능성 유제품이 매우 중요하게 인식되고 있기 때문이다. 그 비중은 기능성 식품 전체 판매액 중 40% 이상을 차지할 정도로 크다. 두 번째로 규모가 큰 종류는 빵·곡물가공제품으로 판매액의 35% 정도를 점하고 있다. 기능성 빵·곡물가공제품 시장은 아침식사를 위한 씨리얼 시장이 일찍부터 견고하게 형성되어 온 미국에 집중되어 있다. 마지막으로 스프레드 및 음료가 각각 10% 정도의 비중을 차지하고 있다.

3. 복잡한 법률적 환경 기능성 식품에 대한 법률적 규제는 매우 복잡하며 꾸준히 진화해 오고 있다. 엄밀한 법률적 규제의 토대가 없는 상태에서, 많은 나라에서 기능성 식품 생산자들은 보건관련 법규의 "회색지대"에서 일하고 있다. 한 나라에서는 수용되는 것이 다른 나라에서는 수용되지 못하기도 한다. 이렇듯 식품의 건강관련 주장에 대한 법률적 환경이 정비되지 못한 것은 장차 세계 기능성 식품시장의 성장에 큰 장애물로 작용할 것으로 보인다.

4. 다섯 가지 마케팅 전략 현재 급성장하고 있는 기능성 식품 부문 시장에는 다섯 가지 정도의 마케팅 전략이 존재하는 것으로 파악된다. 첫째는 비타민이나 미네랄이 첨가된 기존 브랜드의 입지를 더욱 견고하게 다지는 '위험최소화 전략'이다. 둘째는 신상품을 들고 완전히 새로운 시장에 뛰어드는 기업들의 전략으로, 이때에는 소비자들이 기존 브랜드들에 대한 대체상품으로 신상품을 구매할 것이 기대된다. 셋째는 혁신적인 기능성

상품에 초점을 맞추어 완전히 새로운 범주를 창출하는 극소수 기업들의 전략이 존재한다. 넷째, 기존 상품부문 내에서 신상품을 개발하여 경쟁하는 기업들이 존재하는데, 그러한 기업활동으로 인해 그 범주 전체의 수익이 올라가는 결과가 나타나기도 한다. 마지막으로 경쟁적인 상품에 대해 '건강'을 강조하는 기능성 상품으로 대결하여 더욱 많은 구매자들을 끌어들이는 전략이 존재한다. 지난 수년 동안 기능성 식품에 대한 투자와 노력을 선언하고 나섰던 식품기업들, 특히 원료공급자들에 의한 시장 판도 변화가 있었던 것으로 조사되었다. 그러한 기업들로는 Unilever, ConAgra, Nabisco, Quaker와 같은 식품기업들, DuPont, Monsanto, Novartis 등과 같은 생명과학 기업들, 그리고 식품원자재를 취급하는 초국적 기업들이 있다. 이들 기업들은 새롭게 출현하고 있는 시장기회를 활용하기 위해 기능성 식품 또는 인간보건 관련 담당부서를 신설했다. 기능성 식품 부문에서는 다른 무엇보다도 "혁신적인" 식품 첨가물을 발견하려는 노력이 세계적인 식품기업들과 제약기술을 지닌 기업들, 의료부문 종사자들 사이의 전략적 파트너쉽 형성 바람을 불러일으키고 있다. 그러한 제휴관계는 참여하는 기업들 모두에게 이익을 가져다준다. 거대 식품기업들은 지구적인 규모의 유통, 마케팅, 브랜드화 기술을 제공한다. 한편 전문적인 기술을 지닌 기업들은 혁신을 위한 역량을 제공한다. 식품기업들은 더욱 "과학 중심적"으로 변모해야 할 필요성을 느끼고 있다. 즉 안전성, 임상효과 검증, 새로운 유통경로에 대한 학습 등이 강조되고 있는 것이다. 다른 한편으로는 제약기업들도 마찬가지로 더욱 "소비자 중심적"으로 탈바꿈할 필요를 느끼고 있다. 즉 더욱 대중시장 지향적이어야 하며, 개발주기를 단축시켜야 한다는 것이다. 이러한 맥락에서 볼 때, 전략적 제휴나 조인트 벤처는 이 부문에서의 지속적인 성공에 있어 결정적인 요소로 인식되고 있다.

5. 점진적인 성숙 기능성 식품 시장이 성숙하기까지는 약간의 시간이 걸릴 것이라는 점이 더욱 분명해지고 있다. 빠른 성장이 예견된다는 주장이 원래부터 존재하고는 있었지만, 현재 기능성 식품 시장이 성숙하는 데까지는 5-10년 또는 15년 정도 걸릴 것이라고 보는 연구자들이 늘어나고 있다. 기능성 식품 부문의 발전은 오랜 기간 동안 상품이나 상품에 대한 소비자들의 인식 측면에서 큰 변화가 없었던 유기농 식품 시장에 비유되어 왔다. 이러한 맥락에서 볼때, 기능성 식품 시장이 폭발적으로 성장하여 이 분야 종사자들이 하룻밤 사이에 성공하게 될 것이라는 주장은 잘 맞지 않을 것 같다. 그러나 식품기업들 대다수가 연간 1-3%의 성장이 예상되는 데 비해 기능성 식품 부문의 성장은

연간 15%에 달할 것으로 예상된다는 점 또한 인정해야 한다. 세계 기능성 식품 시장규모는 2003년 경에는 약 280억 내지 510억 $에 달할 것으로 추정된다. 그와 같은 기능성 식품 시장의 성장에 영향을 주는 요인으로는 상품 판촉, 소비자 교육, 의료 전문가에 의한 효과 입증이나 보증과 같은 것들을 꼽을 수 있다. 이 부문에서 장래의 상품개발을 위한 핵심요소는 특정 인구층(여성, 아동, 운동선수 등)에 초점을 맞춘 기능성 식품이 될 것이다.

6. 일본의 행보 많은 산업 연구자들이 기능성 식품 부문에서 현재 일본에서 일어나고 있는 일들이 미국이나 유럽에서의 장래 발전양상을 예고하는 것이라고 믿고 있다. 일본 시장은 기능성 식품의 범위나 다양성, 기능성 식품에 대한 정부 역할이라는 두 측면에서 독특한 모습을 보이고 있다. 일본이 갖고 있는 기능성 식품, 정확하게는 '특정 건강용도 식품(Food for Specified Health Uses, FOSHU)'에 대한 법규체계는 점점 더 국제적으로 알려지고 있다. 이것은 개별 기능성 식품들이 '건강에 좋다'는 주장을 할 수 있도록 허용한다는 측면에서 미국이나 유럽에 하나의 모델이 될 것이다.

7. 커다란 기회 기능성 식품 부문의 기회가 크다는 것은 논쟁의 여지가 없는 사실이다. 장래의 상품개발과 부가가치 증대, 시장분할이나 틈새시장과 관련된 잠재력 등의 측면에서 상당한 여지가 있는 것이다. 그리고 기능성 식품시장은 미국, 유럽, 일본이라는 3대 시장 외에도 커다란 미개척지들이 남아있다. 제조업자들은 많은 수의 기능성 식품들을 포괄하는 상품군을 형성하려 노력해왔으며 제한적이나마 성공을 거둔 사례들도 있다. 예를 들면, 미국에서는 Campbell의 "Intelligent Quisine"라든가 Kellog의 "Ensemble"이 성공을 거두었으며, 영국, 오스트리아, 스위스에서는 Norvatis의 "Avivark" 성공을 거두었다. 하지만 이러한 상품군 전략은 소비자나 시장의 준비 상태라는 관점에서 볼 때, 이제 바야흐로 그 때가 무르익기 시작했다고 말할 수 있다. 결국, 이러한 새롭고 복잡한 부문에서는 소비자 교육, 높은 가격 설정에 동반하는 신뢰할 수 있는 혁신적인 상품 지위, 마케팅 전략, 식품산업과 의료부문 간의 전략적 제휴 등에 대한 광범위한 노력을 바탕으로 장기적인 전망을 실현시켜 나가는 제조업자들이 성공을 거두게 될 것이다.

자료 : http://cafe.daum.net/wertershoppingmul/HZav/13

6. 세계 기능성식품 시장현황과 전망

식품 선택 증진효과 최우선 고려, 영양소 강화제품 구매도 지속적 증가

'뮤탄스균 억제 자일리톨껌' '질병예방 효과 알로에스쿠알렌' '장까지 살아가는 캡슐요구르트' 그리고 '니어워터' 등이 소비자들의 인기를 끌고 있다. 이는 지금까지 가격이 저렴하고 맛이 있다는 이유만으로 식품으로 선택하던 제품 구매패턴이 건강유지와 증진효과를 우선 고려하는 방향으로 점차 변화하고 있다는 점을 단적으로 보여주는 좋은 예로 꼽힌다. 특히 당뇨, 고혈압, 동맥경화증, 뇌졸중 등 식생활의 고급화에서 오는 각종 질병들이 지속적으로 늘어나고 있을 뿐만 아니라 의약분업의 시행으로 의료비가 급격히 상승하고 있다는 점에서 더욱 확산될 것으로 보인다. 이에 미국, 유럽연합, 일본 등의 기능성식품시장 현황을 알아보고 국내시장에서의 접목 가능성을 '세계 기능성식품 시장현황과 전망'이라는 주제로 시리즈로 게재한다.

뉴트라슈티컬이나 파마푸드, FOSHU 등 여러 가지 이름으로 불리고 있는 기능성식품(Functional foods)은 사람의 질병치료나 건강에 보조역할 또는 도움을 주는 식품이나 음료를 총칭하는 의미로 사용되고 있다. 예를 들면 오메가-3 지방산은 튼튼한 심장과 순환계의 유지에 도움을 주며 엽산은 임신초기에 공급해 주면 아기의 신경관 기형을 막아주고 콩 속의 단백질은 혈중 콜레스테롤의 농도를 낮추어 준다.

그리고 최근에는 자연발생 에스트로겐인 게니스테인이 함암효과가 있는 것으로 밝혀짐에 따라 미국, 일본, 유럽연합 등의 기능성 탐색작업이 가속화되고 있다. 특히 베네콜은 스테롤 에스텔를 함유한 마가린으로 핀란드에서 개발되었으나 혈중 콜레스테롤 감소효과가 알려지면서 고가임에도 불구하고 북미까지 시장이 확대되고 있는 것으로 나타났다.

■ 세계동향

미국의 소비자 81%는 식품을 선택할 때 건강유지나 증진에 도움을 주는 제품을, 75%는 영양소가 강화된 제품을 선택하고 있는 것으로 파악됐다.

미국정부 조사결과 실제 기능성식품 구매비율은 97년 56%에서 올해는 66% 선으로 높아졌으며 많은 식품기업들이 점차 이 시장에 비중을 높여나가고 있다. 특히 영양소 강화 시리얼시장은 54% 증가한 55억 달러를 기록했고, 오는 2004년에는 78억 달러까지 증가할 것으로 전망된다. 이들 기능성식품은 젊은층과 여성층을 위한 간편 영양 식이 많았고 FDA 규정의 점진적 완화규정이 성장에 큰 영향을 미치는 요인으로 분석됐다.

켈로그, 거버, General Mills, P&G 등 미국 굴지의 식품업체들은 10대 나 어린이들을 위한 영양강화제품을 생산하고 있고 또한 어린이와 10대만을 위한 기능성식품과 건강보조식품을 선보이고 있는 것으로 드러났다.

■ 기능성여부가 식품 음료시장 좌우

현재 미국의 10대들은 스포츠음료, 아침식사용 바, 쿠키, 스낵, 탄산음료, 시리얼, 빙과 등을 스스로 선택하고 있으며 고등학생의 37%는 다이어트소다(32%), 후레이버티(24%)보다 에너지드링크(37%)나 커피음료(36%)를 선택하고 있다. 젊은층에서 폭발적인 인기를 얻고 있는 Zoomers, Shen, Jing, Qi, LifeQ2 같은 기능성음료는 판매가 배로 뛰어오르는 등 핫 아이템으로 자리를 잡아가고 있다.

또 기능성차로 녹차가 부각되면서 95년 50만 파운드에 불과했던 판매량은 300만 파운드로 늘었으며 이제 차는 물 다음으로 가장 보편화됐다. 현재 미국의 마시는 물 시장은 18억 달러 규모로 이의 상당부분을 '니어워터'와 '후르츠 에센스' 같은 헬스 워터가 차지하고 있다. 이들은 심장의 건강이나 엑스트라산소 등 건강에 관한 모든 것을 확신시켜주는 마케팅 전략을 펴고 있는 것으로 파악됐다.

국내 기능성식품 관련 연구 주제

구 분	소 재	기 능 성
항산화식품소재	비타민 C, D, E β-카로틴, 플라보노이드류, 바닐린, curcumin, 마늘류, 셀레늄, 아연	항암성 항산화성 면역기능 증강 콜레스테롤 저하
항암성소재	플라보노이드류, 쿠마린, 트리터펜, 페놀산, 카로티노이드, 모노터펜, 올레노익산, 진저롤, 모노락톤, 퀴논환원제	항암성 발암촉진인자 활성억제 종양세포 생성방해
순환기질환 예방식품	메밀, 아스파라거스, 매실, 키위, 파인애플, 대합, 오징어, 포도주, 석류, 대두발효식품, 오메가 3지방산	ACE(안지오텐신전환효소) 저해 혈압 강하 중성지질 감소 혈전증 저하

장내균총 조절식품	락툴로즈, 프락토올리고당, 파노즈 등 각종 당류	장내유용세균 증식 장내균총 개선효과
당뇨조절식품	보리, 두류, 식이섬유, 페놀화합물,	혈당반응 감소 효소저해제

세계 식품시장의 유아, 어린이, 10십 겨냥 기능성 식품

제 조 사	제 품 명	특 징
StonyField Farm	Yo BabyTM	신생아와 유아를 위한 유기 요구르트
Ross Products 식품	PedialyteTM	어린이 설사를 위한 수분과 전해질공급
	Pedialyte Frozen Pop	아이스바 형태의 수분 및 전해질 공급식
	PediaSureTM	1~10세 어린이를 위한 고섬유질 영양음료
Gerber	Tender Harvest	자연, 유기재료 사용 건강식품
Beech-Nut	Naturals	자연, 유기재료 사용
StonyField Farm	Yo BabyTM	신생아와 유아를 위한 유기 요구르트
Ross Products	PedialyteTM	어린이 설사를 위한 수분과 전해질공급
	Pedialyte Frozen Pop	아이스바 형태의 수분 및 전해질 공급식품
	PediaSureTM	1~10세 어린이를 위한 고섬유질 영양음료
Gerber	Tender Harvest	자연, 유기재료 사용 건강식품
Beech-Nut	Naturals	자연, 유기재료 사용 건강식품
Metabolic Response Modifier	Attention!	Bar형태의 어린이 행동장애를 위한 식품
AquaCuisine	salmon franks burgers	오메가지방산을 다량 함유한 행동장애 보조식

국제시장의 기능성 츄잉껌

제 품	특 성	비 고
TrientTM Advantage	우유-유래 RecaldentTM	사용 껌
Trient Sugarless Gum for Kids	우유-유래 Recaldenttm 사용 어린이용 무설탕 껌	치아를 재광물화하고 강화하는 것이 임상적으로 증명됨
BreathAsure DentalGum	플라그 형성방지	BreathAsure Inc.
XyliFresh	무설탕껌	일본시장의 7% 차지

소비자 맞춤 식품 · 음료류 성장세 주도, 남 · 여성층 분리 특정질환 제품 개발 역점

21세기의 가장 성공적인 비즈니스 전략은 '소비자 맞춤 식품과 서비스'로 비타민팩, 저칼로리^당뇨용 캔디, 건강보조식품 등이 두각을 나타낼 것으로 보인다. 특히 남성과 여성으로 고객을 분리한 제품들이 맞춤 기능성 식품시장을 주도하고 있는데 켈로그의 '스페셜 K-플러스'는 여성을 위해 고안된 시리얼로 각종 무기질과 엽산, 비타민 등 을 하루 필요량의 60~100%가량 공급하고 있다.

이밖에 갱년기 전후의 여성들이 에스트로겐 투여나 칼슘처방을 받고 있는 점에 착한해 만든 피토에스트로겐 공급 식품으로는 케잌, 에너지바와 음료 등이 꼽히고 있으며 성인 남성의 과반수가 전립선암이나 심장질환을 우려하고 있는 점에 착안한 식품의 개발이 본격화되고 있는 것으로 파악됐다.

■ 칼슘 · 비타민 함유 캔디 매출 급증

전세계 캔디시장은 40억불에 달하며 비타민, 칼슘 등을 첨가한 강화캔디 나 에너지 부스터로써 정신을 맑게 해주는 캔디와 목캔디들이 매출을 주도하고 있다. 치아우식, 당뇨, 비만 등 특정질환이나 증상을 완화시켜 주기 위한 기능성제품들도 그 시장을 확장해 가고 있으며 저칼로리, 당뇨용 캔디시장도 성장세를 유지하고 있다.

기능성캔디에 쓰이는 저칼로리 또는 당뇨용 당종류로는 '스프렌덜TM'이라는 브랜드명의 '슈크라로즈' '아세설팜 포타슘' '스테비아' 등이 꼽힌다. 그리고 다이어트 하는 동안 부족되기 쉬운 영양소를 공급해 주는 뉴 트리션널 미얼바나 야외활동이나 운동동안 온도변화를 견디게 해주는 에너지바로 '밸런스 아웃돌M'을 비롯해 콜레스테롤 저하, 당뇨, 기억력, 유당불내증, 근육통, 피로, 운동 등을 위해 고안된 제품들이 속속 등장하고 있다.

■ 면역성 강화와 병원균억제 제품도 관심

또한 소화기능 및 면역력 향상, 병원성세균의 통제, 그리고 영양소 흡수를 도모하는 프로바이오틱 즉 건강증진세균도 소비자 요구에 맞춰나가는 분야로 Danone, 네슬레, 칠드한센 등 세계적인 회사들은 특정 균주 와 개인의 건강을 연결시키 주고 있는 것으로 확인됐다.

스토니필드팜사의 '뉴트리카'는 6개의 다른 균주를 혼합한 제품으로 소화 증진, 유당불내증 완화, 칼슘흡수, 면역, 암 예방 등 여러 가지 효능을 열거하고 있는 것으로 드러났다. 특히 프로바이오틱 제품을 DIY 형태로 만들어 소비자들이 직접 자신의 음식에 넣어 섭취할 수 있도록 한 제품도 선보이고 있는데 대표적인 것이 이탈리아 Sitia-Yomo SPA의 프레바이오틱스와 그 혼합제품이며 미국의 Coromega사는 오메가 3지방산을 낱개 포장하여 소비자들이 좋아하는 음식이나 음료에 섞을 수 있게 한 제품을 선보이고 있는 것으로 파악됐다.

여성전용으로 개발된 기능성 식품

제 품	특 징	제 조 사
Special K-PlusTM	여성을 위한 아침식사용	Kellog 시리얼
LunaTM	여성을 위한 영양소 강화 bar	Cliff Bar
True Rhapsody Bars	여성전용 영양소강화 bar	Leiner
Viactiv Soft Calcium Chews	씹어먹는 칼슘강화 제품	Mead Johnson Nutritional
Nature Made Cal Burst	씹어먹는 칼슘강화 제품	Pharmative
MenopausitiveTM	갱년기 여성을 위한 isoflavone 함유식품	Natural Vitality
Soy Sensations	15 g 의 콩단백질과 60㎎의 이소플라본 함유 음료 및 에너지바	TwinLabs
Isis	콩과 우유의 단백질 공급제품으로 갱년기 증상완화, 콜레스테롤 저하, 유방암 및 심장 질환의 발병률 감소를 겨냥한 제품	Proteins International

심혈관 기능관련 기능성 식품

제 조 사	제품명/소재	특 성
Lipton/Unilever	Take ControlTM	콜레스테롤/ Triglyceride 저하
McNeil	BenecolTM	콜레스테롤/ Triglyceride 저하
Novartis	AvivaTM Life Foods	콜레스테롤/ Triglyceride 저하
Novartis	FCP Phytrol 유래물질	목재 sterol 유래 콜레스테롤 저하물질

Cooke Pharma	Heart BarTM	L-arginine를 함유한 심혈관질환 및 혈중플라그 감소를 위한 치료 식
Davisco Foods International	hydrolzed whey protein	angiotensin 감소로 고혈압 감소 효과
Huittestern Lihapojet	콜레스테롤 저하 육제품(소시지, 미트볼 등)	고농도 오메가 3 및 6지방산 함유 Rapeseed oil을 이용한 육제품
Mills DA	Liquid VitaTM 함유 식빵 믹스	Rapeseed oil과 해바라기씨유의 Rapeseed oil과 해바라기씨유의 혼합물인 PUFA oil

영국, 프랑스, 독일에서 관심도가 높은 건강요인

순위	영 국	프 랑 스	독 일
1	에너지 충전	에너지 충전	면역증강
2	튼튼한 뼈	콜레스테롤 저하	튼튼한 뼈
3	치아건강	질병저항성 증가	치아건강
4	유방암 위험률 감소	면역증강	에너지 충전
5	콜레스테롤 저하	변비 예방	소화기 건강

활력증진 스트레스 해소 식품 요구

에너지음료 체중조절제품 시장서 두각

고령화, 좌식 생활에 따른 운동부족, 시간에 쫓김, 스트레스 등으로 인해 물리적 또는 정신적인 쾌적함을 줄 수 있는 식품류를 요구하는 경향이 나타나고 있다. 이에 따라 미국의 에너지와 스포츠음료시장은 30 억불대로 성장했으며 에너지바 역시 30억불 이상의 매출을 기록했다. 특히 Quaker사의 'PropelTM'과 'TorqTM''을 비롯해 코카콜라의 'SurgeTM', 아리조나의 인삼을 가미한 아이스티 등의 판매가 늘고 있으며 정신적 에너지 공급과 맑은 정신 유지의 유용성을 주장하는 M&M/Mars의 'MarsTM바', 위글리사의 'Stay AlertTM' 등이 관심을 끌고 있는 것으로 파악됐다.

■ 체중조절 · 면역증강 제품 급부상

에너지 다음으로 소비자의 요구가 높은 부분으로 체중조절을 꼽을 수 있으며 저칼로리식품, 지방을 소모시키는 음료나 바 등이 이 분류에 속하는 제품이다. 또 면역증강은 많은 사람들에게 어필하는 부분으로 비타 민C와 'ethinacea'가 가장 많이 팔리고 있다. 그 대표적인 제품으로는 하인즈프리푸드사의 'Kitchen PrescriptiveTM' 치킨수프와 Natures Answer사의 'Goodypops' 캔디가 꼽힌다.

또한 콩단백, 오메가-3지방산, 각종 허브, 리코펜, 루테인등 식품이 주 는 기능성 소재 역시 무궁무진한데 미국 FDA는 도정하지 않은 전국이 심장질환이나 암을 예방하는데 도움을 준다는 유용성 주장을 허 용함으로써 General Mills사의 '홀 그래인 세리얼'의 판매가 급증하고 있다. 유럽에서는 프리바이오틱, 고섬유질, 심장건강도모의 기능성 빵류가 주류를 이루고 있고 피토에스트로겐이나 오메가-3 지방산을 함유한 제품도 소비자의 좋은 반응을 얻고 있는 것으로 나타났다.

■ 콩 함유식품 35억7,000만 달러 매출 전망

미국 FDA가 콩의 심장기능관련 유용성 표시를 허용한 이후 매출액이 큰 폭으로 증가해 현재 21억불 규모의 시장을 형성하고 있으며 오는 2002년에는 35억7,000만 불 규모로 확대될 전망이다. 특히 우리나라와 유럽, 일본 등은 이눌린이아 올리고당에 관심을 기울이고 있는 반면 미국에서는 식이섬유소에 촛점을 맞춘 제품이 인기를 끌고 있다. Prebiotics의 대표격인 프락토올리고당과 이눌린은 장내유용세균인 비피더스균의 증식을 도와 소화기의 건강, 병원성 세균의 통제, 면역기능 향상 등 건강증진효과를 주는 것으로 알려졌다. 이에 따라 일본이나 유럽에서는 바, 캔디, 쿠키, 파스타, 소시지, 육가공품, 아침식사 음료 등이 널리 쓰이고 있으며 씨리얼 제품으로 그 범위가 확대되고 있는 것으로 나타났다.

미국시장의 영양소 강화식품

제조사	제 품 명	특 성
Kraft	Taste of Life	비타민 E 하루필요량의 50% 공급하는 샐러드드레싱
Suiza Foods	Kidsmilk	67% 이상의 칼슘과 50% 이상의 다른 비타민을 공급하는 어린이 우유
	Light n'Lively	보통 치즈보다 2배의 칼슘 공급
Hershey	American Beauty Skinner	영양소 강화 파스타
Kellog	Eggo	300㎎ 칼슘공급 와플
	EggoPlus	고섬유질 와플
Melissa	Maroon carrot	RDA의 170% 비타민 A, 26%의 칼슘 공급

미국시장의 콩 이용 제품

제조사	제 품 명	비 고
Kellog	Smart StartTM	콩단백질 함유 시리얼로 10가지 영양소의 하루필요량 공급
Suiza Foods	Sunsoy 두유	두유
Ross Products	Health SourceTM	Shake용 콩단백분으로 55㎎ 이소플라본, 20 g 콩단백, 칼슘 비타 민 D등 공급
Now	SoyBeans	볶은 조미콩

미국 식품시장의 기능성 캔디류

그 룹	제 품 명	제조사 및 특성
영양소 강화 캔디	Fruity Bears Hi-C Candy Fruity C Monsters	Fruit Snacks Brach사의 비타민 강화캔디 Odwalla
에너지 캔디 또는 Refreshener	Brain gum High gear gum Buzz gum Java Joint candy Get Better Bear Pops Rhino Echinacea Pops	커피 2잔 정도의 카페인 함유 캔디 Echinacea 함유 캔디 비타민 C와 섬유소 함유 기침용 드롭스

항산화제 프로바이오틱 유럽서 강세, 일본서는 소화기계 관련 식품 인기

항산화제와 프로바이오틱 제품이 유럽 기능성식품시장을 주도하고 있으며 매출액 역시 지속적으로 증가하고 있다. 그리고 일본은 소화기계 관련식품류가 건강식품시장을 주도하고 있고 미국인의 50%는 식품이 의약품 을 대체할 것으로 믿고 있는 것으로 파악됐다.

특히 혈중 콜레스테롤이나 트리글리셀라이드의 저하 효과를 지닌 제품들 은 고혈압, 심장질환 환자의 급증과 더불어 판매가 급증하고 있는 것으로 나타났다. 즉 LDL콜레스테롤, 플라그, 그리고 트리글리셀라이드등을 감소시키는 제품이 인기를 얻고 있는데 대표적인 상품으로는 스낵바, 오렌지주스, 비스킷, 초콜리스 음료 등이 꼽힌다. 더불어 포레바이오틱, 오메가-3지방산, 조효소Q10, 키토산과 같은 제품들도 심장관련 기능성식품시장에서 중요한 비중을 차지하고 있다.

■ 관절염 · 골다공증예방 식품 부상

퇴행성 관절염 뿐만 아니라 과도한 운동, 사고 등으로 관절통증을 겪고 있 는 층을 위한 제품도 잇따라 등장하고 있는데 나비스코사의 '뉴트라조인트TM'은 관절통증 보조를 위해 개발된 제품이다. 또한 골다공증이 나 골절예방을 위해 칼슘과 다른 골기능 강화 보조소재를 첨가한 제품으로는 '활성연질칼슘'등이 관심을 끌고 있으며 항 알레르기 기능성제품 역시 일본과 미국에서 관심 품목으로 등장했다.

이를 겨냥한 제품으로는 항알레르기 츄잉껌인 일본 롯데의 '안티알레르기 껌', 카바야사의 'Kafun Chuiho캔디'등 Techna라는 중국차와 페리라라는 민트를 원료로 하는 제품들이 두각을 나타내고 있다. 특히 미국에서는 매년 4,000만 명이 알레르기 때문에 고통을 받고 있어 기능성식품을 통한 증상완화도 큰 시장을 형성할 것으로 보인다.

■ 알로에 · 은행잎추출물 · 오메가3 등 두각

기능성식품시장의 또 다른 기류는 허브, 알로에, 은행잎추출물, 마늘, St.John,s wort 등이 두각을 나타내고 있는 점이다. 다만 조미료나 향료 등은 오랜 동안 안전하게 섭취해 온 반면 허브는 의약품이나 식품으로 취급되어져야 하는지 의문을 제기하는 사례가 많다.

각국 정부와 업계는 실제 허브의 성분표시, 품질기준, 투여량에 많은 관심 을 가지고 있으며 표준화가 이루어지지 않은 제품은 인명 손실을 초래할 수 있다는 우려가 나오고 있는 것이 현실이다. 오메가-3지방산 에 대해서는 영국, 일본, 스칸디나비아 국가들, 중국, 캐나다에서 RDI(recommended dietary intake)를 정해놓고 있으며 유럽에서는 과자류와 유제품분야로 사용이 확대되고 있다. 특히 생산 뿐 아니라 아마인도 오메가-3지방산의 풍부한 급원이며 이를 이용한 파스타 소스, 유음료나 농축 오메가지바안 파우더 제품들도 관심을 끌고 있다.

심혈관계 질환 골다공증 예방 초점,
체중조절용 식품 640억 달러 규모 시장 형성

식품시장의 성장세를 주도하고 있는 기능성제품시장에 영향을 미칠 제1의 질병으로는 심혈관계질환이 꼽히고 있으며 그 뒤를 이어 비만, 암, 골다공증, 소화기건강, 면역 등이 뒤따르고 있다. 특히 21세기에는 전 염병이나 영양실조보다 심혈관계질환이 사망이나 장애를 초래하는 가장 큰 요인으로 등장할 것으로 보여 업체들의 신제품 개발방향도 이 분야에 집중될 것으로 예상되고 있다. 역시 현재 640억 달러의 시장을 형성하고 있는 체중조절용식품 은 오는 2002년에는 770억 달러 규모로 성장할 것으로 전망된다.

이밖에 국제적 성장가능성이 큰 기능성식품들을 찾아 볼 수 있는데 기능 성 강화 과즙음료인 '니어워터'는 현재 일본에서 18억2,000만 달러의 판매를 기록하고 있으며 유럽에서는 영양소강화 음료의 성장세가 두드러지고 있다.

■ 국내시장 건 특영식품이 주도

우리나라 식품분류체계에서 기능성식품 범주에 들어가는 것은 건강보조식품, 특수영양식품, 인삼제품, 전통차등을 꼽을 수 있으며 이중 건강보조식품과 특수영양식품이 성장가능성을 크다.

특히 국내 학계 및 기업을 중심으로 이루어지고 있는 기능성 식품관련 연 구는 항산화, 항암, 순환기질환, 장내균총 조절, 당뇨조절 등에 초점을 두고 있으며 다양한 원료 및 제품 개발에 투자하고 있다. 하지 만 아직 대부분이 수입된 기능성 원료에 의존하고 있어 국내 기능성식품산업이 국제경쟁력을 가지기 위해서는 우리만 의 고유한 신기술이나 외국 신기술을 방어 또는 대체할 기술의 확보가 요구되고 있다. 즉 우리 고유의 농산식품이나 한약재소재 와 같이 수 천년 간의 임상경험을 바탕으로 한 기능성 소재의 발굴 및 이의 작용기전을 밝히는 것이 필요한 것으로 지적됐다.

■ 기능성식품 관련 주요 연구방향

오는 21세기에 두각을 나타낼 기능성식품 소재로는 항산화성, 면역기능 증 강, 콜레스테롤 저하, 항암성 등이 있는 비타민 C, D, E를 비롯해 베타카로틴, 플라보노이드류, 바닐린, Curcumin, 마늘류, 셀레늄, 아연 등 항산화 소재가 꼽히고 있다. 또 발암촉진인자 활성억제와 종양세포 생성방해 작용을 하는 플라보노이드류, 쿠마린, 트리터펜, 페놀산, 카로티노이드, 모노테펜, 올레노익산, 진저롤, 모노락톤, 퀴논환원제등 항암성 소재도 관심 품목으로 등장했다.

그리고 안지오텐신전환 효소저해, 혈압강하, 중성지질 감소, 혈전증 저하 등을 가진 메밀, 아스파라거스, 매실, 키위, 파인애플, 대합, 오징어, 포도주, 석류, 대두발효식품, 오메가-3지방산등의 순환기질환 예방 식품과 보리, 두류, 식이섬유, 페놀화합물, 효소저해제등도 당뇨조절식품으로 개발 가능성이 높다. 특히 장내균총조절식품 인락툴로즈, 프락토올리고당, 파노즈 등 각종 당류도 장내유용세균 증식과 장내균총 개선효과가 밝혀지면서 기능성식품 소재로 부상하고 있다. 〈윤영진 기자〉

기능성식품산업 적극 육성 바람직,
日 영양개선법 제정 기능성식품 별도 관리

장벽 없는 무한경쟁에서 국내 식품산업이 살아남기 위해서는 제도적 뒷받침 을 통해 기능성식품산업을 적극적으로 육성해야 한다는 지적이다. 실제 지난 84년 오차노미즈여자대학의 후지마끼학장으로 중심으로 하는 연구그룹이 문부성의 특정연구비를 지원받아 '식품기능의 계통적 해석과 전개'를 테마로 연구에 나서면서 기능성식품이라는 용어를 처음 사용한 일본은 영양개선법에 관련규정을 마련해 운영하고 있는 것으로 나타났다.

무엇보다 건강에 좋은 식품이 국민 식생활과 연관이 된다면 문제는 없지만 과학적인 평가를 받지 않은 채로 식품성분의 유용성이 과대평가되거나 표시^선전되어 유통^판매되는 것을 방지한다는 차원에서도 법규를 마련하여 운영 중에 있다. 특히 기능성식품을 `식품성분이 갖는 생체방어, 생체리듬의 조절, 질병의 방지와 회복 등 생체조절 기능을 충분히 발휘할 수 있도록 설계된 식품'으로 정의하고 그 범위를 `식품으로 통상 이용되는 소재나 성분으로 구성되며 동시에 통상의 형태 및 방법으로 일상적으로 섭취하는 것'으로 구체화 했다.

■ 일본의 기능성식품제도 도입

1990년 3월 관련학자 22명으로 구성된 '기능성식품 검토회'(좌장 아베 명예교수/동방대학)가 설치되어 국제적인 동향 파악에 들어가면서 본격화된 일본의 기능성식품제도 도입은 영양개선법 제12조(특별용 도식품 표시허가)를 마련하면서 정착단계에 들어갔다. 영양개선법 제12조는 실제 판매용식품에 유아용, 환자용 등의 특별용 도에 적합하다고 표시할 사람 또는 표시된 식품을 수입하는 사람은 후생성장관의 허가를 받도록 규정하고 있다.

또한 '간장병식품조정용조합식품' '성인비만증식조정용조합식품' '당뇨병 식조정용조합식품' 등으로 구체화하고 그 후 '알레르기성 피부'나 '만성부전' '심질환' 등으로 확대했다. 현재 491개 품목이 특별용도식품 표시허가를 받았으며 그 중 311개 품목이 환자용 식품군으로 '당뇨병식조정용조합식품'의 경우 145개 제품이 판매되고 있다.

■ 특정보건용식품이 시장 주도

1984년 문부성 특정연구로 출발하여 7년 5개월만인 1991년 9월 1일 탄생 한 특정보건용식품은 기능성식품을 포괄적으로 포함하고 있다. 특히 1995년 처음으로 10개 품목이 허가된 이후 97년에는 100개 품목으로 늘었고 시장규모도 1,000억 엔대로 성장했다.

그 후 특정보건용식품시장은 지속적으로 확대되어 현재 167개 품목이 판매 되고 있으며 시장규모는 2,000억 엔에 이르고 있는데 의료보험재정의 악화와 소비자의 욕구 변화, 식품기능성연구의 진전 등에 힘입어 고 속성장세를 보이고 있다. 특정보건용식품군은 특히 유효성과 안전성, 품질에 대한 과학적인 근거를 바탕으로 하고 있기 때문에 임상시험을 통한 섭취량, 인체내 작용을 규명해야 하며 장의 상태 조절, 충치억제, 혈압조절 등의 효과가 입증된 올리고당, 유산균 류, 식이섬유, 대두단백질 등이 두각을 나타내고 있다.

■ 영양개선법상 기능성식품의 분류

기능성식품을 특수영양식품 중 특별용도식품으로 분류되고 있는 영양개선법은 환자용 식품에 비중을 두고 있는데 환자용 단일식품으로는 저나트륨식품, 저칼로리식품, 저단백식품, 저(무)단백고칼로리식품, 고단백질식품, 알레르기 환자용식품, 무유당식품 등이 꼽힌다.

그리고 환자용 조합식품으로는 감염조제용 조합식품, 당뇨병식조제용 조합식품, 간장병식조제용 조합식품, 성인비만증식조제용 조합식품 등이 있으며 임상부, 수유부용 분유와 유아용 조제분유, 고령자용 식품 등이 이 범주에 포함 된다. 또한 특정보건용 식품에는 소맥배아유, 비타민E함유식품, 비타민C함유식품, 클로렐라, 효모식품, 식이섬유가공식품, 인 삼근가공식품, 대두레시틴함유식품, 잉어가공식품, 올리고당가공식품, 원견초유, 식물발효식품, 알파라가공식품, 자라가공식품, 키토산가공식품, 알로에베라 등 47개 품목군이 허가되어 있다.

日 건강식품 자가기준규격 47개 품목군

소맥배아유	단백식품	푸룬엑기스식품
대맥배아유	올리고당류가공식품	뮤코다당단백함유식품
미배아유	유산균(생균)이용식품	자라오일식품
율무배아유	월견초유	배아식품
비타민E 함유식품	녹색홍합가공식품	대두사포닌가공식품
비타민C 함유식품	식물엑기스발효식품	화분식품
클로렐라	식물발효식품	단백질효소분해물식품
스피루리나	칼슘함유식품	프로폴리스식품
효모식품	맥류약엽가공식품	키토산가공식품
EPA/DHA 함유정제어유가공식품	진고(줄)가공식품	키타치알로에
식이섬유가공식품	알파파가공식품	알로에베라
인삼근가공식품	가시오가피가공식품	녹차엑기스가공식품
대두레시틴함유식품	γ-리놀렌산 함유식품	김네마실베스타가공식
표고버섯가공식품	영지가공식품	
잉어가공식품	자라(건조분말) 가공식	
모려(굴껍데기)가공식	베타카로틴함유식품	
바지락가공식품	매실엑기스식품	

소비자 식습관 의식 시장형성 기본요소,
美 영양표시교육법 건강식품법으로 관리

기능성식품의 범위는 그 나라의 법체계, 식습관 및 소비자의 의식 등에 따 라 취급이 다르며 이를 기본 요소로 시장이 형성되고 있다. 미국의 경우 실제 1990년 '영양표시교육법'(NLEA)을, 1994년 '건강보조식품 건강 및 교육법'(DSHEA)의 제정하여 건강강조표시와 기능표시를 공식인정하는 등 기능성식품시장 육성에 본격적으로 나 서고 있는 것으로 파악됐다. 특히 DSHEA에 있어서 건강보조식품은 허브, 비타민, 미네랄, 아미노산 등의 영양성분을 1종류 이 상 함유하는 영양보급을 위한 제품으로서 정의 내리고 있다.

■ 과학적 입증 유용성표시 공식인정

기능성식품의 형태는 정제, 캡슐, 분말, 소프트 젤, 젤 캡슐 또는 액상으로 규정하고 있으며 이들 제품에는 일정한 기능표시를 할 수 있게 되어 있지만 오해를 생기게 하는 것이나 FDA에 의한 평가를 얻지 않은 것, 질병의 진단^치료^예방에 이용되는 것은 제외시켰다. 또 건강보조식품의 구성성분에 RDA(영양소요량)가 설정되고 있는 것은 그 함유량을 RDA의 퍼센트로 기재하고 '건강보조식품'이라는 점을 표시토록 하고 있다.

국정부는 특히 건강보조식품에 관계하는 품질의 확립을 도모하기 위해 GMP (우수제조기준)의 규칙제정과 관련된 항목을 마련했다. 그리고 NLEA는 건강강조표시는 건강보조식품을 포함한 모든 식품이 일반적으로 인식되어지는 과학적 증거에 의거, 과학적 경험과 숙련을 갖춘 과학자간의 합의된 건강관련표현을 표시할 수 있는 제도로 정착시켰다.

건강강조표시는 NLEA에 의해 제정한 관련규정(미연방규정집, CFR)에 그 상관성이 인정될 경우 업자 스스로 표시하고 FDA에 사후신고로 운영하는 제도로 칼슘과 골다공증 등 11가지에 적용되지만 건강강조표시 로 승인되지 않은 새로운 건강강조표시는 청원자가 FDA에서 규정한 과학적평가절차의 승인과정에 의해 사전허가를 받도록 하고 있다.

■ 건강보조식품의 정의 및 표시사례 확대

DSHEA는 일반적인 종래의 건강보조식품의 정의 및 표시 등을 확대하였으며 기본적으로 4가지 주요사항으로 구성되어 있는데 그 첫째로 건강보조식품의 정의를 '식품성분 중 한 가지 이상을 함유하면서 식사를 보충하는 식품'으로 비타민, 미네랄, 아미노산 등을 꼽았다. 이와 함께 총 식사의 섭취를 증가시켜 식사를 보충하기 위해 사람이 이 용하는 식품성분, 허브나 다른 식물 등과 앞에서 기술한 각 영양소의 농축대사물, 구성물질, 추출물, 혼합물로 규정하고 있다.

두 번째로 영양강조 표시를 할 수 있는 대상으로 미국에서 예로부터 영양결핍으로 인한 질병과 그와 같은 질병의 유용한 이점을 표한 것(비타민C 결핍 등), 신체의 구조 및 기능에 영향을 주는 식품성분이나 영양 의 작용에 대한 표현, 영양이나 식품성분의 신체 구조 및 기능 유지에 어떻게 작용하는지 그 메카니즘에 대해 표현하고 그 특징을 기술한 설명 등으로 구체화했다.

세 번째로 건강보조식품의 새로운 식품성분을 화학적으로 변경되지 않은 형태의 식품이고 식품의 안전성은 합리적이고 입증된 논문, 사용의 역사나 다른 안전증거가 있어야 한다고 명문화하고 있다. DSHEA는 또 건강보조 식품에 대한 표시 및 설명에 관한 규정에 대한 권장사항의 개발과 자문을 위해 대통령직속기구로 건강보조식품 표 시위원회를 두도록 하고 있으며 과학적 훈련 및 경험이 있는 전문 지식인 7인 위원을 대통령이 임명하게 하도록 하고 있는 것으로 나타났다.

기능성식품 유용성 G/L 마련 공감대
영양 특수용도식품 규격분과서 본격 논의

식품의 국제적인 규격이나 가이드라인을 설정하고 있는 FAO/WHO 합동식품 규격계획(CODEX)의 영양^특수용도식품규격분과는 기능성식품의 유용성 가이드라인(G/L)을 마련한다는데 대체로 공감을 보이고 있다. 그리고 단백질, 지방, 탄수화물, 비타민, 미네랄 등의 함유량 등 그 식품의 영양상의 특성을 표시하는 것을 인정하기 위한 제 도 마련에도 나섰다.

CODEX(국제식품규격위원회)는 그동안 건강강조표시와 영양표시인 영양성분 표시, 비교강조표시 및 영양기능표시에 대해 논의를 통해 '건강 및 영양성분표시의 사용에 관한 지침'을 마련한 것으로 파악됐다. 특히 지난 97년 4월 캐나다 오타와시에서 열린 제25회 회의에서 '건강강조표시의 사용에 관한 권고안'을 마련한데 이어 99년 4월 오타와시에서 열린 제27회 회의에서 미국, 캐나다가 워킹그룹에 의한 효율적인 회의를 제안했고 여기에 영국과 프랑스 등이 협력의사를 표시함으로써 제도 마련이 급진전되고 있다.

■ 건강 · 영양성분표시 통일화 작업

'건강 및 영양성분표시의 사용에 관한지침서'와 '건강강조표시 사용에 관 한 보고서'는 영양소기능표시는 신체의 성장, 발달 및 정상적인 기능에 대한 영양소의 물리적 역할을 나타내는 것으로 규정했다. 특히 칼슘은 강한 뼈와 치아의 발달을 돕는다, 단백질은 신체조직을 만들거나 회복을 돕는다, 비타민E는 신체조직의 지방산화를 막는다 등은 허용된다.

다만 건강 및 영양소 강조표시는 영양소섭취기준이나 참조량을 국제식품규격위원회와 국가가 정하는 필수영양소, 표시하려는 식품의 그 영양소의 중요한 공급원, 국가 등에 의해 인정받은 내용 등으로 표시범위를 제한하고 있으며 질병의 치료나 처치 및 예방 효과를 명시하거나 암시하는 것은 엄격히 제한하고 있다. CODEX는 또 건강강조표시 를 식품이나 그 식품성분이 건강에 미치는 영향을 표현하는 것으로 정하고 식품 섭취가 생리적 기능과 생물학적 활성에 미치는 특정의 유용한 효과에 관계되는 표시를 고도기능강조표시로 정했다.

■ 질병위험요인 감소강조표시

이 표시는 일상의 식생활에서 식품이나 식품성분섭취가 특정한 질병, 또는 상태를 유발하는 위험요인의 저하시킨다는 점을 강조하는 것으로 허용범위, 섭취상황 등을 포괄적으로 검토 중에 있다.

특히 건강보조식품의 섭취에 대해서는 음식으로서 일반적인 조건하에서 공급되는 경우와 병자가 아닌 일반인이 사용할 경우에 어떤 사람들이 대상이 될지, 정상적인 식사를 하고 있다고 생각되는 사람에게 특별히 영양성분을 공급할 필요가 있는지가 검토대상으로 꼽힌다. 건강보조식품은 또 특별한 영양부족에 사용할 영양성분으로 이루어진 제품과 일반적인 조건하에서 제공되는 식품으로 구분하고 임신, 수유나 스포츠 후의 피로 같은 생리상태의 포함여부가 검토대상이다. 그리고 병자용의 경우 영양소뿐만 아니라 식품함유성분도 포함하여 영양적 효과를 나타내고 생리적인 역할을 표현하는 방안도 고려되고 있다. 〈윤영진 기자〉

출처: 생명공학정책연구센터 biozine

7. 세계의 건강 기능성식품 시장 현황

세계의 Dietary supplementary Food 시장은 매년 신장하고 있으며, 2005년에 대략 2조 9,000억 원 이상으로 평가되고 있다. 국가별로 1위 규모의 시장은 역시 미국이고 2위는 일본이다. 2004년도의 미국은 145억불이고 일본은 74억불의 시장 규모이다. 이외에 중국, 독일, 이태리 등이 각 지역에서 높은 매출을 보이고 있다(표-8 지역별 시장 규모 랭킹) 또한 시장 규모가 큰 이들 국가에서 국민 1인당 구매액도 비교적 높은 것으로 판명되었다. (표-9 일인당 구매 랭킹 10위) 그리고 일본은 2005년 건강 기능식품 시장이 전년대비 4% 성장한 1조 2,850억 엔으로 성장했다.

지역별 시장 규모 랭킹

	국가명	2004년 시장규모(백만불)
1위	미국	14,583.6
2위	일본	7,435.3
3위	중국	2,755.6
4위	독일	1,303.4
5위	이태리	1,222.3
6위	한국	1,208.3
7위	영국	788.3
8위	대만	656.6
9위	프랑스	573.1
10위	카나다	555.5

일인당 구매 랭킹 10위

	국가명	구매액(US $)	인구수
1위	일본	58.2	127,687,000
2위	미국	49.1	297,043,000
3위	대만	29.1	22,535,000
4위	한국	25.2	47,950,000
5위	이태리	21.3	57,346,000
6위	카나다	17.5	31,743,000
7위	독일	15.8	59,428,000
8위	영국	13.3	60,434,000
9위	프랑스	9.5	1,313,309,000
10위	중국	2.1	555.5

세계 건강기능식품 시장에서 판매 금액이 큰 제품을 품목별로 보면 멀티 비타민과 비타민 C, 비타민 E, 그리고 칼슘 제품이 랭크되어 있으며, 이는 미국과 일본 시장에서도 일부 품목의 차이는 있으나 유사한 경향을 보이고 있다. (표-10 미, 일에서의 품목별 매출 순위)2005년 미국의 일반 식품트랜드를 살펴보면 홀그레인 식이섬유를 선호하는 경향과 성인병 방지를 위한 저칼로리, 저탄수화물 등 체중조절과 콜레스테롤, 혈액순환, 당뇨병, 골다공증 등을 겨냥한 제품이 등장하였다. 또한 7,900만 명의 노년층을 대상으로 한 시장의 성숙과 유기농 식품 시장이 20억 달러 이상의 대량 유통으로 성장하였다. 건강기능식품 시장은 비타민이 전체 시장의 40%를 점유하고 있으며 그 뒤를 허브(30%), 스포츠 강화 음료(10%), 미네랄(8%), 식사대용 제품(5%)를 점유하고 있다. 2005년 일본에서의 시장 성장이 컸던 품목은 상반기에는 알파리포익산이었으나 기대처럼 시장이 성장하지 못했고 코엔자임Q10은 2004년에 이어 지속적으로 성장하였다.

미, 일에서의 품목별 매출 순위

	품목군		미국		일본	
	매출액	비율	매출액	비율	매출액	비율
멀티비타민	6,679	21.5%			1,540	20.7%
비타민B	2,359	7.6%	850	5.9%	1,219	16.4%
칼슘	2,228	7.2%	1,173	8.1%	299	4.0%
비타민C	1,890	6.1%	785	5.4%	603	8.1%
미네랄	1,417	4.6%	724	5.0%	234	3.1%
비타민E	1,294	4.2%	615	4.2%	447	6.0%
글루코사민	1,054	3.4%	771	5.3%		
어린이용 제품	1,040	3.3%	350	2.4%		
간유	879	2.8%				
프로바이오틱스	844	2.7%			333	4.5%
멀티비타민(&미네랄)			3,476	24.0%		
멀티허브&비타민			823	5.7%		
코엔자임Q10			278	1.9%		
푸룬					357	4.8%
로얄젤리					335	4.5%
클로렐라					215	2.9%

품목군에서의 신장률을 살펴보면 1997대비 2004년에 있어서 눈 건강을 목적으로 하는 건강 기능식품의 신장률이 1,400%로 가장 신장폭이 컸으며 코엔자임Q10과 프로테인이

각각 844%, 788% 이상 신장하였으며 글루코사민이 458%, 그리고 칼슘, 프로바이오틱스, 멀티비타민, 간유, 미네랄, 비타민B 등이 100%이상 신장한 제품군이다. 일본의 경우도 눈 건강을 목적으로 하는 건강 기능식품이 가장 신장폭이 컸으며, 글루코사민이 3,000% 이상 신장하였다. 그리고 코엔자임Q10, 월견초유, 세인트존스워터, 프로테인등이 200%이상 신장한 품목군이다. (표-11,12 세계, 일본에서의 품목분별 시장 성장률 순위) 이를 좀더 자세히 제품군별로 세계 시장의 매출 트랜드를 보면 표-14와 같다. 전체적으로는 멀티비타민, 비타민B, C, E군 과 칼슘 미네랄 군이 우위를 보이고 있으며 글루코사민, 간유 어린이용 건강 기능식품과 프로바이오틱스가 상위에 랭크되어있는 것을 알 수 있다.그리고 일본의 인기 소재 현황을 보면 2004년 코엔자임Q10, 알파리포익산, 글루코사민, 콜라겐, 청즙에서 코엔자임Q10,콜라겐, 청즙, 글루코사민, 아스타키산틴 등이 유행할 것으로 평가하고 있으며 특히 코엔자임Q10은 3년 연속 1위 소재로 각광받고 있다. (표-13 일본의 2005년 인기소재와 2006년 인기 예상 소재)

세계에서의 품목분별 시장 성장율 순위

	품목	1997년매출(100만$)	2004년매출(100만$)	신장율
1위	눈 건강을 위한 제품	26.2	366.3	1,400%
2위	코엔자임Q10	54.9	463.5	844%
3위	프로테인	65.2	513.5	788%
4위	글루코사민	230.0	1,054.4	459%
5위	칼슘	1,240.0	2,228.1	180%
6위	프로바이오틱스	476.0	844.4	177%
7위	멀티비타민	4,100.8	6,679.3	163%
8위	간유	541.8	878.7	162%
9위	미네랄	997.0	1,450.3	146%
10위	비타민B	1,661.2	2,359.4	142%

일본에서의 품목분별 시장 성장율 순위

	품목	1997년매출(100만$)	2004년매출(100만$)	신장율
1위	눈 건강을 위한 제품	0.9(99년)	197.9	21,600%
2위	글루코사민	7.3(98년)	213.5	2,913%
3위	코엔자임Q10	22.9(01년)	183.2	800%
4위	월견초유	7.3(01년)	33.9	463%
5위	세인트존스워터	11.0(01년)	33.9	308%
6위	프로테인	6.4	17.4	271%
7위	에키나아제	15.6(01년)	41.2	265%
8위	은행잎	14.7	37.6	256%
9위	멀티비타민	755.8	1540.0	204%
10위	프로바이오틱스	200.6	332.6	166%

일본의 2005년 인기소재와 2006년 인기 예상 소재

순위	2005년도		2006년도 예상	
	소재별	득표수	소재별	득표수
1	CoQ10	31	CoQ10	16
2	알파리포익산	25	콜라겐	10
3	콜라겐	12	청 즙	8
4	청 즙	11	글루코사민	7
5	블루베리	10	아스타키산틴	7
6	글루코사민	10	로얄젤리	6
7	비타민	8	블루베리	6
8	로얄제리	8	히아루론산	6
9	L-카르니틴	8	알파리포익산	6
10	울금	7	아미노산	6
11	흑초	6	대두	4
12	콘드로이친황산	5	초	4
13	히알루론산	4	울금	4

※ 자료출처: 일본건강산업신문에서 수탁기업 91社 대상으로 복수회답형식의 설문 조사

세계 건강 기능식품 상위 10개 품목 매출 트랜드(백만$)

	1997년		1998년		1999년	
1위	멀티비타민	4,101	멀티비타민	4,376	멀티비타민	4,678
2위	비타민B	1,661	비타민B	1,770	비타민B	1,876
3위	비타민C	1,458	비타민C	1,533	비타민C	1,614
4위	비타민E	1,374	비타민E	1,408	비타민E	1,463
5위	칼슘	1,240	칼슘	1,325	칼슘	1,456
6위	미네랄	997	미네랄	1,063	미네랄	1,118
7위	어린이용 제품	560	은행잎	600	어린이용 제품	630
8위	간유	542	어린이용 제품	595	은행잎	610
9위	마늘	524	간유	531	간유	568
10위	은행잎	517	조선인삼	511	글루코사민	549

	2000년		2001년		2002년	
1위	멀티비타민	4,980	멀티비타민	5,251	멀티비타민	5,642
2위	비타민B	1,957	비타민B	2,062	비타민B	2,167
3위	비타민C	1,585	칼슘	1,675	칼슘	1,861
4위	칼슘	1,5809	비타민C	1,552	비타민C	1,586
5위	비타민E	1,407	비타민E	1,367	비타민E	1,333
6위	미네랄	1,131	미네랄	1,161	미네랄	1,206
7위	글루코사민	697	글루코사민	862	글루코사민	899
8위	어린이용 제품	687	어린이용 제품	710	어린이용 제품	748
9위	프로바이오틱스	601	프로바이오틱스	670	프로바이오틱스	747
10위	간유	600	간유	642	간유	693

	2003년		2004년	
1위	멀티비타민	6,297	멀티비타민	6,679
2위	비타민B	2,254	비타민B	2,359
3위	칼슘	2,095	칼슘	2,228
4위	비타민C	1,715	비타민C	1,890
5위	미네랄	1,327	미네랄	1,450
6위	비타민E	1,316	비타민E	1,294
7위	글루코사민	990	글루코사민	1,054
8위	프로바이오틱스	794	간유	879
9위	어린이용 제품	781	프로바이오틱스	844
10위	간유	762	어린이용 제품	830

출처 http://cafe.daum.net/wertershoppingmul/HZav/13

8. 화장품 업체 건강기능식품 진출

미용효과 앞세운 화장품 업체 건강기능식품 진출 활발하게 이루어지고 있다. 제약회사와 식품회사가 주도하던 건강기능식품 시장에 화장품업체 진출이 본격화하면서 저마다 차별화전략으로 소비자를 공략하고 있다.

건강기능식품은 인삼공사, 대상, 동원, CJ, 유니베라 등이 전체 매출의 우위를 차지하고 있다. 하지만 최근 주요 소비계층이 기존 중장년층에서 젊은 여성으로 확대되면서 피부미용, 노화방지, 다이어트 등과 밀접하게 관련된 화장품회사들의 진출이 두드러지고 있다.

'먹는 화장품'을 컨셉트로 한 화장품업체들은 특히 방문판매, 백화점, 전문점 등 보유하고 있는 다양한 유통망을 십분 활용할 수 있어 시장 판도에 적지 않은 영향을 미칠 것이라는 전망이다.

(1) 식품업체 연간 10% 고성장 시장 선점

소비자들의 소득이 늘고 문화 수준이 향상되면서 건강기능식품 시장은 해마다 10% 이상 빠른 성장을 거듭하고 있다. 업계에서는 직접적인 건강기능식품 시장 규모를 연간 3조 원대, 건강을 위해 구입하는 모든 식품을 포함하면 약 20조원에 달하는 것으로 예상한다. 이에 따라 대형 식품업체들은 일찌감치 건강기능식품 사업에 진출했다.

CJ가 2002년 사업을 시작한 이래 롯데제과, 풀무원, 동원F&B, 매일유업 등이 건강기능식품 시장에 뛰어들었다. 정관장으로 홍삼시장을 평정한 한국인삼공사만 해도 지난해 4300억 원을 벌어들였고, 대상 '더 웰 라이프'도 1000억 원대 판매를 기록했다.

대기업들이 건강기능식품 시장에 경쟁적으로 뛰어드는 이유는 다름 아닌 시장에 대한 장밋빛 전망 때문이다. 소득 수준이 올라가면서 건강에 대한 관심이 높아지고 '예방의학' 기능을 가진 건강기능식품에 대한 수요가 늘고 있는 것. 시장이 점점 성숙해 간다는 점도 중요한 원인으로 거론된다. 소비자들이 건강에 좋으면 무조건 구입하던 과거 소비행태에서 벗어나 식품이 갖는 기능성을 고려해 구입하는 것으로 소비행태가 변하고 있다는 설명이다.

(2) 화장품업체 미용 컨셉트 · 방판 유통으로 시장 공략

이에 반해 화장품업체들은 뒤늦게 뛰어들었지만 노화방지와 피부미용, 다이어트 등 미용과 관련한 건강보조식품으로 기존 식품업체의 아성을 위협하고 있다.

지난해 건강기능식품 '청윤진'을 론칭 한 LG생활건강은 얼마 전 국내 최초로 개별인정형 피부미용 건강기능식품 'L-스킨케어'를 개발해 식약청에서 승인을 받았다. 피부미용에 도움을 주는 독자적인 건강기능식품으로 국내 최초다. 이 제품은 10월부터 방판, 백화점, 홈쇼핑 등에서 판매할 계획이다.

아모레퍼시픽이 방문 판매하는 비비프로그램(V=B Program)은 10가지 필수비타민이 함유된 멀티비타민과 홍삼을 주원료로 한 자음보 등 3만~5만 원대 건강식품 16종으로 구성돼 있다. 브랜드숍 휴플레이스에서 판매하는 '더휴 뷰티푸드'는 과일, 허브, 요구르트 같은 천연 추출물을 함유하여 천연의 맛과 향을 느낄 수 있으며 물 없이도 언제 어디서나 간편하게 먹을 수 있다. 특히 화장품회사들은 방문판매와 다단계 위주인 기존 유통구조에서 탈피해 다양한 채널로 유통경로를 확대하고 있다.

http://insam.com/_kor/news/newsitem2.asp?max_id=183&news_id=191

✍참고자료

장수만(2006), “미용학적 접근에 의한 탈모 및 가발에 관한 연구” 대구대학교 디자인대학원 뷰티디자인전공 석사 논문.
대한남성과학회(2003), 남성과학, 군자출판사
윤천성외(2004), 모발과 두피관리, 훈민사
김영미(2002), 메디칼스킨케어스파 1, 2 도서출판 임송
대한피부과학(2001), 피부과학, 여문각
Dr Anne MacGregor 이병석 편역, 폐경과 호르몬 요법, 아카데미아
Acta Derm Venereol(Stoskh)1989; 69:395
Tromovitch TA, Glogau RG, Steman SJ. Medical treament of male pattern alopecia(androgen alopecia). Head Neck Surg 1985;7:336-9
Sawaya ME. Antiandrogens and androgen inhibitors, In: Wolverton SE. Comp
rehensive dermatologic drug therapy. Philadelphia: WB Saunders Co, 2001: 385-401
www.vitamedics.co.kr
www.kiwinuri.com
www.vitamintank.com

1. 일반내분비학 선진문화사 이규승
2. 전립선질환 아카데미아 이병석
3. 모발생물학 서울대학교 출판부 은희철 외
4. 남성과학 서울대학출판부 이희영
5. 메디칼스킨케어 2 임송 김영미 외
6. Paus R, Cotsarelis G: The biology of hair follicles. 'N Engl J Med" 1999;341:491-497.
7. Hoffmann R: Steroidogenic isoenzymes in human hair and their potential role in androgenetic alopecia. 'Dermatology' 2003:206:85~95.
8. Hoffmann R: Male androgenetic alopecia. 'Clin Exp Demator" 2002;27:373~382.
9. Hoffmann R: Enzymology of the hair follicle. 'Eur J Dermatol' 2001;11:296~300.
10. Labrie F, Luu-The V, Lin SX, Simard J, Labrie C, 띠-Alfy M, Pelletier G, Belanger A: Intracrinology:role of the family of 17 beta-hydroxysteroid dehydrogenases in human physiology and disease. 'J Mol Endocrinol' 2000;25:1~16.
11. Kaufman KD: Androgens and alopecia. 'Mol Cell Endocrinol' 2002;198:89~95.
12. McPhaul MJ, Young M: Complexities of androgen action. 'J Am Acad Dermatol' 2001;45:S87~94.
13. Olsen EA: Female pattern hair loss. 'J Am Acad Dematol' 2001;45(3 Suppl):S70-80.
14. Olsen EA: Pattern hair loss. in:Olsen EA(eds.). Disorders of Hair Growth, McGraw-Hill companies, inc. 2003;321~362.
15. Eaton NE, Reeves GK et al, "Endogenous sex hormones and prostate cancer: a quantitative review of prospective studies, "British Journal of Cancer, 1999; 80(7):930-4.(Radcliffe Infirmary, UK)
16. Carter HB, Pearson JD et al, "Longitudinal evaluation of serum androgen levels in men with and with-out prostate cancer," Prostate, 1995 Jul;27(1):25-31.

1. Lipowski ZJ. Psychosomatic medicine and psychiatry. New York: Plenum Medical Book, 1985;71-90
2. de Korte J, Musaph H. The psychological and behavioral basis of dermatolocal disease. Bryne DG, Caddy GR, eds. Behavioral medicine international perspective : Ablex, 1992;241-257
3. Colon EA, Popkin MK, Calhes AL, et al. Lifetime prevalence of psychiatric disorders in patients with alopecia areata. Comp Psychiatry 1991;245-251
4. Faulstich ME, Williamson DA Duchmman EG, et al. Psychophysiologic analysis of atopic dermatitus. J Psychosom Res 1985;29:415-417
5. Teshima H, Kubo C, Kihara Y, et al. Psychosomatic aspects of skin diseases from the standpoint of immunology rating scale. J Psychosom 1982;37;167-175
6. Holmes TH, RH. The socal adjustment rating scale. J Psychosom Res 1967;11:213-218
7. "원형탈모증과 안드로겐성 탈모증 환자에서 생활사건 스트레스와 대처방식에 관한 연구" 중앙대학교 의과대학 피부과학교실, 정신과학교실, 최한규외
8. 김영철, 정향균, 이시형. 일반성인에서의 생활 스트레스가 정신증상 및 신체에 미치는 영향. 신경정신의학 1989;28:282-291
9. "원형탈모증 환자의 스트레스 및 Neuroticism에 관한조사" 파티마 병원 피부과, 동국대학교 의과대학 피부과학교실, 나건연.서무규

기초면역학, 임병우외, 도서출판 효일
인간과 질병 안희경외 고문사
NLP와건강, 이안 맥더모트, 조셉오코너 저 설기문 역, 학지사
자기 혁신을 위한 NLP 파워, 설기문, 학지사
Trichologist 2, 국제두피건강협회
세포전쟁, 매리언캔들, 궁리
Scalp care & medical treatment 이황희외 도서출판 청람
*Salye, H. (1946) "The general adaptations syndrom and the diseases of adaptation", Journal of Clinical Endocrinology6(2),117-230
*Salye, H. (1976) The Stress of Life, McGRAW-Hill 얼굴과 피부를 예쁘게 가꾸는 심리기술;NLP 마음다루기"(대한피부미용전문가협회 2006)
"개인별치유사료에 적용된 NLP기법에 관한연구"(광운대 석사논문 2005, 심교준) Journal of the American Academy of Dermatology, August 2006.

1) Ray Sahelian 1995
2) Suzanne Levert 1995
3) J Pineal Res.2008 Jan;44(1):1-15
4) 4) J Invest Dermatol.2006.Aug;126(8):1697-704
5) IAT. Vancuber conperence .2007.June
6) 일반내분비학, 선문사, 이규승, 2002
7) 유수웅외, 멜라토닌에 관한 최근지견, 대한내분비학회지; 제11권 제 3호 1996
8) 임종석, 기적의 멜라토닌요법, 세종,1996

9) Reiter, R.J., Menendez-Pelaez, A., Poeggeler, B., and Tan, D.-X., "The Role of Melatonin in the Pathophysiology of Oxygen Radical Damage." In Advances in Pineal Reserch, vol. 8, ed. M. Mollor and P. Pever (London: John Libbey and Co., 1994). p.278.
10) Morrey, K.M., McLachlan, J.A., and Bakouche, O. "Activation of Human Monocytes by the Pineal Hormone Melatonin." Journal of Immunology 1994; 153: 2671-80
11) aestroni, G.J. "T-Helper-2 Lymphocytes as Peripheral Target of Melatonin Signaling." Journal of Pineal Reserch 1995; 18: 84-89
12) Maestroni, G.J. "T-Helper-2 Lymphcytes as Peripheral Target of Melatonin Signaling." Journal of Pineal Reserch 1995; 18:84-89
13) IAT. Vancuber conperence .2007.June.
14) J Pineal Res.2008 Jan;44(1):1- 15
15) J Invest Dermatol.2006.Aug;126(8):1697-704
16) 한효과학기술원. 1996
17) Murphy, P.J., Badia, P., Myres, B.L., and Wright, K.P., Jr. "Non-steroidal Anti- Inflammatory Drugs Affect Normal Sleep Pattrens in Humans." Physiology and behavior 1994; 55(6): 1063-66
18) Long. J.w., and Rybacki, J.J. The Essential Guide Prescription Drugs-1955 (New York: HarperPerennaial, 1995), p. 863
19) Long. J.w., and Rybacki, J.J. The Essential Guide Prescription Drugs-1955 (New York: HarperPerennaial, 1995), p. 1064
20) Maj, M, "Preliminary Observations on the Suppression of Nocturnal Plasma Melatonin Levels by Short-Team Administration of Diazepam in Humans." Journal of Pineal Research 1989; 6: 253-58
21) Childs, P.A., Rodin, I., and Thompson, C. "Effect of Fluoxetine on Melatonin in Patients with Seasonal Affective Disorder and Matched Controls." British Journal of Psychiatry 1995; 166: 196-98
22) 임웅규외 4명. 1996
23) Sandyk, R., Anninos, P.A., and Tsagas N. "Age-Related Disruption of Circadian Rhythms: Possible Relationship to Memory Impairment and Implications for Therapy with Magnetic Fields." International journal of Neuroscience 1991; 59: 259-62

출처; 식품음료신문(건풍바이오학술부장 .김선호)
출처: 다음cafe 하늘건강법
출처; 본초학349p, 영림사 2007
출처; daum 세계대백과사전
출처; *Health herbal news 2004년 10월호, *www.kiwinuri.com
출처; 문관심, 1984북한 과학백과사전 출판사,
출처; 한국토종야생산야초연구소 약초전문가 전동명
출처: 캐나다 비타민 하우스
출처; 약초 연구가 전동명

출처; http://www.centenarian-club.com/nutriment/vitamin_ph_detail.cfm?f_id=348
출처: 여우비(귀숙) http://cafe.daum.net/lsy7278/5ENO/32
출처; FORM name=frmMain>
자료 : Just-food.com
출처: 생명공학정책연구센터 biozine

암세포가 두려워하는 AHCC의 비밀, 키미야마야교수, 건강신문사 2006
불면증, 전세일, 아카데미아
건강식품 복용법및 복합처방법, 사또오 도시오, 문진출판, 2001
비타민바이블, 얼L민델, 이젠 2006
암은 없다, 황성주, 청림출판, 2009
건강식품가이드, 김종석, 도사출판 신일, 2002

찾 아 보 기

ㅅ

ㅇ

ㅈ

ㅊ

ㅋ

ㅌ

ㅍ

ㅎ

A

C

D

장수만 : 대경대학 헤어디자인과 교수
송혜정 : 울산여성회관 강사
이천형 : L헤어 솔류션 원장
김옥매 : 진주보건대 외래교수
김옥현 : Mr. BLACK 울산지회장
서삼숙 : 호서전문대 외래교수
송순미 : 대구 수203 미용학원
장미엽 : 서라벌대학 외래교수

New 두피 & 탈모관리

2010년 2월 10일 초판인쇄
2010년 2월 15일 초판발행

• 공저자 장수만·송혜정 이천형·김옥매 김옥현·서삼숙 송순미·장미엽
• 발행인 최 국 주
• 발행처 동 명 사

경기도 파주시 교하읍 문발리 535-10 파주출판단지 30블록 4롯트
전　　화 : 031) 955-7200(代), 955-7201~4, 7203 (편집부)
팩시밀리 : 031) 955-7205
출판등록 : 1950년 11월 1일(제1-76호)
E-mail : dms723@chol.com
홈페이지 : www.dmsbook.com

정가 16,000원

ISBN 978-89-411-6112-7 93500